住房城乡建设部土建类学科专业"十三五"规划教材
普通高等教育"十一五"国家级规划教材
高等学校给排水科学与工程学科专业指导委员会规划推荐教材

水文学

（第六版）

黄廷林　王俊萍　主编

沈　冰　主审

中国建筑工业出版社

图书在版编目（CIP）数据

水文学/黄廷林，王俊萍主编. —6 版. —北京：
中国建筑工业出版社，2020.9（2025.6重印）
住房城乡建设部土建类学科专业"十三五"规划教材
普通高等教育"十一五"国家级规划教材　高等学校
给排水科学与工程学科专业指导委员会规划推荐教材
ISBN 978-7-112-25280-0

Ⅰ. ①水…　Ⅱ. ①黄…②王…　Ⅲ. ①水文学-高等
学校-教材　Ⅳ. ①P33

中国版本图书馆 CIP 数据核字(2020)第 112104 号

本书是在第五版基础上，根据行业发展需求和课程教学研讨会的意见建议，结合现行相关技术标准与设计规范，对教材内容进行了系统的修订和补充完善。修正了教材中不规范或不准确的文字、图表及公式等，更新了相关参数；增补了水库异重流、水体分层、径流污染、内源污染和水库选择性取水方面的内容，补充了城市地表污染物累积模型与降雨径流冲刷模型等降雨径流污染定量分析方法。全书共 7 章，主要包括绪论，水文学的一般概念与水文测验，水文统计基本原理与方法，年径流及洪、枯径流，降水资料的收集与整理，小流域暴雨洪峰流量的计算，城市降雨径流等。

本书可作为给排水科学与工程、环境工程及相关专业教材，也可供相关工程技术人员参考使用。

为便于教学，作者特制作了与教材配套的电子课件，如有需求，可发邮件（标注书名、作者名）至 jckj@cabp.com.cn 索取，或到 http://edu.cabplink.com//index 下载，电话：(010) 58337285。

* * *

责任编辑：王美玲
责任校对：党　蕾

住房城乡建设部土建类学科专业"十三五"规划教材
普通高等教育"十一五"国家级规划教材
高等学校给排水科学与工程学科专业指导委员会规划推荐教材

水文学
（第六版）

黄廷林　王俊萍　主编
沈　冰　主审

*

中国建筑工业出版社出版、发行（北京海淀三里河路 9 号）
各地新华书店、建筑书店经销
北京科地亚盟排版公司制版
建工社（河北）印刷有限公司印刷

*

开本：787 毫米×1092 毫米　1/16　印张：14¾　字数：367 千字
2020 年 12 月第六版　　2025 年 6 月第四十四次印刷
定价：40.00 元（赠教师课件）
ISBN 978-7-112-25280-0
(36037)

第六版前言

给排水科学与工程专业用《水文学》初版教材于 1979 年 12 月出版发行，在历经 40 年的教学实践基础上，进行了不断的修订完善，分别于 1989 年 12 月、1998 年 5 月、2006 年 6 月和 2014 年 6 月先后再版发行了第二版至第五版。

根据近年来我国给排水行业和专业发展需求，结合国家现行相关技术标准与设计规范的修订，以及 2019 年 11 月全国高校水文学课程教学研讨会上其他院校就课程教学提出的意见和建议，并充分考虑近 5 年第五版《水文学》教材使用过程中发现的问题，对《水文学》（第五版）教材内容进行了认真修订和补充完善。

此次改编与修订，对第五版教材中的图表及公式中的错误进行了更正，规范了书中的符号和量纲；补充更新了相关图表、思考题与习题及参考文献；根据现行技术标准和设计规范更新了部分参数。根据行业发展现状和专业发展需求，补充完善了第 1 章的水文现象与水文循环、第 2 章的流量测算等内容；在第 2 章第 5 节增补了水文遥感的资料收集方法；在第 4 章增补了第 7 节水库水质污染与取水，简要介绍了水库流域径流污染、水库异重流、水库泄洪与排浊蓄清、水库水体分层与内源污染及水库选择性取水等内容；进一步完善了第 5 章降水特征、点雨量资料及暴雨强度公式推求等方面内容；重新编写了第 7 章第 5 节城市降雨径流污染，更新补充了污染源分类及相关图表与数据，增补了城市地表污染物累积模型、降雨冲刷模型、降雨径流的场次平均浓度及初期冲刷效应等内容；并对书中其他章节的内容进行了系统修订和完善。

修订后的教材内容包括：河川流域及其径流，水文统计基本理论与方法，年径流及洪枯径流，降水资料的收集与整理，小流域暴雨洪峰流量的计算，城市降雨径流与水质控制等，并附有水文计算用表。书中例题均结合我国实际，每章之后附有复习思考题，便于学生复习。鉴于不同地区和不同学校对水文学教学内容广度、深度上的不同要求，凡带有 * 形符号的章节仅作为选学内容，各院校可根据本地区具体情况和专业特点进行取舍。

该版教材的修编，尽可能结合行业发展现状和给排水科学与工程专业的需要，适当拓展教材内容，力求做到重点突出，深入浅出，层次分明，逻辑性强，便于阅读；重视理论与实践紧密结合，既努力反映相关研究的最新进展，又考虑到能与我国给排水事业的发展相适应，进一步完善给排水科学与工程专业《水文学》教材的内容与体系。

本书除可作为高等院校给排水科学与工程专业教材外，也可供有关专业人员参考。

本书由西安建筑科技大学黄廷林、王俊萍主编，西安理工大学沈冰主审。书中第 1、2 章由王俊萍、黄廷林修编；第 3、4 章由黄廷林、李凯修编；第 5、6 章由王俊萍、黄廷林修编；第 7 章由黄廷林、李凯修编。在本书修编过程中同济大学李树平副教授和兰州交通大学胡广录教授都提出了许多宝贵意见和建议；沈冰教授认真审阅了书稿，并提出了书面意见。在此，作者对他们的辛勤付出和贡献一并表示衷心感谢。

对书中存在的错误和不当之处，敬请读者予以批评指正。

第五版前言

给排水科学与工程（给水排水工程）专业用《水文学》初版教材于1979年12月发行，在教学实践的基础上进行了不断修订，分别于1989年12月、1998年5月和2006年6月先后再版发行了第二版、第三版和第四版。《水文学》（第四版）修订出版至今已近7年时间。根据2012年全国高等学校给水排水工程学科专业指导委员会编制的《高等学校给排水科学与工程本科指导性专业规范》中关于水文学课程知识领域的教学基本要求，充分考虑其他院校近几年水文学教学实践和使用《水文学》（第四版）教材过程中所提出的意见，在此教材内容基础上进行了重新编写和修订。

此次改编与修订，根据新编规范的教学基本要求对教材内容作了适当的增删，对原书图表及公式中的错误进行了更正，按照现行的规范更新了部分参数；另外，在第2章第4节增补了全球水量平衡，第5章第2节降水分布中增加了距离平方倒数法的区域雨量计算，第7章城市降雨径流中增补了城市范围内的雨水径流污染物分析和人工湿地的水质控制方法；并对每个章节的部分内容进行了调整和修改。

修订后的教材内容包括：河川流域及其径流，水文统计基本理论与方法，年径流及洪枯径流，降水资料的收集与整理，小流域暴雨洪峰流量的计算，城市降雨径流与水质控制等，并附有水文计算用表。书中例题均结合我国实际，每章之后附有复习思考题，便于学生复习。考虑到不同地区对水文学教学内容广度、深度上的不同要求，凡带有 * 形符号的章节只作选学内容，各院校可根据本地区的具体情况进行取舍。

这次编写和修订，尽可能结合给排水科学与工程专业的需要，力求做到重点突出，层次分明，逻辑性强；做到深入浅出，便于阅读；重视理论与实践紧密结合，既努力反映现代科学技术的新成就，又考虑到能与我国给水排水事业的发展相适应，进一步完善给排水科学与工程专业《水文学》教材的内容与体系。

本教材除可作为高等院校给排水科学与工程专业教学用书外，也可供有关专业人员参考。

本书由西安建筑科技大学黄廷林、马学尼主编。其中第1、5章由马学尼、黄廷林修编；第3章由王俊萍修编；第2、6章由马学尼、王俊萍修编；第7章由黄廷林修编；文稿校对由徐金兰、卢金锁承担。本书由西安理工大学沈冰教授主审，特此致谢。

敬请读者对书中存在的错误和不当之处予以批评指正。

第四版前言

给排水科学与工程专业用《水文学》初版教材于 1979 年 12 月发行，在历经八届教学实践的基础上进行修订后于 1989 年 12 月再版发行。《水文学》（第三版）于 1998 年 5 月修订出版至今也已近 8 年时间。根据 2003 年全国高校给水排水工程学科专业指导委员会会议精神和专业指导委员会制订并出版的《全国高等学校土建类专业本科教育培养目标和培养方案及主干课程教学基本要求——给排水科学与工程专业》中关于《水文学》课程教学基本要求，充分考虑其他院校近几年《水文学》教学实践和使用第三版教材过程中所提出的建议和意见，在《水文学》（第三版）的基础上进行了修订。

此次修订，根据新的教学基本要求和新编规范对教材内容作了适当的增删，对原书图表及公式中的错误进行了更正，更新或补充了全国多年平均最大 24h 雨量等值线图、年降水量分布图等图表，对第 1～2 章和第 4～7 章的部分内容进行了调整和修改，重新编写了第 3 章水文统计基本原理与方法。按照 1999 年颁布的国家标准《水文基本术语和符号标准》，对教材中符号和专业术语进行了修改和规范化；引入了目前常用的或较新的水文分析理论与方法；第 5 章降水资料的收集与整理中补充了新的降水观测方法等；第 6 章增补了流域汇流的相关理论和计算方法等；第 7 章增补了城市降雨径流水质污染控制等方面的内容，以满足城市发展对给排水科学与工程专业的新要求。

修订后的教材内容包括：河川流域及其径流，水文统计基本理论与方法，年径流及洪枯径流，降水资料的收集与整理，小流域暴雨洪峰流量的计算，城市降雨径流与水质控制等，并附有水文计算用表。书中例题均结合我国实际，每章之后附有复习思考题，便于学生复习。考虑到不同地区对水文学教学内容广度、深度上的不同要求，凡带有 * 形符号的章节作为选学内容，各院校可根据教学需要和具体情况进行取舍。

这次编写和修订，尽可能结合给水排水工程专业的需要，力求做到重点突出，层次分明，逻辑性强；做到深入浅出，便于阅读；重视理论与实践紧密结合，既努力反映现代科学技术的新成就，又考虑到能与我国给水排水事业的发展相适应，进一步完善给排水科学与工程专业《水文学》教材的内容与体系。

本教材除可作为高等学校给排水科学与工程专业教学用书外，也可供有关专业人员参考。

本书由西安建筑科技大学黄廷林、马学尼主编。其中第 1、5 章由黄廷林、马学尼修编；第 3、4 章由王俊萍、黄廷林修编；第 2、6 章由马学尼、王俊萍修编；第 7 章由黄廷林修编；文稿校对、计算程序调试和插图绘制由卢金锁承担。本书由重庆大学张世芳教授主审，特此致谢。敬请读者对书中存在的错误和不当之处予以批评指正。

第三版前言

给排水科学与工程专业用《水文学》教材于 1979 年 12 月出版发行，在历经八届教学实践的基础上进行修订后于 1989 年 12 月再版发行。现根据 1995 年全国高校给水排水工程学科专业指导委员会会议精神和专业指导委员会 1993 年 12 月制订的高校给水排水专业本科四年制《水文学》课程教学基本要求，按照 1983 年 11 月全国高校给水排水专业教学大纲，充分考虑其他院校通过近几年《水文学》教学实践和 1990 年 6 月在同济大学召开的《水文学》课程研讨会所提意见，在原有教材内容基础上进行了重新编写和修订。

此次改编和修订，根据新的教学基本要求和新编规范对教材内容作了适当的增删，对原书图表及公式中的错误进行了更正，重新编写了第 3、4 章；按照 1994 年颁布的国家标准《量和单位》，对教材中的物理量及计量单位进行了统一和规范化；引入了计算机的应用，增加了频率分析、回归分析和暴雨强度公式中参数的非线性最小二乘估计等计算程序；考虑到城市降雨径流特点及地表径流污染，增补了第 7 章"城市降雨径流"，以满足城市发展对给排水科学与工程专业的新要求。

修订后的教材内容包括：河川流域及其径流，水文统计基本理论，年径流及洪枯径流，降水资料的收集与整理，小流域暴雨洪峰流量的计算，城市降雨径流等，并附有水文计算用表。书中例题均结合我国实际，每章之后附有复习思考题，便于学生复习。考虑到不同地区对水文学教学内容广度、深度上的不同要求，凡带有 * 形符号的章节只作选学内容，各院校可根据本地区的具体情况进行取舍。

这次编写和修订，尽可能结合给排水科学与工程专业的需要，力求做到重点突出，层次分明；加强逻辑性；做到深入浅出，便于阅读；重视理论与实践密切结合，既努力反映现代科学技术的新成就，又考虑到能与我国给排水事业的发展相适应，建立起给排水科学与工程专业《水文学》教材的新体系。本教材除可作为高等院校给排水科学与工程专业教学用书外，也可供有关专业人员参考。

本书由西安建筑科技大学给水排水工程教研室马学尼、黄廷林主编。其中第 1、2、5、6 章由马学尼、黄廷林修编；第 3 章由贾玉新编写；第 4 章由马学尼、贾玉新编写；第 7 章由黄廷林编写；文稿校对、计算程序调试和插图绘制由方海红、王俊萍承担。本书由沈阳建筑工程学院董辅祥教授初审，重庆建筑大学张世芳教授主审，特此致谢。

敬请读者对书中存在的错误和不当之处予以批评指正。

目　　录

第1章 绪 论

1.1 水文现象及水文循环

地球上的水主要受太阳辐射和地心引力的两种作用而不停地运动，其表现形式可概括为四大类型，即降水、蒸散发、渗流和径流，统称为水文现象。降水是指大气中水汽凝结后以液态水或固态水降落到地面的现象，形式有雨、雪、雾、霰、雹、露、霜等，其中以雨、雪为主。蒸散发则是水分子从水面、冰雪面及其他含水物质表面以水汽形式散失到大气中的现象。依据水分所在蒸发面性质的不同，蒸散发一般可分为水面蒸发、土壤蒸发和植物散发3类：水面蒸发是在自然条件下，水体（如江、河、湖、海、库等地表水）表面的水分从液态转化为气态逸出水面的物理过程；土壤蒸发是指在自然条件下土壤保持的水分从液态转化为气态逸出土壤进入大气的物理过程；植物散发是指在植物生长期，水分通过植物的叶面和枝干进入大气的过程，又称为蒸腾。渗流是水从地表渗到地内，以及在地内流动的现象，可分为下渗和渗透两步：下渗（或入渗）是指地表水经过土壤表面进入土壤的过程；渗透是指水分在土壤内的运动。径流是指陆地上的降水在重力作用下沿着一定方向和路径流动的水流。径流有多种形式：沿着地面流动的水流是地表径流；在土壤中流动的水流是壤中流；在饱和土层及岩石孔隙流动的水流是地下径流；在重力作用下，降水汇集到河流，并沿着河床流动的水流则称为河川径流。在这些水文现象中，和人类经济活动关系最密切的就是河川径流，是水文学研究的主要对象。

地球上的水在太阳热能的作用下，不断蒸散发而成水汽，上升到高空，随大气运动而散布到各处。这种水汽如遇适当条件与环境，则凝结成小水滴，小水滴相互碰撞合并成大水滴，当大水滴能够克服空气阻力时，在地球引力的作用下，以降水形式降落到地球表面。到达地面的降水，除部分被植物截留并蒸散发外，一部分沿地面流动成为地表径流，一部分渗入地下沿含水层流动成为地下径流，最后，它们之中的大部分都流归大海。然后，又重新蒸发，继续凝结形成降水，运转流动，往复不停。水圈中的各种水体在太阳辐射和地心引力的作用下通过这种不断蒸散发、水汽输送、降水、下渗、地面和地下径流的往复循环过程，称为水文循环，又称为水分循环或水循环，其示意图如图1.1和图1.2所示。

根据水文循环规模和过程可将水文循环分为大循环与小循环两类。由海洋蒸散发的水汽，被气流输送到大陆上空形成降水降到大陆，其中一部分以径流的形式流归海洋，另一部分通过蒸散发重新返回大气，这种海陆空间的水分交换过程称为大循环或外循环。在大循环运动中，水一方面在地面和上空通过降水和蒸散发进行纵向交换，另一方面通过河流在海洋和陆地间进行横向交换。海洋上蒸发的水汽在海洋上空凝结后以降水的形式又落在海洋里，或者陆地上的水在没有流归海洋之前，通过蒸散发凝结又降落到陆地上，这种局部的水文循环称为小循环或内循环。陆地上小循环对内陆地区降水有着重要作用，蒸散发所产生的水汽，既增加了当时大气中的水汽含量，又改变了大气的物理状态，因此创造了降水的有利条件，直接影响到人类的经济活动。

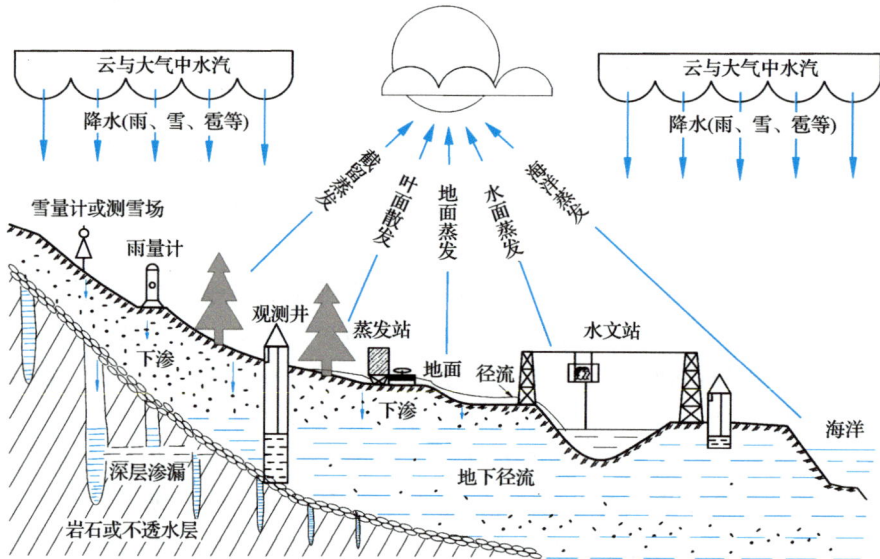

图 1.1 水文循环示意图

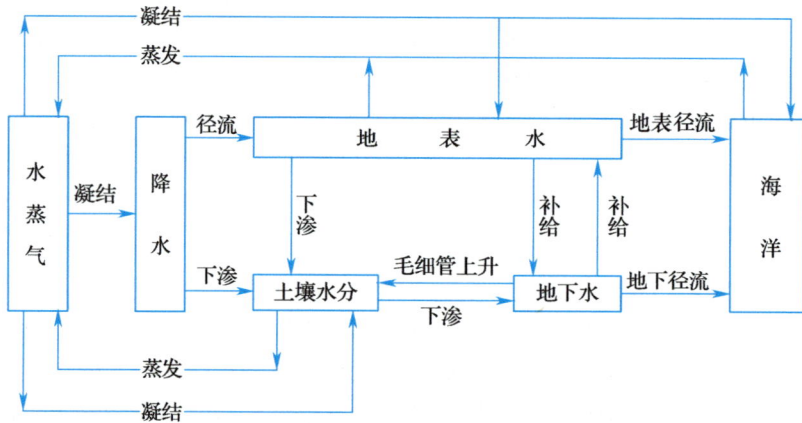

图 1.2 水文循环图解

按照研究尺度的不同，水文循环又可分为全球水文循环、流域或区域水文循环和水—土壤—植物系统水文循环三类：全球水文循环是空间尺度最大的、最完整的水文循环，它涉及海洋、大气、陆地之间的相互作用，与全球气候变化密切关系；流域或区域水文循环等同于流域降雨径流的形成过程，降落到流域上的雨水，首先满足植物截留、填洼和下渗，剩余雨水形成地表和地下径流，汇入河网，流至流域出口，其空间尺度范围一般为 1～10000km²，相对全球水文循环而言，是一类开放式的水文循环；水—土壤—植物系统水文循环是一个由水分、土壤和植物构成的相互作用的系统。渗入土壤的雨水被植物根系吸收，在植物生理作用下通过茎、叶等输送维持植物的生命过程，并通过叶面散发回到大气中。它也是一个开放式的循环系统。

自然界水文循环的存在，不仅是水资源和水能资源可再生的根本原因，而且是地球上生命生生不息，能千秋万代延续下去的重要原因之一。由于太阳能在地球上分布不均匀，而且在时间上也有变化，因此，主要由太阳辐射能驱动的水文循环导致了地球上降水量和蒸散发量的时空分布不均匀，这不仅是地球上有湿润地区和干旱地区的区别，而且是有多水季节和少水季节、丰水年和枯水年的区别，甚至是地球上发生洪、涝、旱灾害的根本原因，同时也是地球上具有千姿百态自然景观的重要条件之一。

水是良好的溶剂，水流具有携带物质的能力，因此，自然界有许多物质，如泥沙、有机质和无机质均会以水作为载体，参与各种物质循环。可以设想，如果自然界不存在水文循环，则许多物质的循环，诸如碳循环、磷循环等是不可能发生的。

研究水文循环的目的，在于认识它的基本客观规律，了解其各影响因素间的内在联系，这对合理开发和利用水资源，抗御洪、涝、旱灾害，改造自然，利用自然都有十分重要的意义。

1.2 水文学的研究领域及发展

1.2.1 水文学的研究领域

水文学是研究存在于地球大气层中和地球表面以及地壳内水的各种现象的发生和发展规律及其内在联系的学科，包括各种水体的存在、运动、循环和分布，水体的物理化学性质，以及水体与环境（包括与生物特别是人类）的相互作用和影响。水文学开始主要研究陆地表面的河流、湖泊、沼泽冰川等，以后逐渐扩展到地下水、土壤水、大气水和海洋水。依据不同的研究方法、研究对象等可将水文学进行如下分类：

（1）按照研究方法分为：动力水文学、系统水文学、计算水文学、水文统计学、随机水文学、地理水文学、同位素水文学、数字水文学等；

（2）按照研究对象分为：河流水文学、湖泊水文学、沼泽水文学、冰川水文学、河口海岸水文学、水文气象学、地下水文学、海洋水文学和水资源学等；

（3）按照服务范畴分为：工程水文学、农业水文学、土壤水文学、森林水文学、城市水文学、生态水文学等；

（4）按照工作方式分为：水文测验学、水文调查学、水文实验学；

（5）按照研究尺度分为：区域水文学、全球尺度水文学（大尺度水文学）；

（6）按照研究时段分为：古水文学、现代水文学。

总之，水文学的研究领域非常广泛，研究内容非常丰富和复杂。结合给排水科学与工程专业的需要，本书所阐述的内容只是水文学领域中的一部分，主要包括叙述水文循环运动中，从降水到径流入海的这一过程中，关于地表径流的运动规律、量测方法及在工程上的应用等问题，基本上属工程水文学的范畴。它包括河川及径流的基本概念，河川水文要素量测方法，水文分析中常用的数理统计的基本原理，河川径流的年际变化与年内分配，枯水径流与洪水径流的调查分析与计算，降雨资料的整理与暴雨公式的推求，小流域暴雨洪水流量的计算，城市降雨径流的计算等。

通过本课程的学习，要求学生了解河川水文现象的基本规律，掌握水文统计的基本原理与方法，能够独立地进行一般水文资料的收集、整理工作；具有一定的水文分析计算技能。由于水文现象本身所具有的特点，一般在处理上多运用数理统计方法进行分析，注重实际资料的收集，强调深入现场进行调查研究。因此在学习中，不仅要学会某种具体方法，而且要体会运用这种方法的条件。总之，随时注重资料收集，深入掌握分析方法，全面熟悉应用条件，才能在学习中有所获益。

1.2.2 水文学的发展

水文学经历了由萌芽到成熟、由定性到定量、由经验到理论的发展过程。

20 世纪以前是水文学的萌芽和奠基阶段。远古时代，人类就认识到水文的重要性和必要性，并逐步发展到对水情的观测和记载，积累了一定的水文知识；15 世纪后，自记雨量计、蒸发器和流速仪等设备的发明，大大推进了水文测量技术和设备发展，随着许多相关理论和公式的出现，如伯努利方程、谢才公式、圣维南方程、道尔顿蒸发公式等，为水文科学的发展奠定了坚实的基础。

20 世纪初至 50 年代，是应用水文学兴起阶段。20 世纪以来，随着生产建设的发展，为适应兴建大量水利工程和其他设施的需要，应用水文学应运而生，主要反映在以下几个方面：

（1）建立了一些水文实验站，为生产建设提供水文数据；

（2）设置水文站网，观测、调查、收集水文气象资料，为生产建设提供水文情报；

（3）为适应水工建筑物水文计算的要求，大量的经验公式和参数估计方法相继出现；

（4）产汇流理论和计算公式的提出，促进了降雨径流和水文频率计算工作的发展。

20 世纪 60 年代以来，是水文学的变革和发展阶段，也是进入现代水文学的一个新阶段。20 世纪中期以来，随着计算机技术的发展，遥感遥测技术的引用，一些新理论和边缘学科的渗透，加之人口膨胀、水资源紧张、环境污染、气候变化，使水文科学面临着机遇与挑战，特别是近二三十年，国际水文学术活动频繁，我国水文界也开展了大量的研究工作，促进了水文科学的深刻的变革和发展，从而使水文学进入了现代水文学的新阶段。

现代新技术的引用如雷达测雨、中子测土壤含水、放射性示踪测流、卫星遥感传递数据资料等，使人们能获得使用常规方法无法取得的水文信息；建立了现代化设备的水文实验室，使人们有可能对水文现象的物理过程了解得更深透；设计洪水计算理论与方法，联机实时洪水预报技术与方法，流域水文模型等取得了适合我国需要的先进成果；同时开展了全国和各大江大河流域的水资源（水质）评价，水资源合理利用及水质研究、江河水文水情研究，及气候变化对水文水资源影响评价等课题已列入国家科技攻关计划，在各有关部门广泛开展；随着新理论、新方法的引进和渗入，水文学相继出现许多新的研究方向和分支学科如系统水文学、随机水文学、模糊水文学、水文遥感、环境水文学等。

1.3 水文学与给水排水工程的关系

研究水文学的目的，是深入认识与广泛运用水文规律，为国民经济建设服务，为给水排水工程的规划、设计、施工、运行及管理提供正确的水文资料及分析成果，以利充分开发与合理利用水利资源，减免水害，充分发挥工程效益。

采用地表水为水源的给水工程，首先要考虑水量变化及其取用条件。当水源水量充沛时，需要了解水源的水位、泥沙及冰凌的变化情况；当水源水量不足时，就要设法以丰补歉，进行水量的引取、蓄放与调节，需要对该水源的径流年际变化及年内分配等水文情况进行分析。如果给水与灌溉、航运、水力发电等其他水利工程设施配合在一起综合利用水利资源时，其水文分析与计算的内容就更加复杂、更加广泛。

在排水工程中，进行雨水和污废水排泄的设计计算、确定排泄口位置、考虑洪水防御工程的设计时，都要预先求得暴雨和洪水的变化情况和设计特征值。另外，随着水资源日益紧缺，人们越来越关注雨水利用的问题，要充分利用城市或小区的雨水资源，必须进行一系列水文资料收集、分析与计算等方面的准备工作。

在学习水资源的利用与保护内容时，本书所阐述的水文现象、水文循环、径流及城市降雨径流的概念和特点等内容，均是必备的基础知识。

所以说，水文学与给水排水工程有着密切的关系，学好水文学对系统全面地掌握给排水科学与工程专业知识具有重要的意义。

1.4　水文现象的特性

唯物辩证法认为世界上的事物和现象不仅普遍具有内在联系，而且经常处于不断地运动变化之中，水文现象也不例外。根据对立统一规律，水文现象的基本特征可以归结为以下两个方面。

1.4.1　水文现象时程变化的周期性与随机性的对立统一

在水文现象的时程变化方面存在着周期性与随机性的对立统一。水文现象的变化对任何一条河流都有一个以年为单位的周期性变化。例如，每年河流最大和最小流量的出现虽无具体固定的时日，但最大流量每年都发生在多雨的汛期，而最小流量多出现在雨雪稀少的枯水期，这是由于四季的交替变化是影响河川径流的主要气候因素。又如，靠冰川或融雪补给的河流，因气温具有年变化的周期，所以随气温变化而变化的河川径流也具有年周期性，其年最大冰川融水径流一般出现在气温最高的夏季七、八月间。有些人在研究某些长期观测的资料时发现，水文现象还有多年变化的周期性。

此外，河流某一年的流量变化过程，实际上不会和另一年的完全一样，每年的最大与最小流量的具体数值也各不相同，这些水文现象的发生在数值上都表现为随机性，也就是带有偶然性。因为影响河川径流的因素极为复杂，各因素本身也在不断地发生着变化，在不同年份的不同时期，各因素间的组合也不完全相同，所以受其制约的水文现象的变化过程，在时程上和数量上都没有重复再现过，都具有随机性。

1.4.2　水文现象地区分布的相似性与特殊性的对立统一

不同流域所处的地理位置如果相近，气候因素与地理条件也相似，由其综合影响而产生的水文现象在一定范围内也具有相似性，其在地区的分布上也有一定的规律。如在湿润地区的河流，其水量丰富，年内分配也比较均匀；而在干旱地区的大多数河流，则水量不足，年内分配也不均匀。又如同一地区的不同河流，其汛期与枯水期都十分相近，径流变化过程也都十分相似。

此外，相邻流域所处的地理位置与气候因素虽然相似，但由于地形地质等条件的差异，从而会产生不同的水文变化规律。这就是与相似性对立的特殊性。如在同一地区，山区河流与平原河流，其洪水运动规律就各不相同；地下水丰富的河流与地下水贫乏的河流，其枯水水文动态就有很大差异。

由于水文现象具有时程上的随机性和地区上的特殊性，故需要对各个不同流域的各种水文现象进行年复一年的长期观测，积累资料，进行统计，分析其变化规律。又由于水文现象具有地区上的相似性，故只需有目的地选择一些有代表性的河流设立水文站进行观测，将其成果移用于相似地区即可。为了弥补观测年限的不足，还应对历史上和近期发生过的大暴雨、大洪水及特枯水等进行调查研究，以便全面了解和分析水文现象周期性、随机性的变化规律。

1.5 水文现象的研究方法

由上述水文现象的基本特征可知，对水文现象的分析研究，都要以实际观测资料为依据。按不同目的要求，可把水文学常用的研究方法归结为成因分析法、数理统计法和地理综合法三类。

（1）成因分析法　根据水文过程形成的机理，定量分析水文现象与其影响因素之间的成因关系，并建立相应的数学物理方程。但由于水文现象的复杂性，成因分析法需要在对天然的水文过程进行概化的基础上，建立概念性或经验性的水文分析方法和计算模式，与实际结果相比，计算结果是存在一定误差的，只要误差在允许范围内，计算结果就是合理和可行的。

（2）数理统计法　基于水文现象具有的随机特性，可以根据概率理论，运用数理统计方法，处理长期实测所获得的水文资料，求得水文现象特征值的统计规律，为工程规划、设计提供所需的水文数据。当水文系列不满足数理统计分析的长度时，可对两个或多个变量间的统计关系进行相关分析，从而插补展延水文系列。数理统计法是根据过去与现在的实测资料来推算未来的变化，但它未阐明水文现象的因果关系。若本法与物理成因法结合起来运用，可较好地描述水文过程，有效地减小计算成果的误差。

（3）地理综合法　因气候因素和地形地质等因素的分布具有地区特征，从而使水文现象的变化在地区的分布上也呈现出一定的规律性。因此，通过综合气候、地质、地貌、土壤、植被等自然地理要素，利用已有的水文资料，可建立水文现象的地区性经验公式，也可与地图结合在一起绘制水文特征的等值线等，以分析水文现象的地区特性，揭示水文现象的地区分布规律。地理综合法应用较为简易，主要用于无资料中小流域的水文特征值的分析计算。该方法具有明显的经验性，计算误差相对较大，对成果的可靠性和合理性需作更深入分析。

在解决实际问题时，以上三类方法常常同时使用，它们应该是相辅相成、互为补充的。经过多年实践，我国已初步形成一种具有自己特点的研究方法，概括为"多种方法、综合分析、合理选定"的原则。我们在使用时，应根据工程所在地的地区特点，以及可能收集到的资料情况，对采用的方法应有所侧重，以便为工程规划设计提供可靠的水文依据。

第 2 章　水文学的一般概念与水文测验

2.1　河流和流域

径流是水文循环中一个重要的环节。降水落到地面，除下渗、蒸散发等损失外，其余水流都以径流的形式注入河流。因此，河流是水文循环的一条主要途径。在地球上的各种水体中，河流的水面面积和水量都最小，但它和人类的关系却最为密切。

河中水流以其所具有的能量，冲刷河床，搬运泥沙，改变着河谷的面貌。河流流经地区的地理特征也影响着径流的形成与变化，所以流经不同自然地理环境的河流具有不同的特性，因而使它们之间的水文现象也存在着差异。了解河流特性，在于掌握河流特征与径流等水文现象之间的关系，使水文分析与计算更能符合河流的实际情况。

2.1.1　干流及支流

将汇集的水流注入海洋或内陆湖泊的河流叫做干流。甲河注入乙河，则甲河是乙河的支流。支流可分成许多级：直接汇入干流的河流叫干流的一级支流，如汉江是长江的一级支流，渭河是黄河的一级支流；直接汇入一级支流的河流叫干流的二级支流，如丹江和唐白河流入汉江，它们就是长江的二级支流；直接汇入二级支流的叫干流的三级支流，其余的可依次类推。河流的干流及其全部支流，构成脉络相通的河流系统，称为河系或水系。自然形成的水系多为树枝状结构，人工开挖的平原水系或河流入海处可能成为网状结构。水系通常用干流的名称来称呼它，如长江水系、黄河水系等，但在研究某一支流或某一地区的问题时，也可用该地区水系的名称来称呼它，如湘江水系、洞庭湖水系等。

2.1.2　河长及弯曲系数

从河源到河口的距离称为河长。河长是确定河流落差、比降和能量的基本参数。测定河长，先要在精确的地形图上画出河道中泓线，再量测其长度即可。地形图上中泓线长度的量测，最早使用的是两脚规逐段量测法。随着计算机图形处理与测量技术的发展，目前已有多种方法可供选用。例如，将地形图扫描后导入 AutoCAD 软件，用样条曲线对河流中泓线和地图标尺描线，再用 LIST 命令查询所绘线条长度，根据比例尺即可换算出中泓线长度，亦即河长。

弯曲系数表示河流平面形状的弯曲程度，是河道全长与河源到河口间直线距离之比。根据这个定义，任何河段的弯曲系数也可依同理求出。河流的弯曲程度既是影响河流水力特性的因素之一，又可说明河流流经地区的地质地貌等特点。一般而言，平原区比山区的弯曲系数大，下游比上游的弯曲系数大。

2.1.3　河槽基本特征

（1）河流的平面形态

在平原河道，河床深度的分布与河流平面形态有着密切的关系。由于河中环流的作用、泥沙的冲刷与淤积，使平原河道具有蜿蜒曲折的形态。图 2.1 为河段某一水位下的等深线图。若要了解河流的平面形态，首先了解一些相关的专业术语：岸是指河、渠、湖、库和海正常水位以上邻接部分的滩、壁和高地；面向河流下游时，其边界的左方称为左岸，右方称为右岸；弯曲河段沿流向的平面水流形态呈凹形的岸称为凹岸，相反呈凸形的岸称为凸岸。在河流凹岸，水深较大，称为深槽。两反向河湾之间的直段，水深相对较浅，称为浅槽（图 2.1 中的 A_2-A_2 断面）。深槽与浅槽沿水流流向交替出现，具有一定的规律。河槽中沿流向各最大水深点的连线，叫做溪线，也称为深泓线。河道各横断面表面最大流速点的连线则称为中泓线。

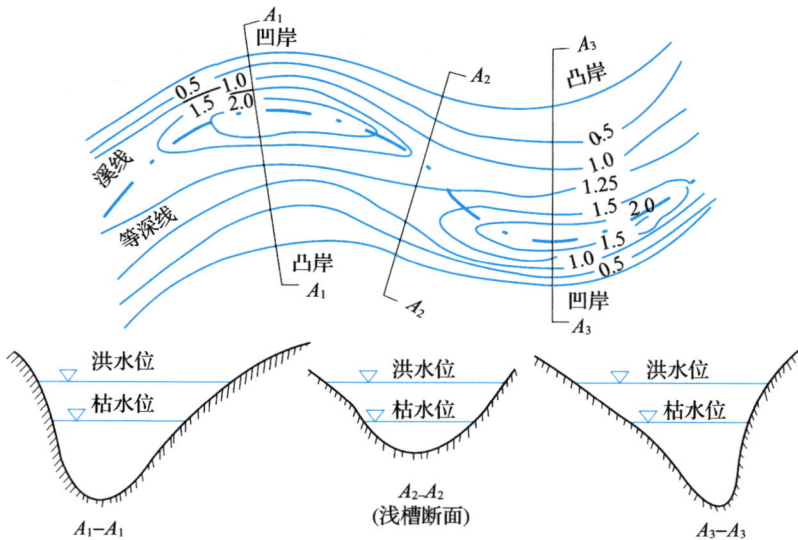

图 2.1　河流等深线图

山区河流一般为岩石河床，平面形态异常复杂，并无上述规律，其河岸曲折不齐，深度变化剧烈，等深线也不匀调缓和。

（2）河流的纵断面

河流的纵断面一般是指沿河流深泓线的断面。用高程测量法测出河流深泓线上若干河底地形变化点的高程，以河长为横坐标，深泓线上高程为纵坐标，可绘出河槽的纵断面图，如图 2.2 所示。它明显地表示出河底的纵坡和落差的分布，是推算水流特性和估计水能蕴藏量的主要依据。

（3）河流的横断面

河流的横断面一般是指与水流方向相垂直的断面。两边以河岸、下面以河底为界的称河槽横断面；包括水位线在内的横断面则称为过水断面。根据横断面形状又可分为单式及复式两种。单式断面如图 2.1 所示，复式断面如图 2.3 所示。枯水期水流通过的部分，称为基本河槽，也叫枯水河槽或主槽；只有在洪水期才为洪水泛滥淹没的部分，称为洪水河槽或叫河漫滩。河流横断面是计算流量的重要依据。

河流的纵、横断面由于与水流的相互作用,都是随着时间变化的。纵断面的下游一般多因泥沙淤积而不断增高,上游则被冲刷加深。横断面则经常处于冲淤交替的过程中。河流断面的发展变化主要取决于河槽所在的地理位置和地质构造、河槽组成物质和水流情况等条件。

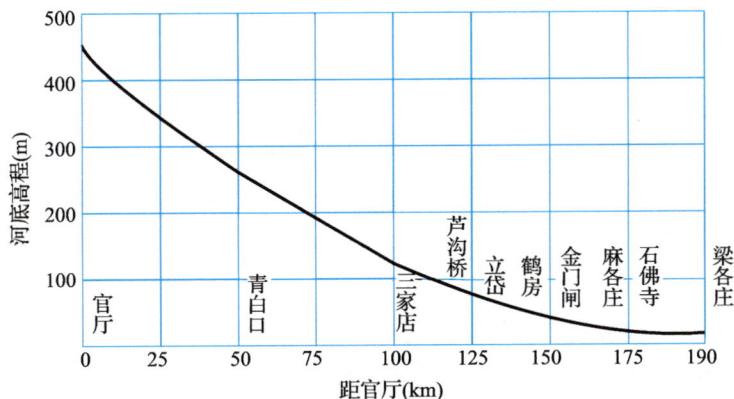

图 2.2 永定河官厅—梁各庄间河道纵断面图

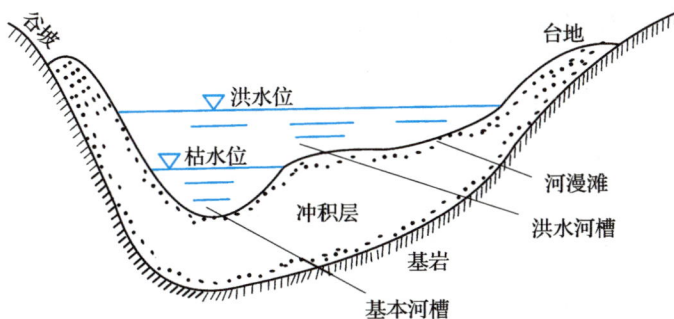

图 2.3 河流横断面图

(4) 河流的比降

河流的纵比降也称坡度。任意河段首尾两端的高程差与其长度之比就是该河段的纵比降

$$S = \frac{Z_1 - Z_2}{L} \tag{2.1}$$

式中 S——河底或水面纵比降,常用百分率(%)或千分率(‰)表示;

Z_1,Z_2——分别为河段首端和终端的高程,以"m"计。用河底高程计算时为河底纵比降;用水面高程计算时为水面纵比降;

L——河段长度,常以"km"计算,在计算比降时应换算为"m"。

上式为河流某段的平均纵比降,一条河流各段的纵比降可能不一致,为了说明整个河流纵比降情况,还需利用公式(6.31)求其平均值。

河床的纵比降自河源向河口逐渐减小,由图 2.2 可以明显看出河床纵比降的这种变化。

一般河流的横断面上还存在有水面横比降。它是指河流左右岸水面的高程差与相应断面的河宽之比。产生水面横比降的原因有二:一为地球自转所产生的偏转力(或称柯里奥利斯力);二为河流弯道离心力,其中地球自转所产生的偏转力是主要原因。

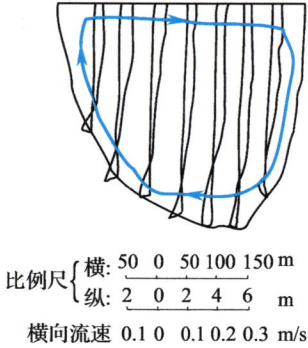

比例尺 $\left\{\begin{array}{l}\text{横：}\ 50\ \ 0\ \ 50\ 100\ 150\ \text{m} \\ \text{纵：}\ 2\ \ 0\ \ 2\ \ 4\ \ 6\quad\ \text{m}\end{array}\right.$

横向流速　0.1 0　0.1 0.2 0.3 m/s

图 2.4　河流横断面内的
环流示意图

河流横比降的存在，使水流在向下游运动的过程中，在水体内产生一种横向水流，它与河轴垂直，表层横向水流与底层横向水流的方向恰恰相反，在过水断面上它们的投影将构成一个封闭的环流，如图 2.4 所示。实际上，横向环流与纵向水流结合起来，成为江河中常见的螺旋流。这种螺旋流使平原河道凹岸受到冲刷，形成深槽，在凸岸产生淤积，形成浅滩，直接影响着水源取水口位置的选择。

2.1.4　河流的分段

按照河段不同特性，一条发育完整的河流，可以划分为河源、上游、中游、下游和河口几个部分。

（1）河源

河流开始具有地面水流的地方称为河源。冰川、泉水、沼泽和湖泊往往是河流的源头，因此所谓河源，不只一点一线，而是呈现扇面状。

（2）上游

直接连接着河源而奔流于深山峡谷中的一段河流，落差大，水流急，冲刷强烈，常有急滩与瀑布，两岸陡峻，为峡谷地形（图 2.5 (a)）。

（3）中游

上游以下的一段河流，其纵比降逐渐缓和，河床冲淤接近平衡状态，两岸受河流的侵蚀而逐渐开阔，水量增加，两岸为 U 形河谷地形（图 2.5 (b)）。

图 2.5　北盘江毛虎段河谷断面形态

(a) 虎跳石 V 形谷；(b) 星光湾 U 形谷

1—洪水位；2—枯水位；3—砂卵石层；4—崩坍岩石；5—页岩

（4）下游

河流的最下一段，位于冲积平原之上，坡度缓，水流慢，泥沙淤积，沙洲众多，河曲连绵不断，断面复杂（图 2.3）。

（5）河口

河流的终点，是河流注入海洋、湖泊或其他河流的地方。消失在沙漠之中的河流则没有河口。由于河口处的水流断面突然扩大，水流速度骤减，河水挟带的泥沙就大量沉积在这里，往往形成沙洲或河口三角洲。

2.1.5　分水线及流域

（1）分水线

当地形向两侧倾斜，使雨水分别汇集到两条不同的河流中去，这一地形上的脊线起着分水的作用，是相邻两流域的界线，称为分水线或分水岭。例如，降落在秦岭以南的雨水流入长江，而降落在秦岭以北的雨水则汇入黄河，所以秦岭便是长江与黄河的分水岭。对较小的流域，其间虽无山岭，但有地形上的脊线，也构成分水线。

分水线是流域的边界线，可根据地形图勾绘。每个流域的分水线就是流域四周地面最高点的连线，通常就是流域四周山脉的脊线。

河流水源包括地表水和地下水，同地面流域分水线一样，地下水也有分水线。流域的地表分水线和地下分水线一般大体一致，但有时受流域上的水文地质条件和地貌特征的影响，地表分水线和地下分水线可能不一致。如图2.6所示，甲、乙两河地表分水线在

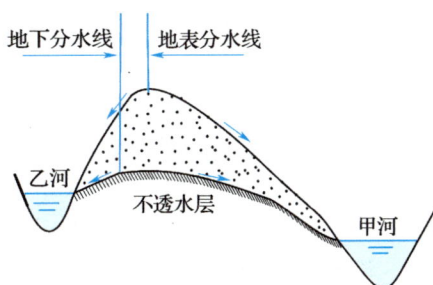

图 2.6　分水线

中间的山顶上，但地下有不透水层向甲河倾斜，因此地下分水线在地表分水线的左边。

（2）流域与划分

汇集地面水和地下水的区域称流域，即分水线所包围的区域。如上所述，分水线有地表分水线与地下分水线之分，前者构成地表集水区域称集水面积，后者构成地下集水区域。通常，流域所指的实际上是地表集水区域，常用单位为"km²"。

在给水工程中往往需要的只是取水构筑物所在断面以上的那部分流域面积，这样勾划求出的流域面积应与其出口断面一一对应。因此，河流的流域面积根据需要可以计算到河流的某一取水口、水文站或支流汇入处。

有些流域因水文地质条件的关系，地表分水线与地下分水线并不完全重合，因此地表和地下集水区也不相重合，此时会发生两个相邻流域的水量交换。对一般大、中流域，因地表和地下集水区不一致而产生的两相邻流域的水量交换量比流域总水量小得多，常可忽略不计。因此，可用地表集水区代表流域。但是，对于小流域或者流域内有岩溶的石灰岩地区，有时交换水量占流域总水量的比例相当大，把地表集水区看作流域，会造成很大的误差。这就必须通过地质和水文地质调查及枯水调查、泉水调查等来确定地表及地下集水区的范围，估算相邻流域水量交换的大小。

（3）流域的基本特征

流域特征是指流域的几何特征、自然地理特征和人类活动影响的总称。

1）流域的几何特征

流域几何特征是指流域面积、长度、平均宽度、平均高程、平均坡度、形状系数等的总称。

a. 流域面积

流域分水线与河口断面之间包围区域的平面投影面积，称为流域面积，记为 F，以"km²"计。流域面积的量测通常是在适当比例尺的地形图上，勾绘出流域的分水线后，采用方格法或求积仪法，量出该流域的面积。流域面积是重要的特征资料，对河流水质而言，有着"流域面积效应"：流域面积小的河流，因自然条件各异，流域之间河流水质差异较大；随着流域面积增大，流域内各支流汇合，常使得流域之间河流水质的差异变小。因此，世界最大河流的水质差异幅度最小。

b. 流域长度和平均宽度

流域长度通常有3种确定方法，可依据研究目的来选用：①从流域出口断面沿主河道

到流域最远点的距离；②从流域出口断面至分水线的最大直线距离；③以流域出口断面为圆心，向河源方向作一组不同半径的圆弧，在每条圆弧与流域分水线相交的两点处作弦线，各条弦线中点的连线的长度。流域长度以 L 表示，以"km"计。

流域平均宽度是指流域面积与流域长度之比值，即

$$B = \frac{F}{L} \tag{2.2}$$

式中　B——流域平均宽度，以"km"计；

　　　F——流域面积，以"km^2"计；

　　　L——流域长度，以"km"计。

流域平均宽度越小，流域形状越狭长，水流越分散，形成洪峰流量小，洪水过程越缓慢；若 B 接近于 L，则流域形状近乎方形，水流较集中，形成洪峰流量大，洪水过程较集中。

c. 流域平均高程与平均坡度

流域内各相邻等高线间的面积与其相应平均高程乘积之和与流域面积的比值，称为流域平均高程，以"m"计。流域平均坡度是指流域内最高最低等高线长度的一半及各等高线长度乘以等高线间的高差乘积之和与流域面积的比值。量测流域平均高程和平均坡度的方法是将流域地形图划分为 100 个以上的正方格，依次定出每个方格交叉点上的高程以及与等高线正交方向的坡度，取其平均值即得。

d. 流域形状系数

一般采用形状系数 K 表示流域形状特征。流域形状系数定义为流域平均宽度与流域长度之比，或流域面积与流域长度平方的比值，即

$$K = \frac{B}{L} = \frac{F}{L^2} \tag{2.3}$$

式中　K——流域形状系数；其他符号意义同上。

扇形流域的形状系数较大，狭长形流域的形状系数则较小。形状系数大时，表明流域外形接近方形，径流集中较快，形成尖瘦的洪水过程线；形状系数小时，表明流域外形接近长方形，径流集中较慢，形成矮胖的洪水过程线，如图 2.7 所示。

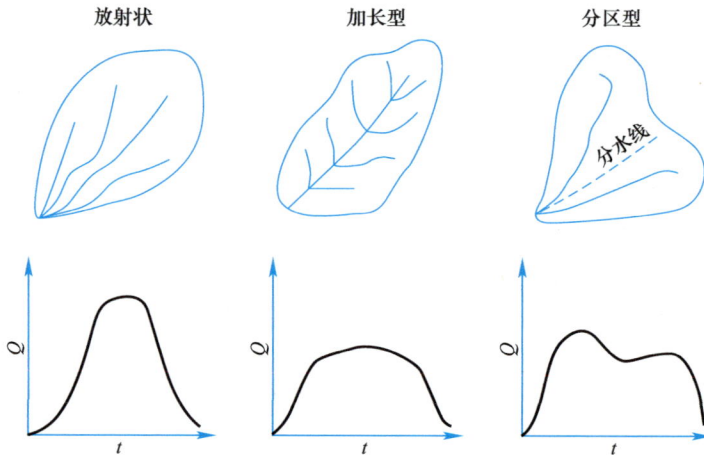

图 2.7　不同形状流域及其径流量过程线

2）流域的自然地理特征

包括流域的地理位置、气候特征、下垫面条件等。

a. 流域的地理位置　流域的位置以流域所处的经纬度来表示，它可以反映流域所处的气候带，说明流域距离海洋的远近，反映水文循环的强弱。

b. 流域的气候特征　包括降水、蒸散发、湿度、气温、气压、风等要素。它们是河流形成与发展的主要影响因素，也是决定流域水文特征的重要因素。

c. 流域的下垫面条件　下垫面指流域的地形、地质构造、土壤和岩石性质、植被、湖泊、沼泽等情况。流域的下垫面条件以及上述河道特征、流域特征都反映了每一水系形成过程的具体条件，并影响径流的变化规律。当研究河流及径流的动态特性时，需对流域的自然地理特征及其变化情况进行专门的研究。

3）人类活动

在天然情况下，水文循环中水量、水质在时间上和地区上的分布与人类的需求是不相适应的。为解决这一矛盾，长期以来人类采取了许多措施，如水土保持、植树造林、兴修水利、跨流域调水、城市化等措施来改造自然，以满足人类的需要，由此在一定程度引起了水文特征的变化。

2.2　河川径流及其表示方法

2.2.1　河川径流的基本概念

河川径流是指下落到地面上的降水，由地面和地下汇流到河槽并沿河槽流动的水流的统称。河川径流量一般是指河流出口断面的流量或某一时段内的河水总量。此出口断面常指水文站或取水构筑物所在的断面。其中来自地面部分的称为地表径流，也叫地表水；来自地下部分的称为地下径流，也叫地下水；水流中挟带的泥沙则称为固体径流。

2.2.2　河川径流量的表示

河川径流量的大小通常用以下几种径流特征值来表示。

（1）流量 Q

单位时间内通过河流过水断面的水量，以"m^3/s"为单位。流量有瞬时流量、日平均流量、月平均流量、年平均流量和多年平均流量之分。如果统计的实测流量年限足够长时，多年平均流量将趋于一个稳定的数值，即正常流量。

（2）径流总量 W

在一定时段内通过河流过水断面的总水量，以"m^3"计。由于它是一个相当大的数字，实际上常用 $10^8 m^3$ 来表示。其计算公式为

$$W = \int_{t_1}^{t_2} Q(t)\,dt = \overline{Q}(t_2 - t_1) \tag{2.4}$$

式中　W——径流总量，m^3；

　　　$Q(t)$——t 时刻的流量，m^3/s；

t_1、t_2——为径流时段的始、末时刻，s；

$\overline{Q}$——径流时段内的平均流量，m^3/s。

（3）径流模数 M

单位流域面积 F（km^2）上平均产生的流量 Q（m^3/s），叫做径流模数 M，以 $L/(s \cdot km^2)$ 计，按下式计算

$$M = \frac{1000Q}{F} \tag{2.5}$$

（4）径流深度 R

将计算时段内的径流总量，均匀分布于测站以上的整个流域面积上，此时得到的平均水层深度，就是径流深度 R，计算公式如下

$$R = \frac{1}{1000}\frac{W}{F} \tag{2.6}$$

式中　W——径流总量，m^3；

　　　F——流域面积，km^2；

　　　R——径流深度，mm。

（5）径流系数 α

同一时段内流域上的径流深度与降水量之比值就是径流系数。即

$$\alpha = \frac{R}{P} \tag{2.7}$$

式中　R——所求时段内的径流深度，mm；

　　　P——同一时段内的降水量，mm。

径流系数无量纲，它小于 1。它的多年平均值 R_0/P_0 是一个稳定的数字，并且有一定的区域性。

（6）径流特征值间的关系

上述各径流特征值之间存在着一定的关系，见表 2.1。为简化分析计算，通常以多年平均流量推求径流的各个特征值。下面仅就径流深度与径流模数之间的关系加以说明。

由式（2.5）可得　　　　　　　　$Q = \dfrac{FM}{1000}$

而　　　　　　　　　　　　$W = QT = \dfrac{FMT}{1000}$

与式（2.6）比较得　　　　　　$1000FR = \dfrac{FMT}{1000}$

$\therefore$　　　　　　　　　　　　$R = \dfrac{MT}{10^6} \tag{2.8}$

当 T 为一年并以 365 日计算时，$T = 31.54 \times 10^6$ s

则　　　　　　　　　　　　　　$R = 31.54M$

式中　R 以"mm"计，M 以"$L/(s \cdot km^2)$"计。

在式（2.8）中 T 为任何时段的秒数，代入后即可求出该时段径流深度与径流模数之间的数值关系。

径流特征值关系转换表 表2.1

关系转换式		转 换 前 的 单 位			
		Q	W	M	R
转换后的单位		m^3/s	m^3	$L/(s \cdot km^2)$	mm
Q	m^3/s	—	W/T	$MF/10^3$	$10^3RF/T$
W	m^3	QT	—	$MFT/10^3$	10^3RF
M	$L/(s \cdot km^2)$	$10^3Q/F$	$10^3W/(FT)$	—	$10^6R/T$
R	mm	$QT/(10^3F)$	$W/(10^3F)$	$MT/10^6$	—

2.3 河川径流形成过程及影响径流的因素

2.3.1 河川径流形成过程及其特征时期

地表径流的形成过程，以降雨补给的河流为例，可分为四个阶段（图2.8）：第一阶段是降水过程。流域内的径流由降雨产生，所以以降雨就成为径流形成的首要环节，降雨的大小和它在时间、空间上的分布，决定着径流的大小和变化过程。第二阶段是蓄渗过程，这阶段降雨全部消耗于植物截留、土壤下渗、地面填洼以及流域蒸散发。当降雨强度逐渐加大而超过下渗强度时，开始形成坡面上的细小水流，第三阶段的坡地漫流过程即行开始。坡地漫流的开始时间各处并不一致，它首先在流域内透水性差的地方和坡面陡峻处开始，然后扩大范围以至遍及全流域。坡面水流逐渐填满大小坑洼，注入小沟、溪涧而进入河槽，形成第四阶段的河槽集流过程。进入河槽的水流沿河槽纵向流动，在流动过程中沿途汇集了各干、支流的来水，最后流经出口断面，这是径流形成的最终环节。

由于流域内各点降雨和损失强度不同，其形成径流的过程互相交错，在汇流过程中沿途不断补充降雨，不断消耗于损失，所以上述四个阶段，不能简单地割裂开来。

前已述及，对实际的流域径流形成过程而言，除地表径流外，还应包括地下径流部分，尽管有时这部分径流对总径流量无多大影响。所以，整个产流、汇流过程也可分为流域过程和河槽过程。

河流的水文特性在很大程度上取决于水源补给的类型。我国河流的水源补给可分为雨水补给、冰雪融水补给和地下水补给等类型。我国大部分河流是依靠雨水补给，以雨水补给为主的河流，水位与流量变化快，在时程上与降雨有较好的对应关系。在我国华北、西北及东北的河流，存在冰雪融水补给，冰雪融水补给主要发生在气温较高的季节，此时节河流具有明显的日变化和年变化，且其水量的年际变化幅度比雨水补给的河流小。地下水补给也是我国河流补给的一种普遍形式，特别是在冬季和少雨、无雨季，大部分河流水量基本上来自地下水，诸如黄土高原沟壑区和青藏高原。具有发达地下水系的西南岩溶地区，因暗河与明河交替出现，则是一种特殊的地下水补给区。以地下水补给为主的河流，其年内分配和多年变化均较稳定。

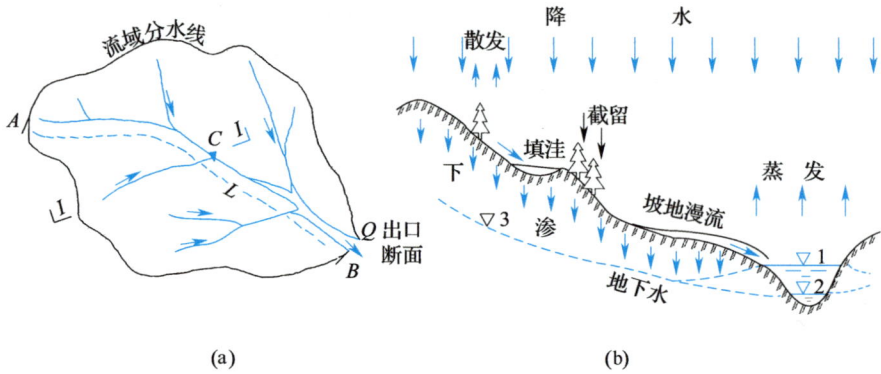

图 2.8　径流形成过程示意图

(a) 流域平面图；(b) Ⅰ-Ⅰ剖面图

1—洪水水位；2—枯水水位；3—地下水位

随着河流补给情况的变化，径流情况也相应发生变化，这种变化具有明显的以年为循环的周期性。一般可分为这样几个特征时期（图 2.9）：夏、秋季洪水期（伏汛或秋汛），冬、春季枯水期或冰冻期（包括北方河流春季的桃汛或凌汛）。

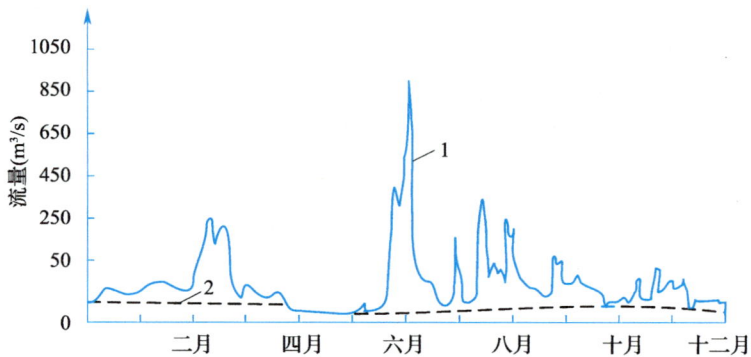

图 2.9　永定河三家店站 1931 年流量过程线

1—流量过程线（实线）；2—地下水流量过程线（虚线）

2.3.2　影响径流的主要因素

从径流形成过程可知，各种自然地理因素，如降水蒸散发、地形地质、湖泊沼泽等，及许多的人类活动，都不同程度地影响着河川径流。

（1）流域的自然地理特征影响

1）气象条件

流域的气象条件是影响径流量的决定性因素，其中以降水和蒸散发最为重要，直接影响流域内的径流量和损失量。图 2.10 是我国 45 条中等河流流域的平均年降雨量与平均年蒸散发量、平均年径流量的相关情况，显示了降雨、蒸散发与径流之间的密切关系。

降雨过程对径流形成过程影响最大。例如在相同的降雨量条件下，降雨强度越大，降雨历时越短，则流量越大，径流过程急促；反之，则流量小，径流过程平缓。

蒸散发是流域内的水分由液态变为气态的过程。由于降雨时空气湿润，蒸散发对一次降雨过程的作用不大，但平时流域内的土壤水分大都消耗于蒸散发。我国湿润地区年降水量的 30%～50%、干旱地区年降水量的 80%～95%都消耗于蒸散发，其剩余部分才形成径流。

其他气象因素如气温、湿度、风等，都通过降水和蒸散发对径流产生间接作用。而以冰雪融水补给的河流，其径流变化与气温变化密切相关，有季节变化与日变化之分。

2）流域的地理位置

流域的地理位置是以流域所处的地理坐标即经度和纬度来表示的（图 2.11），并须说明它离开海洋有多远，它与别的流域和山岭的相对位置。这些与内陆水分小循环的强弱和径流过程有关。

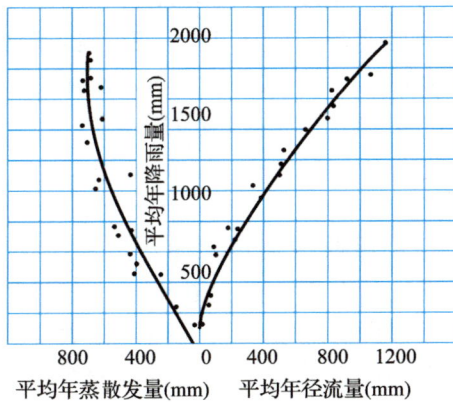

图 2.10 降雨量与蒸散发量、径流量的关系

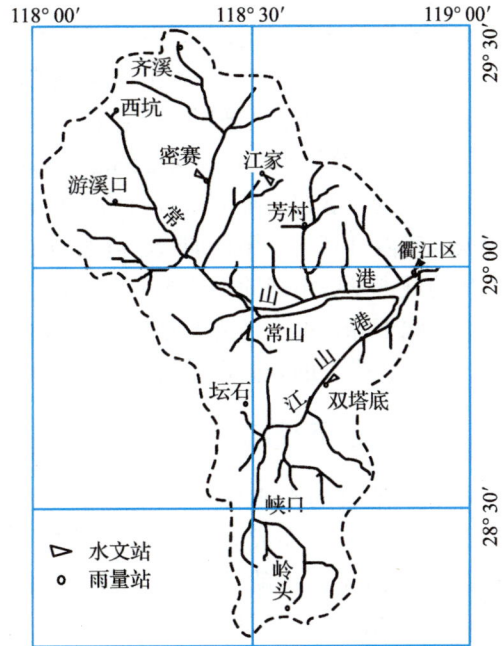

图 2.11 浙江省衢江区衢江流域图

3）流域的地形特性

流域的地形特性包括流域的平均高程、坡度、切割程度等，它们都直接决定着径流的汇流条件。地势越陡，切割越深，坡地漫流和河槽汇流时的流速越大，汇流时间越短，径流过程则越急促，洪水流量越大。因此，在地形起伏较大的山区河流的径流变化较平原地区的强烈。

4）流域形状和面积

流域的长度决定了地表径流汇流的时间，狭长地形的汇流时间较宽短地形的长，汇流过程平缓。大流域的径流变化较小流域的要平缓得多，这是因为大流域面积较大，各种影响因素有更多机会能相互平衡，相互作用，从而增大了它的径流调节能力，而使径流变化趋于相对稳定。

5）流域的植被

植物枝叶对降水有截留作用，植被增大了地面的粗糙程度，减缓了坡地漫流的速度，增加了雨水下渗的机会，落叶枯枝和杂草可改变土壤结构，减少了水分蒸发。

17

6）流域内的土壤及地质构造

土壤的物理性质、含水量和岩层的分布、走向、透水岩层的厚薄、储水条件等都明显影响流域的下渗水量、地下水对河流的补给量、流域地表的冲刷等，因而在一定程度上影响着径流及泥沙情势。岩溶地区的水文过程另具有其独特性。

7）湖泊和水库

流域内湖泊和水库通过对流域蓄水量的调节作用影响径流的变化，在洪水季节蓄水，枯水时期又缓慢泄水，由此洪水过程线变得平缓。另外，湖泊和水库又能通过对气象因素，特别是蒸发的影响而影响径流量的大小，这种影响作用在干旱地区比湿润地区更为显著。

（2）人类活动的影响

人类改造自然的水利化措施有：通过林牧、水土保持等坡面措施，增加土壤入渗能力，减少水土流失；通过旱地改水田、坡地改梯田等农业措施，增加田间蓄水能力；修建塘堰、水坝以扩大蓄水面积；修建引水工程以调剂地区间的水量余缺。这些措施改变了流域的自然地理面貌，影响了内陆水文循环、径流量及时程分配，从而影响到径流的形成与变化过程。因此，在收集与分析水文资料时，要考虑到已经实施了的和将要实施的水利化措施对径流的影响。

城市化的发展也对径流形成有着种种影响。首先，城市人口的密集和高层建筑的骤增，使得城区气温升高、小循环加快、降水量加大、降水次数增多、径流量加大。其次，相应于现代化的城市发展出现的不透水地面大量增加和雨水排水系统日益完善，使得地表滞水性及入渗率大幅下降、地下径流及枯水径流减小、洪峰流量加大、洪水位增高，径流过程陡急。另外，城市化带来的降雨径流污染，也导致了城市及其周边水环境质量的恶化。

2.3.3　地下径流

降落于地表的雨水渗入土壤后，一部分为植物吸收或通过地面蒸散发而损失外，一部分渗入透水层而成为地下水，经过一段相当长的时间，通过在地层中的渗透流动而逐渐注入河流，这就是地下径流，也称为基流。它与地表径流不同，在数量与时程上都表现出相当的稳定性。图 2.9 所绘的是一年内逐日的日平均流量过程线，显示了河流某断面的流量随时间而变化的过程。图中还给出了地下水流量过程线（虚线），与地表径流过程线相比，它是相当稳定的。

2.3.4　固体径流

河川的固体径流也称泥沙径流，是指河流挟带的水中悬移质泥沙和沿河底滚动的推移质泥沙。所有河流都挟带有泥沙，只是多少不同而已。我国黄河是一个突出的例子，陕县的多年平均含沙量高达 35.1kg/m³，实测最大含沙量超过 500kg/m³。河流泥沙主要来源于流域地表被风和雨水侵蚀的土壤，当大量的降雨或融雪形成坡地漫流时，水流就将地表的固体颗粒带入河中。河流挟带泥沙的多少与流域特征及地表径流有关，洪水期含沙量较大，枯水期只靠地下水补给时则含沙量最小。如图 2.12 所示，可以看出流量与含沙量之间的相应关系。

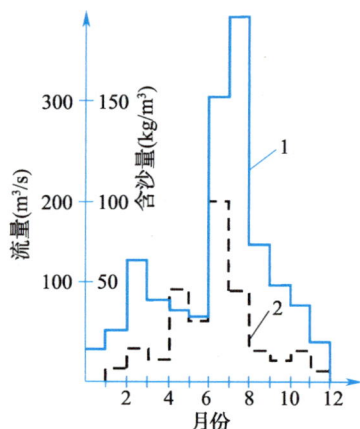

图 2.12　永定河三家店站 1950 年月平均含沙量与流量过程线
1—流量过程线；2—含沙量过程线

2.3.5 溶解质径流

降水与径流在其产生和运动过程中，在与环境的接触中，溶解了各种物质，形成了河水的溶解质。一般认为，河水携带的粒径小于 10^{-5} mm 的微粒物质称为溶解质，其化学成分和含量是水的质量标志。

溶解质的主要成分为溶解气体、主要离子、生物原生质、微量元素和有机质。每种离子和物质都分别有各自的测定方法和计量公式，水化学课程中有专门论述。单位河水体积中所含溶解质的总量称为矿化度，单位为"g/m³"或"mg/L"。它是评价水体所含化学成分及使用价值，并据以分类的主要依据。

2.4 水 量 平 衡

2.4.1 流域的水量平衡

在一定时段内流域中各水文要素（降水、蒸散发、径流等）之间的数量变化关系，可由流域的水量平衡方程综合地表示出来，它是进行水文分析计算的有力工具。

我们先求闭合流域内任一时段的水量平衡方程式。所谓闭合流域，即该流域的地面分水线明确，且地面与地下分水线又相互重合，这样，就没有补给相邻流域的水量。设想在这样一个流域的分水线上作出一个垂直的柱形表面一直到达不透水层，使低于这个层面的水不参与我们所探讨的水量平衡（图 2.13）。应用水力学中的水流连续性原理，来确定水文循环的数量关系。

初始时刻闭合流域的水量为：$P+V_1$

式中　P——流域平均降水量；

　　V_1——时段开始时流域的蓄水量。

终止时刻闭合流域流出的水量为：$E+R+V_2$

式中　E——流域平均蒸散发量；

　　R——出口断面径流量（包括地下径流量）；

　　V_2——时段末流域的蓄水量。

则水量平衡方程式为

$$P+V_1=R+E+V_2$$

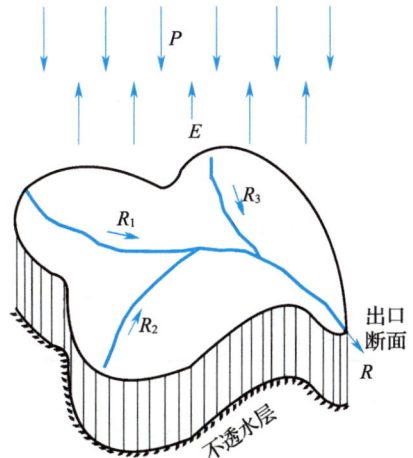

图 2.13　闭合流域水量平衡示意图

如时段开始与终止时流域内蓄水量之差以 ΔV 表示，即 $\pm\Delta V=V_2-V_1$，则有

$$P=R+E\pm\Delta V \tag{2.9}$$

对某一具体年份来说，式中的 P 代表年降水总量，R 代表年径流总量，E 代表年蒸散发总量。多水年份水量充沛，一部分水量补充流域蓄水量，因此 ΔV 为正号；而少水年份 ΔV 将为负号，表示流域将消耗蓄水量的一部分于径流及蒸散发两方面。对于多年平均情况而言，因包括有湿润年和干旱年，流域蓄水量之差近似等于零，即：

$$\frac{1}{n}\sum_1^n \Delta V \approx 0$$

此时式（2.9）可化为

$$P_0 = R_0 + E_0 \tag{2.10}$$

式中　　$P_0 = \dfrac{1}{n}\sum_1^n P$——流域多年平均降水量；

　　　　$R_0 = \dfrac{1}{n}\sum_1^n R$——流域多年平均径流量；

　　　　$E_0 = \dfrac{1}{n}\sum_1^n E$——流域多年平均蒸散发量。

式（2.10）说明，对于一个闭合流域来说，降落在流域内的降水完全消耗在径流和蒸散发两方面，如用 P_0 除以式（2.10）的两边，则得出

$$\frac{R_0}{P_0} + \frac{E_0}{P_0} = 1 \tag{2.11}$$

式中径流量占降水量的分数 $\dfrac{R_0}{P_0}$，叫做径流系数；蒸散发量占降水量的分数 $\dfrac{E_0}{P_0}$，叫做蒸散发系数，这两个系数在 0 与 1 的范围内变化，其和则等于 1。干旱地区的径流系数很小，几乎近于零，而蒸散发系数很大，可近于 1；在水分丰沛地区的径流系数介于 0.5～0.7 之间或稍大。

我国主要河流流域的水量平衡要素的数量估算值列于表 2.2，各项数字均为多年平均值。

我国主要河流流域水量平衡要素　　　　　　　　　　　　　表 2.2

河　　名	水量平衡要素			多年平均径流系数
	降水（mm）	蒸散发（mm）	径流深度（mm）	
松花江	525	380	145	0.28
黄河	492	416	76	0.15
淮河	929	738	191	0.21
长江	1055	513	542	0.51
珠江	1438	666	772	0.54
雅鲁藏布江	699	225	474	0.68
中国台湾各河	1903	887	1016	0.53

2.4.2　全球的水量平衡

地球由陆地和海洋两部分组成，它们的年水量平衡方程式分别写为：

$$E_c + R = P_c + \Delta V_c \tag{2.12}$$

$$E_s - R = P_s + \Delta V_s \tag{2.13}$$

式中　　E_c——年内陆地的蒸散发量；

　　　　E_s——年内海洋的蒸发量；

　　　　P_c——年内陆地的降水量；

　　　　P_s——年内海洋的降水量；

　　　　R——年内由陆地流入海洋的径流量；

　　　　ΔV_c——年内陆地蓄水的变化量；

　　　　ΔV_s——年内海洋蓄水的变化量。

若研究时段为 n 年，则 ΔV_c 和 ΔV_s 的多年平均值趋于零，式（2.12）、式（2.13）可分别写为：

$$E_{c0} + R_0 = P_{c0} \tag{2.14}$$
$$E_{s0} - R_0 = P_{s0} \tag{2.15}$$

式中　E_{c0}——多年平均陆地的蒸散发量；

　　　E_{s0}——多年平均海洋的蒸发量；

　　　P_{c0}——多年平均陆地的降水量；

　　　P_{s0}——多年平均海洋的降水量；

　　　R_0——多年平均由陆地流入海洋的径流量。

将式（2.14）、式（2.15）进行相加合并，得

$$E_0 = P_0 \tag{2.16}$$

式中　E_0——多年平均全球的蒸散发量；

　　　P_0——多年平均全球的降水量。

式（2.16）为全球多年的水量平衡方程式。它表明，对全球而言，多年平均降水量等于多年平均蒸散发量。地球水量平衡要素的概值列于表 2.3。

地球水量平衡要素　　　　　　　　　　　表 2.3

区域	平衡要素	年总量（km³）	年水深（mm）
陆地外流域	降水	102100	873
	河流径流	37400	320
	蒸散发	64700	553
陆地内流域（内陆流域）	降水	7400	231
	蒸散发	7400	231
世界海洋	降水	410500	1137
	河流来水量	37400	103
	蒸散发	447900	1240
全球	降水	520000	1020
	蒸散发	520000	1020

注：1. 各项数字均为多年平均值；
　　2. 年水深是指年水量除以相应的面积后所得的平均深度。

2.5　水文资料的观测方法与收集

在河流的一定地点按一定要求建立长期观测水文要素的测站，利用各种水文仪器测量并记录水文要素连续变化的情况，叫做水文测验。本节简要叙述河流水位、流量与泥沙等水文要素的测验要点，以便能正确地使用它们。

2.5.1　水位观测

水位是河流水情要素中最基本的要素，它是水利工程建设，如防汛、航运、给水、排水、灌溉、桥梁、码头等建筑物设计中不可缺少的水文资料，也用于间接推求流量。因此，水位观测是一项重要的工作。

河流断面上某时刻的水位，是指该时刻断面上的水面高程。计算水位必须有作为计算标准的基面，通常用的是河流入海处接近海平面平均高度的某一固定点，称为绝对基面。我国各水系原有各自的水系基面。现在全国统一规定用青岛验潮站黄海平均海水面作为计算标准。使用水位资料时必须注意它所依据的基面，必要时需加以换算。

我国现在常用的水位观测设备有水尺与自记水位计两大类。

水尺按构造形式的不同，分为直立式、倾斜式、矮桩式与悬锤式等。水尺构造简单，但需观测人员到水尺处进行观测读数并记录。水位由设立在观测断面上的水尺观读，直立式水尺的设立如图 2.14 所示。水尺板上刻度的起点与某一基面（图 2.14 为绝对基面）的垂直距离叫做水尺的零点高程，预先可以测量出来。水尺零点高程是水位观测中重要的数据，需要定期根据测站的校核水准点对各水尺的零点高程进行校核。每次观读水尺后，便可计算水位，即

$$水位 ＝ 水尺零点高程 ＋ 水尺读数 \tag{2.17}$$

自记水位计能将水位变化的连续过程自动记录下来，具有连续、完善、节省人力等优点。有的并能将观测的水位以数字或图像的形式远传至室内，即水位遥测。自记水位计的种类很多，主要形式有横式自记水位计、电传自记水位计、超声波自记水位计和水位遥测计等。

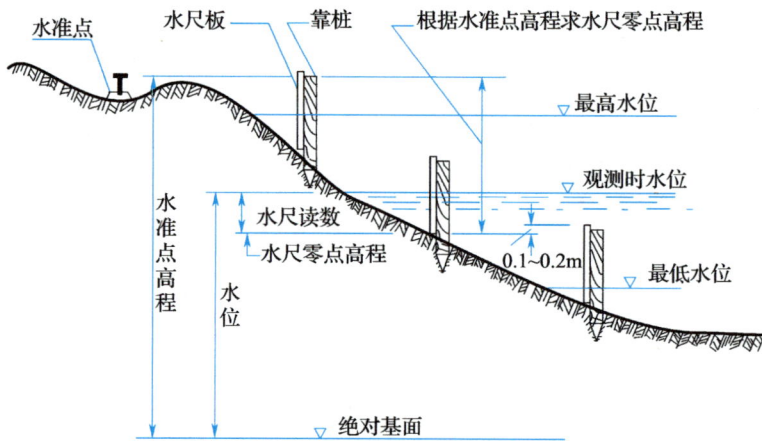

图 2.14　直立式水尺分段设立示意图

根据水位记录，可计算出日平均水位、月平均水位和年平均水位。日平均水位通常有两种计算方法：①当一日内水位变化缓慢，或水位变化较大且等时距人工观测或自记水位计摘录，可采用算术平均法计算；②当一日内水位变化较大且不等时距观测或摘录，则采用面积包围法，即是将当日 0～24h 内水位过程线所包围的面积除以一日时间所得。依据逐日的平均水位可算出月平均水位、年平均水位和保证率水位。这些经过整理和分析处理后的水文信息数据，刊于水文年鉴或存入水文数据库，供有关部门查用。

2.5.2　流量测算

流量是反映水资源和江河、湖泊、水库等水体水量变化的基本数据，也是河流最重要的水文特征值。它是依据河流水情变化的特点，在水文测站上用各种测流方法进行流量测

验取得实测数据，经过分析、计算和整理而得的资料，可用于研究江河流量变化的规律，为国民经济各部门服务。按照测流的工作原理，流量测算有流速面积法、水力学法、化学法、物理法和直接法等多种方法。用流速仪测流的流速面积法是普遍采用的流量测算方法。

由于河流过水断面的形态、河床表面特性、河底纵坡、河道弯曲情况等因素的影响，在过水断面上，流速随水平和垂直方向的位置不同而变化。流速仪法测流，是将水道断面划分为有限个部分，测算出各部分断面面积，用流速仪施测流速并计算出各部分面积上的平均流速，各部分断面面积与平均流速的乘积可获得部分断面流量，所有部分断面流量之和即为全断面的流量值。通常，测流可分为测量横断面和流速两部分工作。

测量过水横断面称为水道断面测量，是在断面上布设一定数量的测深垂线，施测各条测深垂线的起点距和水深并观测水位，用施测时的水位减去水深，获得各测深垂线处的河底高程，根据起点距和河底高程绘出过水断面图并计算出断面面积。根据断面情况在河床变化的转折处布设测深垂线，并且主槽较密，滩地较稀。测深垂线的起点距是指该测深垂线至岸边基线上的起点桩之间的水平距离。

天然河道中一般采用流速仪测定水流的速度，这也是国内外广泛使用的测流方法。图 2.15 和图 2.16 分别为旋杯式流速仪和旋桨式流速仪。流速仪放在流动的水中，受水流冲击而使旋杯或旋桨产生旋转，流速越大，旋转越快，它们之间一般是直线关系，根据转速即可算出流速。为适应过水断面上天然流速分布的不均匀性，使观测结果能和天然状态一致，最常用的积点法测速是在过水断面上选择代表性强的多条测速垂线，并将流速仪放置于测速垂线上不同的水深点测速，最后求得测速垂线平均流速和部分断面平均流速，进而按式（2.18）求出断面流量 Q（m^3/s）。测速垂线的数目和垂线上测速点的个数是依据流速精度的要求、水深、悬吊流速仪的方式、节省人力和时间等因素而定，通常测速垂线数目越多，测算的流量误差越小。

$$Q = \sum_{i=1}^{n} v_i f_i \tag{2.18}$$

式中　v_i——i 部分断面平均流速，m/s；

　　　f_i——i 部分断面面积，m^2；

　　　n——部分断面的个数。

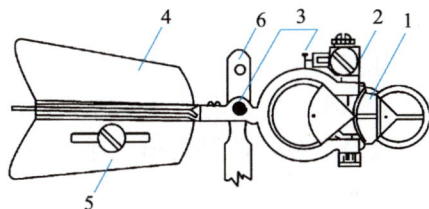

图 2.15　旋杯式流速仪
1—旋杯；2—传讯盒；3—压线螺母；
4—尾翼；5—平衡锤；6—悬杆

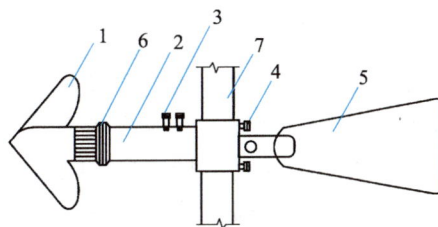

图 2.16　旋桨式流速仪
1—旋桨；2—身架；3—接线柱；4—固定螺栓；
5—尾翼；6—反牙螺栓套；7—悬杆

2.5.3　泥沙测算

河水挟带泥沙数量的多少和泥沙颗粒的大小，与给水工程有密切关系。例如，从多泥沙河流中取水的水质处理，防止取水构筑物进水口的淤积，山区河流上修建低坝引水时的取水防沙等，都需要对河流泥沙资料有较全面的了解。

河流中的泥沙，按其运动形式可分为悬移质、推移质和河床质 3 类。悬移质泥沙悬浮于水中并随之运动；推移质泥沙受水流冲击沿河底移动或滚动；河床质泥沙则相对静止停留在河床上。三者随水流条件的变化而相互转化，它们特性不同，测算的方法也各异，泥沙测验分悬移质输沙率和推移质输沙率测验两种，前者为主要的测验形式。

悬移质泥沙又称悬沙，颗粒小而轻，由于水流的紊动而悬浮在水中，并随水流向下游运动。在单位时间内通过测流断面的悬移质泥沙的质量称为悬移质输沙率 Q_S，以"kg/s"计。所谓河流含沙量 c_s，是指单位体积浑水中所含泥沙的质量，以"kg/m³"计。并有

$$Q_S = Q \cdot c_s \tag{2.19}$$

式中　Q——断面流量，m³/s；

　　　c_s——断面平均含沙量，kg/m³。

含沙量的测验方法是：先从河中一定测点采取含有泥沙的水样（采样工作一般都和流量测验同时进行），经过量积、沉淀、过滤、烘干、称重等手续，求出一定体积浑水中的干沙质量，从而计算出该测点的含沙量。

由于天然河流过水断面上各点的含沙量并不一致，要测得断面输沙率，也需要采用与测算流量相似的方法。先测得测点含沙量，再求出垂线平均含沙量及部分断面平均含沙量，并利用测速时所算得的部分流量，按下式求断面输沙率 Q_S（kg/s）。

$$Q_S = \sum_{i=1}^{n} c_{si} q_i \tag{2.20}$$

式中　c_{si}——i 部分断面平均含沙量，kg/m³；

　　　q_i——i 部分流量，由 $v \cdot f$ 求得，m³/s；

　　　n——部分断面的个数。

推移质泥沙又称底沙，颗粒大而重，被水流推着沿河底移动。推移质泥沙测验，是利用推移质采样器，沿河宽不同地点，取得测沙垂线底部的推移质泥沙，以求得各测沙垂线处单位宽度内的输沙率，从而计算出整个断面的推移质输沙率。其测验工作应尽可能和悬移质输沙率、流量的测验同时进行，以便于资料的整理与分析。

2.5.4* 冰凌观测

我国秦岭—淮河以北的河流，多有长短不一的结冰期。冰凌观测是为了掌握河流结冰情况，了解冰凌变化规律，为取水工程提供冰情资料。河流在冬季结冰、春季解冻的现象，可对建筑物的安全运用构成严重的威胁和损坏，危及基础，胀裂管道，浮冰可堵塞桥孔、形成冰坝、抬高水位、造成水毁事故。因此，冰情是工程不可忽视的问题。

冰凌观测项目分两大类，第一类项目在凡有结冰现象或岸冰现象的测站要普遍观测，即冰情目测（包括岸冰、流冰、封冻、冰坝等项）及固定点冰厚测量；第二类项目有河段冰厚测量、冰流量测量、水内冰观测等项，这些只在有需要的指定测站进行观测。

2.5.5 水文资料的收集

收集水文资料是水文分析计算的一项很重要的基础性工作。水文资料的来源有水文年

鉴、水文数据库、水文手册、水文图集、各种水文调查、水文遥感及气象部门的水文气象资料。

（1）水文年鉴和水文数据库

水文站网观测整编的资料，按全国统一规定，分流域、干支流及上下游，每年汇编刊印成册，称为水文年鉴。1990年后，随着电子计算机的迅速发展，这些资料基本上已不再刊印，而是使用计算机存储和检索。水文年鉴的主要内容包括：测站分布图，水文站说明表及位置图，各测站的水位、流量、泥沙、水温、冰凌、水化学、降水量、蒸散发量等资料。但其不刊布专用站和实验站的观测数据及整编、分析结果，需要时可向有关部门收集。

（2）水文手册和水文图集

水文手册、水文图集、水资源评价报告等，是全国及各地区水文部门，在分析研究全国各地区所有水文站资料的基础上，综合编制出来的。它给出了全国或某一地区的各种水文特征值的等值线图、经验公式、图表、关系曲线等。利用水文手册和水文图集，便可估算无水文观测资料地区的水文特征值。值得注意的是，因在编制各种水文特征的等值线图及各径流特征的经验公式时所依据的小河资料少，当利用手册及图集估算小流域的径流特征值时，应根据实际情况作必要的修正处理。

（3）水文调查

通过水文站网进行定位观测是收集水文资料的主要途径。但是，由于定位观测受时间和空间的限制，有时并不能完全满足生产需要，故还必须通过水文调查加以补充。水文调查包括流域调查、水流调查、洪水与暴雨调查和其他专项调查四大类，其中主要是洪水与暴雨调查。我国设计洪水计算规范要求，重要的设计洪水计算，都必须进行历史洪水调查和考证工作，以保证成果的可靠性。历史洪水调查包括两方面的内容：一是确定洪水的大小，主要是洪峰流量；二是确定洪水的发生日期和在调查的历史年代中的排列序位，以便估计它的出现频率（重现期）。对于前者，一般可通过在工程断面附近选择比较顺直、稳定的河段，查阅有关的历史文献，访问当地老人，指认沿河各次历史洪水痕迹及发生时间，然后测量河道地形、断面和洪痕高程，确定各次洪水的水面坡降、过水断面积和河道糙率，并由相应的公式可求得洪峰流量。对于后者，可通过对历史文献记载和当地老居民回忆的系统分析和反复比较，排出各次洪水在调查期中的序位。排位时，须特别注意不要把影响排位的不太突出的洪水给遗漏，否则将引起洪水频率计算上一系列的错误。历史洪水调查是一项非常重要的工作。近年来，水文工作者还应用地层学、地质学、年代学知识，采用同位素分析等先进技术，调查分析近万年内的特大洪水，也称为古洪水研究。我国在20世纪70和80年代，曾组织许多水文部门对历史洪水进行过大规模的系统调查，并汇编成册，供设计洪水计算参考。

（4）水文遥感

遥感技术使人们能够在宇宙空间的高度上，大范围、快速、周期性的探测地球上各种现象及其变化。在水文科学领域应用的遥感技术称为水文遥感，其具有诸多特点：如动态遥感、从定性描述发展到定量分析、遥感遥测遥控的综合应用、遥感与地理信息系统相结合等。

近几十年来，水文遥感已成为收集水文信息的一种重要手段，尤其在水资源水文调查的应用更为显著，可概括为如下几方面：

1）流域调查。根据卫星像片可以准确查清流域范围、流域面积、流域覆盖类型、河长、河网密度、河流弯曲度等。

2）水资源调查。使用不同波段、不同类型的遥感资料，容易判读各类地表水的分布，还可分析饱和土壤面积、含水层分布以估算地下水储量。

3）水质监测。通过遥感资料分析识别热水污染、油污染、工业废水及生活污水污染、农药化肥污染以及悬移质泥沙、藻类繁殖等情况。

4）洪涝灾害的监测。其包括确定洪水淹没范围、决口、滞洪、积涝、泥石流及滑坡的情况。

5）河口、湖泊、水库的泥沙淤积及河床演变，古河道的变迁等。

6）降水量的测定及水情预报。

利用卫星传输地面自动遥测水文站资料，具有投资低、维护量少、使用方便，且在恶劣天气下安全可靠、不易中断的优点，对大面积人烟稀少地区更加适合。

2.6　水位与流量关系曲线

通过对观测到的水位、流量资料的整理，可以建立水位与流量关系曲线。因为水位观测远比流量观测要容易得多，常利用这种曲线从水位变化过程推求流量变化过程，从而计算出不同历时的平均流量。

2.6.1　水位与流量关系曲线的绘制

据实测的水位、流量成果绘制水位—流量关系时，要将水位—面积、水位—流速以选定的合适比例尺绘在同一坐标纸上。因为需要用这两条关系曲线来校核各级水位时的水位—流量关系。绘制成果如图 2.17 所示。

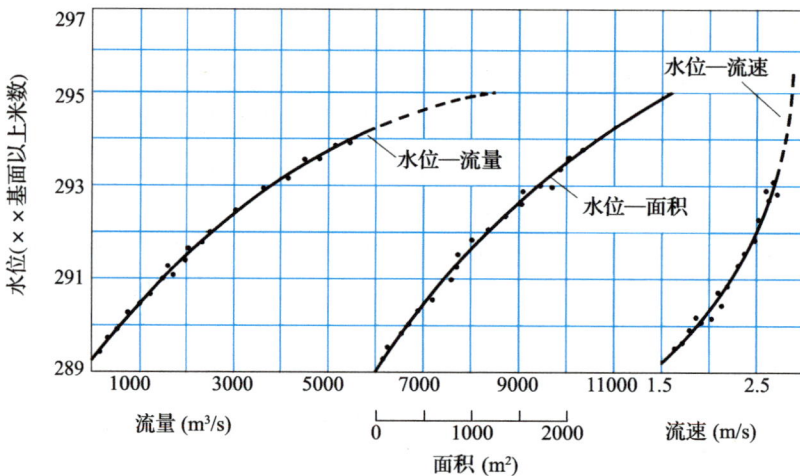

图 2.17　水位—流量曲线及其延长
——实测部分　----延长部分

河床发生冲淤变化，对水位—流量关系曲线的影响如图 2.18 所示。河流中洪水涨落对关系曲线的影响如图 2.19 所示。涨水时，河段水面比降大，流速快，同一水位时通过的流量较大，图示曲线向右偏离；落水时，水面比降小，流速慢，同一水位时通过的流量较小，曲线又向左偏离。一涨一落，水位流量关系曲线呈现出绳套形。

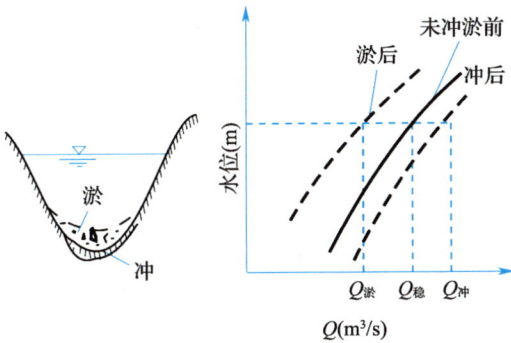

图 2.18　受河床冲淤影响的
水位—流量曲线

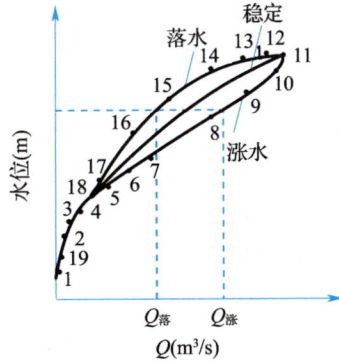

图 2.19　受洪水涨落影响的
水位—流量曲线

2.6.2　水位与流量关系曲线的延长

由于河流处于中、低水位情况的时间较长，流量施测的次数在这个范围内的就很多，故水位—流量关系曲线上这部分的点较多，而特大或特小流量的点很少。在进行设计时却往往要用到曲线的高水与低水部分，这就需要用各种适当方法将该曲线作高水延长和低水延长。一般情况下，高水部分延长不应超过当年实测流量所占水位变幅的 30%，低水部分延长不应超过 10%。

延长水位—流量关系曲线的方法较多，一般常用的有下列几种。

（1）高水延长

1）采用简单顺势的高水延长

此法适用于河床稳定，水位—面积和水位—流速两组关系点集中，曲线趋势明显的测站。延长水位—流量关系曲线的高水部分时，首先根据当时实测的大断面资料，绘制包括高水位在内的水位—面积关系曲线，接着将水位—流速关系曲线按其趋势进行顺势延长到高水位区（因为在高水时，水位—流速关系曲线趋近于常数。），依据流量等于该水位的断面面积和流速乘积的原理，最后将水位—流量关系曲线延长至高水位区。如图 2.17 所示，虚线部分即高水延长部分。

2）采用水力学公式的高水延长

为了避免水位—面积、水位—流速关系高水延长中的水位—流速顺势延长的任意性，减少主观误差，可采用水力学公式计算出外延部分的流速值来进行辅助定线。此法用于河床没有严重冲淤变化的断面，并且具有较全面的河流断面资料，尤其是水力坡度、河槽粗糙率及水力半径等。延长水位—流量关系曲线的高水部分时，首先根据当时实测的大断面资料，绘制包括高水位在内的水位—面积关系曲线。其次，利用水力学公式计算高水部分的断面平均流速，在实测的水位—流速关系曲线上接绘计算出的高水位与流速的关系曲线。最后，将延长部分的各级水位的流速乘以相应面积即得断面流量。据此，即可绘出延长的水位—流量关系曲线，如图 2.17 所示，虚线部分即高水延长部分。

一般在计算断面平均流速 V 时都采用水力学中的谢才公式

$$V = C\sqrt{RS} \tag{2.21}$$

其中的谢才系数 C 常用曼宁公式计算

$$C = \frac{1}{n} R^{1/6} \tag{2.22}$$

所以

$$V = \frac{1}{n} S^{1/2} R^{2/3} \tag{2.23}$$

式中　　n——河床糙率；

　　　　S——水面比降；

　　　　R——水力半径。

3）采用断面特性的高水延长

在没有实测的 S 和 n 的测站，可用断面特性法进行延长。若过水断面面积为 ω，则有

$$Q = \omega C\sqrt{RS} = C\sqrt{S} \cdot \omega\sqrt{R} \tag{2.24}$$

高水部分的 $C\sqrt{S}$ 在不同流量时差别不大，可看作常数，令　$K = C\sqrt{S}$

则

$$Q = K\omega\sqrt{R} \tag{2.25}$$

据此式按以下步骤可进行延长（设 H 代表水位）。

① 根据实测的流量和大断面资料，作 H—Q、Q—$\omega\sqrt{R}$ 和 H—$\omega\sqrt{R}$ 三条关系线，如图 2.20 所示实线部分；

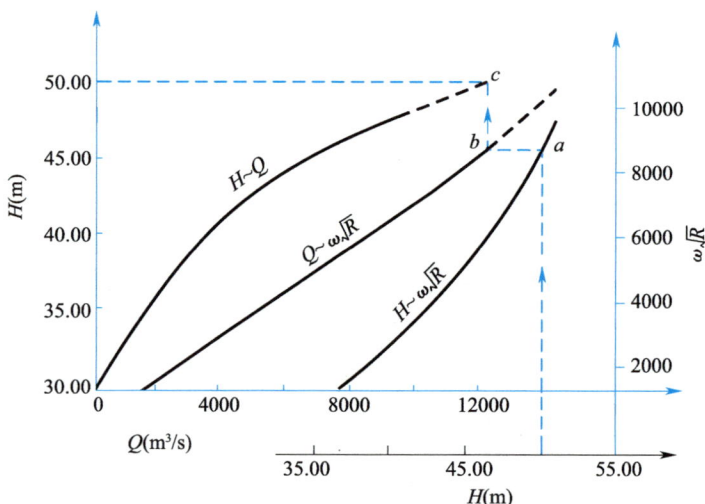

图 2.20　断面特性法延长水位—流量曲线

② 将 H—$\omega\sqrt{R}$ 绘至高水位区；

③ 将 Q—$\omega\sqrt{R}$ 在高水位区作直线延长（虚线部分）；

④ 如欲求 50.00m 水位时的流量，可从 H—$\omega\sqrt{R}$ 曲线上求得 a 点，由 a 引一水平

线交 $Q-\omega\sqrt{R}$ 的延长线于 b 点，由 b 点作一垂线与 $H=50.00\mathrm{m}$ 处引出的水平线相交于 c 点，根据 c 点即可延长 $H-Q$ 曲线（虚线部分），c 点的水位为 $50.00\mathrm{m}$，流量为 $12500\mathrm{m}^3/\mathrm{s}$。

此法高水延长也称为斯蒂文斯（Stevens）法，对于断面无明显冲淤、水深不大但水面较宽的河槽，通常以断面的平均水深作为水力半径进行高水延长。

（2）低水延长

低水延长方法与高水延长相似，也同样先根据实测资料延长水位—面积曲线到最低水位；而在延长 $H-Q$、$H-\omega\sqrt{R}$ 曲线时，则需要求得断流水位（求法见后），在此水位时流量为零，而后按照水力学公式或断面特性法将水位—流量曲线延长到该点。

低水延长比高水延长更不容易取得准确结果，需要谨慎从事，延长范围的限制比高水的严格。对于给水设计，为推求设计最低水位，低水延长就显得更为重要。断流水位求法有以下两种。

1）根据测站纵横断面资料确定

如测站下游有浅滩或石梁，则以其高程作为断流水位；如测站下游很长距离内河底平坦，则取基本水尺断面河底最低点高程作为断流水位。这样求得的断流水位比较可靠。

2）分析法

在没有纵断面图和调查资料时，如断面形状整齐，在延长部分的水位变幅内河宽没有突然变化的情况下，又无浅滩、分流等现象，才可使用此法。在水位—流量关系曲线的中低水弯曲部分，依顺序取 a、b、c 三点，使这三点的流量关系满足 $Q_\mathrm{b}=\sqrt{Q_\mathrm{a}Q_\mathrm{c}}$，则断流水位 Z 可按下式计算

$$Z=\frac{G_\mathrm{a}G_\mathrm{c}-G_\mathrm{b}^2}{G_\mathrm{a}+G_\mathrm{c}-2G_\mathrm{b}} \tag{2.26}$$

式中　　　　Z——断流水位，m；

G_a、G_b、G_c——水位与流量关系曲线上 a、b、c 三点的水位，m。

这个方法的基本假定是水位与流量关系曲线的低水部分的方程式为：

$$Q=K(G-Z)^n$$

$\because$ 　　　　　　　$Q_\mathrm{b}^2=Q_\mathrm{a}Q_\mathrm{c}$

$\therefore$ 　　$K^2(G_\mathrm{b}-Z)^{2n}=K^2(G_\mathrm{a}-Z)^n(G_\mathrm{c}-Z)^n$

或　　　　$(G_\mathrm{b}-Z)^2=(G_\mathrm{a}-Z)(G_\mathrm{c}-Z)$

解上式，即得式（2.26）。

2.6.3 水位与流量关系曲线的应用

在给水排水工程中，研究水位—流量关系曲线的目的，主要是把设计用的最大流量和枯水流量转换成相应的设计最高水位和最低水位，或者相反，把调查得来的洪、枯水位转换成相应的流量。

上述水位流量关系均指水文站基本水尺断面上的情况，还得移用到取水口处才能供设计使用。如取水口附近有水文站，可从基本水尺到取水口分别施测几条高、中、低水位的水面比降线，按不同比降，将基本水尺处的设计最高、最低水位推算到取水口去。如取水

口距水文站较远，直接施测比降线较为困难，则可考虑在取水口处设置临时水尺，并观读水位。其观测历时最好能包括一个汛期和枯水期，以期与水文站基本水尺建立水位相关时能包括较大的水位变幅在内。如取水口附近或较远处无水文站资料可供借用，可在适宜河段设置临时水尺以观读水位，并施测一定数量的流量资料，建立临时水尺处的水位—流量关系曲线，虽然精度稍差，但对提供设计参考仍有一定价值。

复 习 思 考 题

2.1　如何量取河长？如何计量某河段的弯曲系数？

2.2　简述平原河道平面形态特点与水流冲淤特性。

2.3　见表 2.4，已知各河段特征点的河底高程及其间距，试求各河段的平均比降及全河的平均比降。

河段平均比降计算资料　　　　　　　　　　　　　　　　　　　　表 2.4

自河源起至河口至各河段编号	底坡变化特征点上、下高程（m）	各特征点间距（km）	各段平均比降
Ⅰ	72.5～41.9	211	
Ⅱ	41.9～25.6	253	
Ⅲ	25.6～16.3	248	
Ⅳ	16.3～3.7	200	
Ⅴ	3.7～0.0	60	
全　河			

2.4　什么叫流域分水线？如何量取流域面积？

2.5　河川径流一般指的是什么？河川径流量可用哪几个特征值表示？

2.6　某河某水文站控制流域面积为 566km²，多年平均径流流量为 8.8m³/s，多年平均降雨量为 686.7mm，试求其各径流特征值。

2.7　我国南、北方河流的特征时期是什么？

2.8　影响径流的主要因素有哪些？

2.9　什么叫水位？如何测定水尺的零点高程？

2.10　简述如何用流速仪测量流速并计算流量。

2.11　含沙量与输沙率有何不同？

2.12　某河流断面无明显冲淤，且水深不大、水面较宽，该河流水文站已测得 13 对水位—流量关系见表 2.5，另有实测的水位—面积、水位—水面宽度以及用流速仪测得的 4 个水位—流量关系见表 2.6。试用断面特征法将水位—流量关系曲线延长到最高水位 $H=4.0m$ 处。

实测水位—流量关系　　　　　　　　　　　　　　　　　　表 2.5

水位 H（m）	1.00	1.20	1.30	1.35	1.45	1.50	1.70
流量 Q（m³/s）	860	980	1100	1150	1260	1290	1400
水位 H（m）	1.80	1.90	2.05	2.20	2.50	2.80	
流量 Q（m³/s）	1600	1700	1800	2000	2400	2650	

其他实测关系 表 2.6

水位 H (m)	过水面积 ω (m²)	河宽 B (m)	湿周 χ (m)	水力半径 R (m)	$\sqrt{R}$	$\omega\sqrt{R}$	流量 Q (m³/s)	附 注
1.0	530	196					860	用流速仪测得的流量
1.5	650	210					1290	
2.0	780	223					1780	
2.5	900	231					2400	
3.0	1020	239						待求流量
4.0	1280	254						

第3章　水文统计基本原理与方法

3.1　水文统计的意义及基本概念

3.1.1　水文统计的意义

水文现象是自然现象，它既具有必然性，又具有偶然性。事物在发展、变化中必然会出现的现象称为必然现象；那种可能出现也可能不出现的现象称为偶然现象。例如，流域上足够的降水一定会形成径流为必然现象，但在河道中的任一断面处的流量和水位各时刻的变化值，则是偶然现象，也称为随机现象。由于受多种因素的影响，各种水文现象发生的时间以及数值的大小都是不确定的、随机的。

从大量的随机现象中统计出的事物的规律，称为统计规律。水文统计是利用概率论和数理统计的理论和方法，研究和分析水文的随机现象（已经观测到的水文资料），找出水文现象的统计规律性，并以此为基础对水文现象未来可能的长期变化作出在概率意义下的定量预估，以满足工程规划、设计、施工以及运营期间的需要。例如，在河流上设计取水构筑物，为保证构筑物的运行安全，既要考虑在一定时期内不会被河流洪水冲毁，又要考虑在河流的枯水期能够取到水，只有凭借长期观测的洪水和枯水资料，利用水文统计方法找寻其规律性（水文频率曲线），再依据室外给水规范，查取相应的重现期或保证率，最后在频率曲线上求出相应频率的数值作为最终的设计值。

本章首先对水文统计的基本原理进行简要论述，然后再对水文计算中常用的统计分析与计算方法予以重点介绍。

3.1.2　事件

在概率论中，对随机现象的观测称为随机试验，随机试验的结果叫做事件。具体地说，事件是指在一定的条件组合下，在试验的结果中，所有可能发生或可能不发生的事情。自然界中的一切现象都可以称为事件，按照事件发生的情况，事件可以分为三类：

（1）必然事件

在一定的条件组合下，每一次试验中必然会发生的事情，称为必然事件。例如，在标准大气压下，纯水升温到100℃肯定会沸腾；长江汉口站年最大洪峰大于零等，这都是必然事件。

（2）不可能事件

在一定条件组合下，在任何一次试验中都不会发生的事情，称为不可能事件。例如，在无外力作用的条件下，作等速直线运动的物体变成作加速运动；在河槽未发生变化的条件下，河道的同一断面处的洪水位低于枯水位，都是不可能发生的事件。

（3）随机事件

在一定条件组合下，一次随机试验中可能发生也可能不会发生的事情，称为随机事件。例如，每年汛期河道中出现的最大洪峰流量和洪水水位的数值；每次打靶的环数等，都属于随机事件。它们在事发前是无法被准确地确定的。

3.1.3　总体、样本、样本容量

（1）随机变量

随机变量是指受随机因素影响，遵循统计规律的变量。通俗地讲，随机变量就是在随机试验中测量到的数量。水文现象中的随机变量一般是指某种水文特征值，如某流域出口处的年径流量和洪峰流量，某地区的年降水量等。由一系列的随机变量可以组成一个系列，根据随机变量在区间内的取值情况，随机变量可以分为两种。一种是连续型随机变量，即随机变量在区间内可以取得任何值，例如江河中的水位、流量，在最大值和最小值之间的任何数值都可能出现；另一种是离散型随机变量，即随机变量在区间内只能取得某些间断的值，例如，每次抛掷骰子的点数只能是 $1\sim6$ 中的 6 个数值之一，而不能得到相邻两数值间的任何数，由这些骰子点数组成的系列就是离散型随机变量。水文现象大多数属于连续型随机变量。

（2）总体、样本、样本容量

随机变量所能取值的全体称为总体，即为成因相同、相互独立的同一水文变量的集合；从总体中随机抽取的一组观测值，这组观测值就是这个总体的一个样本，样本中所含随机变量的项数称为样本容量。

当现象的容量有限时，可以得到有限总体，例如某水泵厂一季度生产了 3000 台水泵，这些水泵就可以当作总体。在对产品的质量进行检验时，不必对每台水泵都做检验，只需从中取出一部分检验就可以了，用来做检验的这部分水泵就构成了样本，做检验用的水泵台数就是样本容量。用这些水泵做试验所得到的结果，就是本季度水泵生产的合格率。

当现象的容量无限时，就得到无限总体，如水文现象。水文现象个体沿时程变化的数量应包括过去、现在和将来的所有情况，故属无限总体。严格地说，总体是客观存在的，它是在同等基础上结合起来的许多观测单位的大群体，而样本则是这个大群体中的小群体。水文统计就是把各种水文现象的调查和实测过程当作随机试验，把已观测到的水文资料当作总体的一个随机样本（样本系列必须足够大，才能比较准确地反映总体的近似情况），利用数理统计的方法分析样本的统计规律性，再考虑抽样误差，作为总体的规律，应用到工程中去解决实际问题。

3.1.4　数理统计法对水文资料的要求

水文分析计算所依据的基本资料，包括水文、气象、地形、人类活动及水质等方面。对于水文频率计算而言，基本资料系列必须满足可靠性、一致性、代表性、随机性和独立性。

（1）检查资料的可靠性

实测资料是水文分析的基础，故必须具有足够的可靠性，应用错误的资料就不可能获得正确的结果。水文分析一般使用经有关部门整编后正式刊布的资料，从总体上看可以直接使用。但由于社会、特殊水情变化时观测条件的限制等，也会影响成果的可靠性。收集

资料时，应对原始资料进行复核，对测验精度、整编成果作出评价，并对资料中精度不高、写错、伪造等部分进行修正，以保证分析成果的准确性。

（2）检查资料的一致性

寻求任一水文要素的统计规律或物理成因规律，其所依据的资料基础，都必须具有一致性，否则找不出正确的结果。所谓资料基础的一致性，就是要求所使用的资料系列必须是同一类型或在同一条件下产生的，不能把不同性质的水文资料混在一起统计。例如：不同基准面、不同水尺处的水位不能收入同一系列；暴雨洪水和融雪洪水的成因不同，也不能收在同一系列中；瞬时水位和日平均水位也不能收在同一系列中，因为它们取得的条件不同，性质也不一样。

（3）检查资料的代表性

水文分析的目的是要根据已有资料找出规律，用于水利水电工程的规划设计。对于水文频率计算而言，代表性是样本相对于总体来说的，即样本的统计特征值与总体的统计特征值相比，误差越小，代表性越高。若误差小于允许误差，则称为样本有代表性。但是水文现象的总体，是无法通盘了解的，只能大致认为，一般资料系列越长，丰平枯水段齐全，其代表性越高。一般要有 20～30 年资料才能比较有代表性。增加资料系列长度的手段有 3 种：插补展延、增加历史资料、坚持长期观测。

（4）检查资料的随机性

用作频率分析的资料，必须具有随机性，即不能把具有相关关系的系列（如前后期流量）或者是有意选取偏丰或偏枯的系列来进行计算。严格地说，水文系列不具备完全的随机性。这表现在两个方面：一是从资料系列本身来说，各年数值的形成均有其物理成因，只是数值的大小带有随机性，同时，不少学者的研究均表明，水文系列隐含有一定的周期成分，故水文系列并非完全随机，而是准随机；二是从取样来说，供频率分析用的水文样本，不是随机抽取的，而是在短期内观测到的。因为现有资料系列本来就很短，我们就不能再从中随机抽取某些年的资料，作为样本来进行频率分析。

（5）检查资料的独立性

对于频率分析来说，独立性也很重要。即要求同一系列中的资料应是相互独立的。因此，不能把彼此有关的资料统计在一起。例如，每年实测所得的洪水最大流量或最高水位，其关联性极小，独立性好；但是，前后几天的日流量值，都是同一场暴雨造成的，彼此并不独立，故不能用连续日流量来作为一个统计系列。

3.2　频率和概率

3.2.1　频率和概率

（1）频率

频率是指在具体重复的试验中，某随机事件 A 出现的次数（频数）m 与试验总次数 n 的比值，即

$$W(A) = \frac{m}{n} \tag{3.1}$$

式中 $W(A)$——随机事件 A 出现的频率；

m——事件 A 出现的次数；

n——总的试验次数。

当试验次数 n 不大时，事件的频率有明显的随机性，但当试验次数足够大时，随机事件 A 出现的频率具有一定的稳定性。

（2）概率

概率是指随机事件在客观上出现的可能性，即该事件的发生率，亦称几率。

设试验中可能的结果总数为 n，某事件 A 出现的可能结果数为 m，则 A 事件出现的概率为

$$P(A) = \frac{m}{n} \tag{3.2}$$

【例3.1】 袋中有手感完全相同的 20 个白球和 10 个黑球，问：摸出白球、黑球的概率各是多少；摸出白球或黑球的概率为多少；摸出红球的概率为多少？

【解】 由式（3.2）得

$$P(白) = \frac{20}{20+10} = \frac{2}{3}$$

$$P(黑) = \frac{10}{20+10} = \frac{1}{3}$$

$$P(白或黑) = \frac{20+10}{20+10} = 1$$

$$P(红) = \frac{0}{20+10} = 0$$

由上例可以知道，概率的基本特性是

$$0 \leqslant P(A) \leqslant 1$$

1） $P(A)=1$，　　　　A 属必然事件；

2） $P(A)=0$，　　　　A 属不可能事件；

3） $0<P(A)<1$，　　　A 属随机事件。

根据事件出现的可能性是否能预先估计出来，概率分为事先概率和事后概率。事先概率是指试验之前某随机事件出现的可能性可以预先估计出来，例如掷硬币，正面和反面出现的概率都是1/2；掷骰子时每种点子出现的概率均为1/6。而还有一类事件，它出现的可能性不能在试验之前预先估计出来，必须通过大量的重复试验之后才能估计出它出现的可能性，这类事件出现的概率属于事后概率。

（3）频率与概率的关系

18 世纪的法国科学家蒲丰和英国生物学家皮尔逊分别做了掷硬币的试验，见表3.1。

掷硬币频率试验　　　　　　　　　　　　　　　表 3.1

试验者	试验总次数	正面出现次数	W（正）
蒲 丰	4040	2048	0.5069
皮尔逊	12000	6019	0.5016
皮尔逊	24000	12012	0.5005

试验结果表明，当试验次数增加很多时，频率才会逐渐趋近于概率

$$\lim_{n\to\infty} W(A) = P(A) \tag{3.3}$$

频率是（实测值）经验值，概率是理论值，当试验次数很多时，可以通过实测样本的频率分析来推论事件总体概率特性，即推论随机事件在客观上可能出现的程度，这是数理统计法的基本原理。

水文现象的总体无法全盘得到，不能直接用式（3.2）计算概率来作为该水文现象的概率特性，只能将有限的多年实测水文资料组成样本系列，根据各样本的出现频数和系列的样本容量，用公式（3.1）推求其频率来作为概率的近似值。但是，采用此法推论水文现象在客观上发生的可能性，应确保一定大的样本容量，样本容量越大，此法的推论才越可靠。

3.2.2　概率运算定理

（1）概率相加定理

在一次试验中，只有一个事件发生，其他事件均不能发生，这类事件称为互斥事件。例如，掷硬币时出现正面就不可能出现反面；掷骰子时只能出现一种点子数；河道中每年汛期的最大洪峰流量等，都属于互斥事件。

概率相加定理：互斥的各个事件中，至少有一个事件出现的概率等于各事件出现的概率之和。

设有一组互斥事件为 A_1，A_2，…，A_n，每个事件可能出现的频数分别为 f_1，f_2，…，f_n，共有 n 种发生可能性。显然，出现 A_1，或 A_2，…，或 A_n 的可能性共有 $f_1+f_2+\cdots+f_n$ 种。A_1，A_2，…，A_n 中至少有一个出现的概率为

$$P(A_1+A_2+\cdots+A_n) = \frac{f_1+f_2+\cdots+f_n}{n}$$

$$P(A_1) = \frac{f_1}{n}, P(A_2) = \frac{f_2}{n}, \cdots, P(A_n) = \frac{f_n}{n}$$

$$P(A_1+A_2+\cdots+A_n) = P(A_1)+P(A_2)+\cdots+P(A_n) \tag{3.4}$$

【例 3.2】　抛掷一枚骰子，问出现 3 点或 6 点的概率为多少？

【解】

$$P(3+6) = \frac{1}{6} + \frac{1}{6} = \frac{1}{3}$$

【例 3.3】　某测站有 40 年的实测枯水位记录，各种水位出现的频率见表 3.2，试确定水位 $H \geq 2.0$m 和 $H \geq 2.7$m 的概率。

某站水位频率计算　　　　　　　表 3.2

序号	水位 H（m）	频数 f（a）	频率 W（%）	累积频率 P（%）
1	4.0	2	5	5
2	3.5	10	25	30
3	2.7	16	40	70
4	2.0	9	22.5	92.5
5	1.9	3	7.5	100
Σ	—	40	100	—

注：表中水位为相对高程。

【解】 由概率相加定理可知

$$P(H \geqslant 2.7) = W(2.7) + W(3.5) + W(4.0) = 0.4 + 0.25 + 0.05 = 0.7 = 70\%$$

$$P(H \geqslant 2.0) = W(2.0) + P(H \geqslant 2.7) = 0.225 + 0.7 = 0.925 = 92.5\%$$

（2）概率相乘定理

多个事件中，某一事件的出现并不影响其他事件的出现，此类事件称为独立事件。例如：同时（先后）抛掷两枚骰子，第一枚出现的点数和第二枚出现的点数无关；河道中每年出现洪水位的数值是相互独立的。

独立事件的概率相乘定理：几个独立事件一并（先后）出现的概率等于各事件出现的概率之积，即

$$P(A_1 \cdot A_2 \cdots A_n) = P(A_1) \cdot P(A_2) \cdots P(A_n) \tag{3.5}$$

【例3.4】 有三条互不影响的排水管道，它们遭遇满溢的破坏概率各为1/10，求这三条排水管道在工作中同时都出现满溢的概率。

【解】 根据概率相乘定理得

$$P = \frac{1}{10} \cdot \frac{1}{10} \cdot \frac{1}{10} = \frac{1}{1000} = 1\text{‰}$$

计算结果表明，三条排水管道同时出现满溢的可能性很小，仅有千分之一。

（3）条件概率

在实际问题中，除了讨论事件 A 的概率外，还要研究在事件 B 发生的条件下事件 A 的概率。如某条河流在汛期发生洪峰，已知上游站洪峰流量和洪水位，要预测其下游站发生的最大洪峰流量和最高洪水位的可能性时，就属条件概率问题。

设 A、B 同为随机试验 C 的两个事件，将在事件 B 发生的条件下，事件 A 发生的概率称为事件 A 在条件 B 下事件 A 条件的概率，记为 $P(A \mid B)$。

由前述的概率相乘定理可知，两事件积的概率，等于其中一事件的概率乘以另一事件在已知前一事件发生条件下的条件概率，即

$$P(AB) = P(B) \cdot P(A \mid B) \qquad P(B) > 0$$

那么，在事件 B 已发生的条件下，事件 A 发生的条件概率定义为

$$P(A \mid B) = \frac{P(AB)}{P(B)} \qquad P(B) > 0$$

【例3.5】 一纸箱中有相同大小的乒乓球50个，其中白色40个，黄色10个，现任意从中取一个不放回，再从中取另一个，问两次取球均为白色的概率。

【解】 设 A 为第一次取得白色球的事件，B 为第二次取得白色球的事件，则有

$$P(A) = \frac{40}{50}$$

由于第一次取球后未放回，故第二次在纸箱中取球时的乒乓球的总数为 $50 - 1 = 49$，白色球的总数为 $40 - 1 = 39$，所以有

$$P(B \mid A) = \frac{39}{49}$$

则两次均取白色乒乓球的概率为

$$P(AB) = P(A) \cdot P(B \mid A) = \frac{40}{50} \times \frac{39}{49} = 0.637$$

3.2.3　随机变量的概率分布

随机变量的取值总是伴随着相应的概率，而概率的大小随着随机变量的取值而变化，这种随机变量与其概率一一对应的关系，称为随机变量的概率分布规律。

离散型随机变量的概率分布一般以分布列表示，即

$$x \qquad x_1 \qquad x_2 \qquad \cdots \qquad x_n$$
$$P(x=x_n) \qquad P_1 \qquad P_2 \qquad \cdots \qquad P_n$$

其中，P_n 为随机变量 x 取值 $x_n(n=1,2,\cdots)$ 的概率。它满足两个条件：（1）$P_n \geqslant 0$；（2）$\sum P_n = 1$。

由于连续型随机变量的可取值是无限多个，所以个别取值的概率几乎等于零，因而只能以区间的概率来分析其分布规律。

设有连续系列，其最大值和最小值分别为 x_{max}、x_{min}，现将其按由大到小顺序排列，并分成 n 组，每组分别为 $x_{max} \sim x_1$，$x_1 \sim x_2$，$\cdots$，$x_{n-1} \sim x_{min}$，组距值 $\Delta x = x_i - x_{i+1}$，若组内任意特征值的概率为 f_i，组内各特征值的累积概率为 $\Delta P = \sum\limits_{1}^{\Delta x} f_i$，组间的平均概率则为 $f = \dfrac{\Delta P}{\Delta x}$，此值亦称为特征值在 $x_i \sim x_{i+1}$ 区间对应的概率密度。对于连续型随机变量的任一分组区间，都有一个确定的概率密度相对应，取其极限值有：

$$\lim_{\Delta x \to 0} \frac{\Delta P}{\Delta x} = \frac{\mathrm{d}P}{\mathrm{d}x} = f(x)$$

由于水文学通常研究随机事件 $x \geqslant x_i$ 的概率及其分布，将上式中的概率密度积分得

$$F(x) = P(x \geqslant x_i) = \int_{x_i}^{\infty} f(x)\mathrm{d}x$$

式中　$f(x)$——概率密度函数；

$\qquad$ $F(x)$——概率分布函数。

$F(x)$ 与 $f(x)$ 实际上是微分与积分的关系，前者的几何曲线称为概率分布曲线，后者的几何曲线为概率密度曲线，如图 3.1 所示。

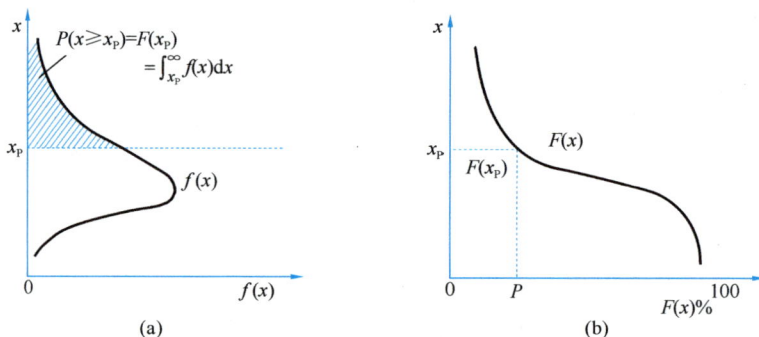

图 3.1　随机变量的概率密度函数和概率分布函数

(a) 概率密度函数；(b) 概率分布函数

下面用实例进一步说明频率密度曲线和分布曲线意义。

【例 3.6】　某测站有 62 年降水资料，试分析年降水量的概率分布规律。

【解】 将 62 年降水量按大小每隔 $\triangle x = 200\text{mm}$ 划分为一组，并统计各组组值出现的次数，同时计算各组相应的频率、频率密度、累积次数、累积频率的值，列于表 3.3 中。表中第（1）、（2）栏为分组的上下限；第（3）栏为各组内年降水量出现的次数；第（4）栏为将第（3）栏自上而下逐组累加的次数，其表示年降水量大于等于该组下限值 x 出现的次数；第（5）、（6）栏是分别将第（3）、（4）栏相应各数值除以总次数 62，得相应的频率；第（7）栏是将第（5）栏的组内频率 $\triangle P$，再除以组距 $\triangle x$，其表示频率沿 x 轴各组年降水量分布的密集程度。

某站年雨量分组频率计算表 表 3.3

年降水量（mm）分组组距 $\triangle x = 200$		次数（a）		频率（%）		组内平均频率密度 $\dfrac{\triangle P}{\triangle x}$ (1/mm)
组上限值	组下限制	组内	累积	组内 $\triangle P$	累积 P	
(1)	(2)	(3)	(4)	(5)	(6)	(7)
2299.9	2100.0	1	1	1.6	1.6	0.000080
2099.9	1900.0	2	3	3.2	4.8	0.000160
1899.9	1700.0	3	6	4.8	9.6	0.000240
1699.9	1500.0	7	13	11.3	20.9	0.000565
1499.9	1300.0	13	26	21.0	41.9	0.001050
1299.9	1100.0	18	44	29.1	71.0	0.001455
1099.9	900.0	15	59	24.2	95.2	0.001210
899.9	700.0	2	61	3.2	98.4	0.000160
699.9	500.0	1	62	1.6	100.0	0.000080
合计	—	62	—	100.0		—

以年降水量（各组的下限值）为纵坐标，以第（7）栏平均频率密度 $\dfrac{\triangle P}{\triangle x}$ 为横坐标，绘成频率密度直方图，如图 3.2（a）所示。从图 3.2（a）可以看出，整个系列中，出现特别大、特别小降水的机会少，而出现中间值的机会多；每个小矩形的面积代表该组年降水量出现的频率；所有小矩形面积之和等于 1。

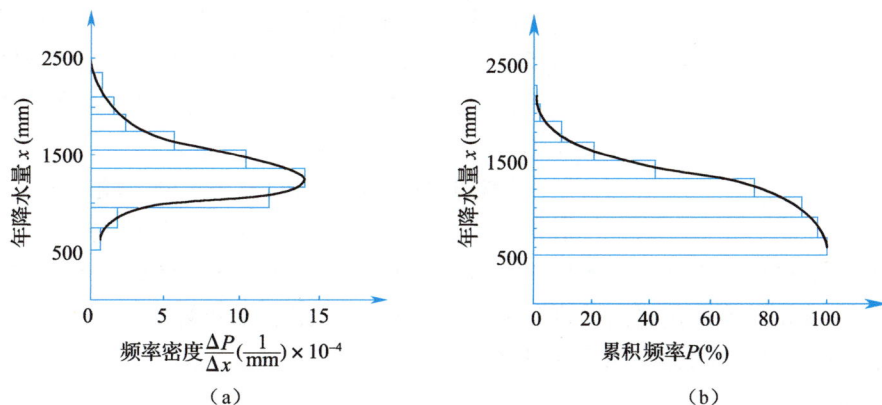

图 3.2 某站年降水量频率密度曲线和频率分布曲线
（a）频率密度曲线；（b）频率分布曲线

以年降水量的各组下限值 x 为纵坐标，以累积频率 P 为横坐标，绘成累积频率直方图，如图 3.2（b）所示。图 3.2（b）中的折线代表大于或等于各组降水下限的累积频率，反映出大于或等于 x 的频率依随机变量取值而变化的情况，称为频率分布图。

当资料年数无限增多，组距无限缩小时，频率密度直方图会变成光滑的连续曲线，频率趋于概率，这条曲线称为随机变量的概率密度曲线（图 3.2（a）铃形曲线）；同样图 3.2（b）中的折线也会变成 S 形的光滑连续曲线，这条曲线称为随机变量的概率分布曲线，水文学中称为累积频率曲线，或简称为频率曲线。

3.2.4　累积频率和重现期

（1）累积频率与随机变量的关系

水文特征值属于连续型随机变量，在分析水文系列的概率分布时，不用单个的随机变量取值 $x=x_i$ 的概率，而是用 $x \geqslant x_i$（或 $x \leqslant x_i$）的概率，对应于 $x \geqslant x_i$（或 $x \leqslant x_i$）的概率 $P(x \geqslant x_i)$（或 $P(x \leqslant x_i)$）实际上指的是累积频率。采用累积频率预示建筑物面临的水文情势安全度比采用单一的频率更为确切。如【例 3.3】中，分别列出了 5 个水位的频率，W（2.7）的频率最大为 40%，是否取最大频率的水位作为设计水位就更安全可靠？回答是否定的。因为单一水文特征值的频率只反映单个水文特征值出现的可能性，并未综合考虑该系列所有水文特征值出现的可能性，为了提高工程设计的安全度，引入累积频率以能更直观地反映工程设计的安全性。该例中的 $P（x \geqslant 2.7）$ 为 70%，远低于 $P(x \geqslant 2.0)=92.5\%$，取 2.0m 比取 2.7m 作为工程设计水位更安全、更可靠。所以，由累积频率的大小就能直观地看出所取水文特征值的安全性和可靠性。因此，累积频率是指等于及大于（或等于及小于）某水文要素出现可能性的量度。在分析样本系列的统计规律时，实际得出的是样本系列的频率分布，而在实际应用中，是用样本系列的频率分布近似地代替总体系列的概率分布。

当样本容量相当大，而组距 Δx 分得很小时，可以绘出频率分布曲线（即累积频率曲线），如图 3.3 所示。按照累积频率的定义，如果 $x_1 > x_2$，对应 x_1 的累积频率 $P_1 = P(x \geqslant x_1)$ 小于对应 x_2 的累积频率 $P_2 = P(x \geqslant x_2)$。因而可以说，在一个确定的随机变量系列内，各个随机变量对应着一个累积频率值，随机变量的大小与累积频率成反比。在不同的系列中，同一累积频率所对应的随机变量大小是不同的。工程上习惯把累积频率简称为频率，本书将沿用此习惯术语。

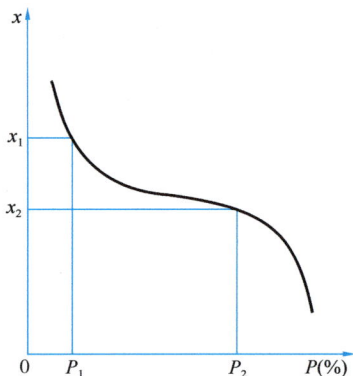

图 3.3　随机变量与累积频率的关系

根据选取样本系列的方法不同，频率可分为年频率和次频率。当采用年最大值法选样时，即每年取一个最大代表值组成随机样本系列，样本的容量 n 为年数，由该样本所得的频率称为年频率；当采用超定量法或超大值法选样时，即每年取多个代表值组成随机样本系列，样本的容量 s 为次数，由该样本所得的频率称为次频率。

（2）重现期

频率这个词比较抽象，为了便于理解，实用上常采用重现期这一概念。所谓重现期是指等于及大于（或等于及小于）一定量级的水文要素值出现一次的平均间隔年数，以该量级频率的倒数计。频率和重现期的关系，对于下列两种不同情况有不同的表示方法：

1）当研究洪峰流量、洪水位、暴雨时，使用的设计频率 $P<50\%$，则

$$T=\frac{1}{P} \tag{3.6}$$

例如，当设计洪水的频率采用 1% 时，相应的重现期 $T=100a$，称为百年一遇洪水。

2）当研究枯水流量、枯水位时，为了保证灌溉、发电、给水等用水需要，设计频率 P 常采用大于 50% 的值，则

$$T=\frac{1}{1-P} \tag{3.7}$$

例如，在取水工程中，以地表水为水源的城市设计枯水流量的保证率 $P=90\%$ 时，相应的重现期 $T=10a$，称为十年一遇的枯水。需要说明的是，在频率 $P>50\%$ 时，工程上习惯于把设计频率叫做设计保证率，即来水的可靠程度。例如以十年一遇的枯水作为设计来水的标准时，意思是平均十年中可能有一年来水小于此枯水年的水量，其余几年的来水等于或大于此数值，说明平均具有 90% 的可靠性。

必须指出，水文现象一般并无固定的周期性，所谓百年一遇的洪水是指大于或等于这样的洪水在长时期内平均 100 年发生一次，而不能理解为恰好每隔 100 年遇上一次。对于具体的 100 年来说，超过或等于这样的洪水可能有几次，也可能一次也不出现。

3.2.5 设计标准

水文现象具有明显的地区性和随机性，因而无法用水文特征值出现的量值作为工程设计的标准。例如，流域面积相同的南方、北方的两条河流，径流量相差悬殊，如果以同一个量值作为设计标准，其结果必然是北方河流上用巨资修建的工程没有用，而南方河流上修建的工程可能经常遭破坏，不能正常运行。于是，主管部门根据工程的规模、工程在国民经济中的地位以及工程失事后果等因素，在各种行业标准或工程设计规范中规定各种水文特征值的设计频率（或重现期）作为工程设计标准。各地工程业务部门，根据当地实测的水文资料，通过水文分析计算，求出对应于设计频率的水文特征值，作为工程设计的依据。表 3.4 列出有关工程的部分设计频率标准作为示例。

设计频率标准举例　　　　　　　　　　　　　　　　表 3.4

工程类别		设计标准	规范名称及代号
以地表水为水源的城镇设计枯水流量保证率和设计枯水位保证率（%）		90	《室外给水设计标准》GB 50013—2018，《城镇给水排水技术规范》GB 50788—2012
地表水取水构筑设计洪水重现期（a）	特别重要城市	>200	《室外给水设计标准》GB 50013—2018，《泵站设计规范》GB 50265—2010，《城市防洪工程设计规范》GB/T 50805—2012
	重要城市	100～200	
	比较重要城市	50～100	
	一般城市	20～50	
雨水管渠设计重现期（a）	大城市、超大城市和特大城市的非中心城区，中等城市和小城市	2～3	《室外排水设计规范》GB 50014—2006（2016 年版）
	大城市的中心城区	2～5	
	超大城市和特大城市的中心城区	3～5	
	大城市、超大城市和特大城市中心城区的重要地区	5～10	

工程类别		设计标准	规范名称及代号
公路桥涵设计洪水频率	高速/一级公路特大桥	1/300	《公路工程技术标准》JTGB 01—2014
	二级/三级/四级公路特大桥，高速/一级/二级公路大、中桥，高速/一级公路小桥、涵洞及小型排水构造物	1/100	
	三级/四级公路大、中桥，二级公路小桥、涵洞及小型排水构造物	1/50	
	三级公路小桥、涵洞及小型排水构造物，四级公路小桥	1/25	
铁路桥涵设计洪水频率	铁路桥梁、涵洞	1/100	《铁路桥涵设计规范》TB 10002—2017

3.3　经验频率曲线

3.3.1　经验频率公式

由【例 3.6】的统计计算可知，各个变量的经验频率是按下式计算的

$$P = \frac{m}{n} \times 100\% \tag{3.8}$$

式中　P——大于或等于变量 x_m 的经验频率；

　　　m——x_m 在 n 项观测资料中按递减顺序排列的序号，即在 n 次观测资料中大于或等于 x_m 的次数；

　　　n——观测资料的总项数。

式（3.8）只适用于总体，对于样本资料，想从这些资料来估计总体的规律，就有不合理的地方了。例如，当 $m=n$，最末项 x_n 的频率为 $P=100\%$，即是说样本的末项 x_n 就是总体的最小值，将来不会出现比 x_n 更小的值，这显然不符合实际情况。因此，有必要选用比较符合实际的公式，我国目前使用的是数学期望公式

$$P = \frac{m}{n+1} \times 100\% \tag{3.9}$$

上式用于样本系列，当 $m=1$ 时

$$P = \frac{1}{n+1}$$

若 $T=100a$（百年一遇），则

$$T = \frac{1}{P} = \frac{1}{\dfrac{1}{n+1}} = n+1 = 100$$

得 $n=99a$。这表示，欲得百年一遇的结果，约需近百年（$n=99$）的实测资料。

对于样本系列的最小项，$m=n$ 时，其频率

$$P(x \geqslant x_n) = \frac{n}{n+1} < 1$$

显然，用此公式分析样本的累积频率比较合理。

3.3.2 经验频率曲线的绘制和应用

如果有 n 年实测水文资料，可按下列步骤绘制经验频率曲线：

（1）将按时间顺序排列的实测资料按其数值大小进行递减顺序排列成 x_1，x_2，…，x_n，对应的序号 m 为 1，2，…，n。

（2）利用公式（3.9）分别计算对应各个变量的经验频率。

（3）以实测水文资料为变量 x 作为纵坐标，以频率 P 为横坐标，在坐标纸上点绘经验频率点据（P_i，x_i），通过点群中心，目估绘制一条光滑的曲线，该曲线就是经验频率曲线。

（4）根据工程设计标准指定的频率，在该曲线上查出所需的相应设计频率标准的水文数据。

绘制经验频率曲线的目的是为了按设计频率标准从中选定设计值，该设计值就是工程设计的依据。如工程设计所需的水文资料中有设计流量 Q_P、设计水位 H_P 等。

绘在一般坐标纸上的频率曲线，其两端坡度较陡，即上部急剧上升，下部急剧下降（如图 3.4（a）所示），而两端正是工程设计频率所用的部位。为了比较方便和精确地绘制频率曲线，人们采用频率计算专用的概率格纸（亦称为海森概率格纸）。常用的概率格纸的横坐标是按正态曲线的概率分布分格制成的，所以，正态概率分布曲线绘在这种格纸上呈直线，非正态概率分布曲线绘在这种格纸上，其两端曲线坡度也会大大变缓，有利于曲线外延。概率格纸的纵坐标，可以是均匀分格（见附录 7），也可以是对数分格。

3.3.3 经验频率曲线的外延

由于实测资料年数不多，用其绘制的经验频率曲线位于概率格纸的中间部分，而工程上往往需要推求稀遇频率的水文数据，对经验频率曲线进行外延就是一种常用的推求方法。

然而，由于没有实测点据控制，目估对曲线外延往往有相当大的主观成分。如图 3.4（b）所示，AB 线外延到 C 或 D 都是可能的。其次，由于水文现象的随机性，有时点绘的经验频率点分布比较散乱，使得经验频率曲线的定线比较困难。这样，就会影响设计水文数据的精度。为了解决定线和外延上的困难，人们提出用数学模型来表示频率曲线，这就是所谓的理论频率曲线。

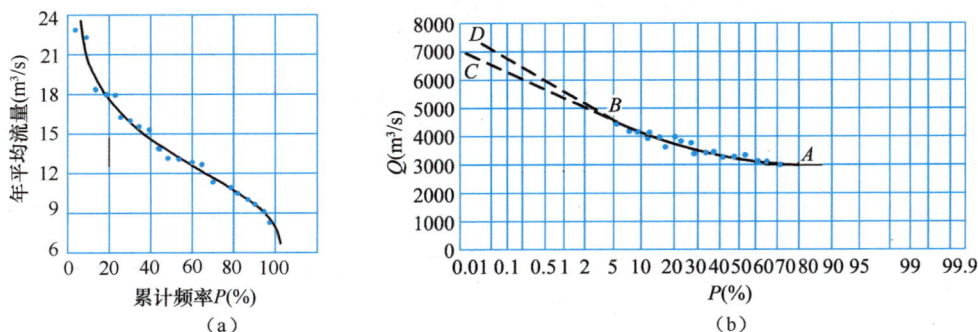

图 3.4　经验频率曲线

（a）普通坐标纸上的经验频率曲线；（b）概率纸上的经验频率曲线及其外延

3.4 随机变量的统计参数

推求理论频率曲线，需要使用数理统计中的统计参数，统计参数是反映随机变量系列数值大小、变化幅度、对称程度等情况的数量特征值，因而能反映水文现象基本的统计规律，概括水文现象的基本特性和分布特点，也是进行理论频率曲线估计的基础。

统计参数有总体统计参数和样本统计参数，由于水文现象的随机变量总体是无限的、不可知的，只能靠有限的样本观测资料来估计总体统计参数。水文学的频率分析主要使用的统计参数包括均值、变差系数、偏态系数、矩，现分别介绍如下。

3.4.1 均值

均值是反映随机变量系列平均情况的数，根据随机变量在系列中的出现情况，计算均值的方法有两种。

（1）加权平均法

设有一实测系列由 x_1，x_2，$\cdots$，x_n 组成，各个随机变量出现的次数（频数）分别为 f_1，f_2，$\cdots$，f_n，则系列的均值为

$$\bar{x} = \frac{x_1 f_1 + x_2 f_2 + \cdots + x_n f_n}{f_1 + f_2 + \cdots + f_n} = \frac{1}{N} \sum_{i=1}^{n} x_i f_i \tag{3.10}$$

式中 N——样本系列的总项数。

（2）算术平均法

若实测系列内各随机变量很少重复出现，可以不考虑出现次数的影响，用算术平均法求均值。

$$\bar{x} = \frac{1}{n} \sum_{i=1}^{n} x_i \tag{3.11}$$

式中 n——样本系列的项数。

对于水文系列来说，一年内只选一个样或几个样，水文特征值重复出现的机会很少，一般使用算术平均值。若系列内出现了相同的水文特征值，由于推求的是累积频率 $P\,(x \geqslant x_i)$，可将相同值排在一起，各占一个序号。

平均数是随机变量最基本的位置特征，它的位置在频率密度曲线与 x 轴所包围面积的形心处，说明随机变量的所有可能取值是围绕此中心分布的，故称为分布中心，它反映了随机变量的平均水平，能代表整个随机变量系列的水平高低，故也称数学期望。例如，南京的多年平均降水量为 970mm，而北京的多年平均降水量为 670mm，说明南京的降水比北京丰沛。

根据均值的数学特性，可以利用均值推求设计频率的水文特征值；也可以利用均值表示各种水文特征值的空间分布情况，绘制成各种等值线图，例如，多年平均径流量等值线图，多年平均最大 24 小时暴雨量等值线图等。我国幅员辽阔，各种水文现象的均值分布情况各地不同，以年降雨量均值的分布为例，一般为东南沿海比西北内陆大、山区比平原大、南方比北方大。因降水是形成径流的主要因素，故径流的空间分布与降水量等值线图相似。

将式（3.11）两边同除以 $\bar{x}$，得

$$\frac{1}{n}\sum_{i=1}^{n}\frac{x_i}{\bar{x}}=1$$

令：$K_i=\dfrac{x_i}{\bar{x}}$，K_i 称为模比系数或变率，则有

$$\bar{K}=\frac{K_1+K_2+\cdots+K_n}{n}=\frac{1}{n}\sum_{i=1}^{n}K_i=1 \tag{3.12}$$

式（3.12）说明，当将一随机系列的 x 用模比系数 K 表示时，其均值等于 1，这是水文统计中的一个重要特征，即对于以 K 表示的随机变量系列，在其频率曲线的方程中，可以减少一个均值参数。

对于一个随机变量系列，反映其分布中心的数字特征还有众数和中位数。众数是指具有最大概率的随机变量 x 值，众数是一个能反映随机系列中经常出现的数值。中位数（或中值）是满足 $F(x)=\dfrac{1}{2}$ 的 x 值，即通俗地讲，中值是该系列频率 $P=50\%$ 时的 x 值，可写为 $x_{50\%}$。

3.4.2 均方差和变差系数

要反映整个系列的变化幅度，或者系列在均值两侧分布的离散程度，需要使用均方差或变差系数。设有实测系列为 x_1，x_2，$\cdots$，x_n，其均值为 $\bar{x}$，任一实测值 x_i 对平均数的离散程度用离差 $\Delta x_i=x_i-\bar{x}$ 表示。由均值的数学特性知，$\sum(x_i-\bar{x})=\sum\Delta x_i\equiv 0$，所以反映系列的离散程度不能用一阶离差的代数和。

（1）均方差

为了避免一阶离差代数和为 0，一般取 $(x-\bar{x})^2$ 的平均值的开方作为离散程度的计量标准，称为均方差，它是随机变量离均差平方和的平均数再开方的数值，用符号 s 表示，即

$$s=\sqrt{\frac{\sum(x_i-\bar{x})^2}{n}} \tag{3.13}$$

式中　n——系列的总项数。

上式只适用于总体，对于样本系列应采用下列修正公式

$$s=\sqrt{\frac{\sum(x_i-\bar{x})^2}{n-1}} \tag{3.14}$$

均方差反映实测系列中各个随机变量离均差的平均情况，均方差大，说明系列在均值两旁的分布比较分散，整个系列的变化幅度大，均方差小表示系列的离散程度小，整个系列的变化幅度小。例如：

甲系列：48　　49　　50　　51　　52　　$\bar{x}_{甲}=50$
乙系列：10　　30　　50　　70　　90　　$\bar{x}_{乙}=50$

经计算其均方差分别为 $s_{甲}=1.58$，$s_{乙}=31.4$，说明甲系列离散程度小，乙系列离散程度大。如果在甲系列范围之外增加一项 56，而在乙系列范围之内增加一项 80，则 $\bar{x}_{甲}=51$，均值变化为 2%，$\bar{x}_{乙}=55$，均值变化为 10%，说明均方差小的系列均值代表性好，均方差大的系列均值代表性差。

（2）变差系数

均方差代表的是系列的绝对离散程度，对均值相同、均方差不同的系列，可以比较其离散程度，而对于均值不同、均方差相同；均值、均方差都不同的系列，则无法比较，这是因为均方差不仅受系列分布的影响，也与系列的水平有关。因为在两个不同水平的系列中，水平高的系列，一般来说各随机变量与均值的离差要大一些，均方差也会大些，水平较低的系列的均方差要小一些。因而均方差大时，不一定表示系列的离散程度大。

变差系数又称离差系数或离势系数，它是一个系列的均方差与其均值的比值，即

$$C_v = \frac{s}{\overline{x}} = \frac{1}{\overline{x}} \sqrt{\frac{\sum (x_i - \overline{x})^2}{n-1}} \tag{3.15}$$

用模比系数 K_i 代入上式，则得

$$C_v = \sqrt{\frac{\sum (K_i - 1)^2}{n-1}} \tag{3.16}$$

这样就消除了系列水平高低的影响，用相对离散度来表示系列在均值两旁的分布情况。

【例 3.7】　甲系列：48　　49　　50　　51　　52　　$\overline{x}_甲 = 50$

乙系列：10　　30　　50　　70　　90　　$\overline{x}_乙 = 50$

试对两个系列进行比较。

【解】　经计算 $C_{v甲} = 0.0316$，$C_{v乙} = 0.0628$，说明甲系列在均值两旁分布比较集中，其离散程度小。

【例 3.8】　已知甲河 A 站的 $\overline{Q} = 24600 \text{m}^3/\text{s}$，$s = 3940$，乙河 B 站的 $\overline{Q} = 2010 \text{m}^3/\text{s}$，$s = 560$，试对这两个系列进行比较。

【解】　经计算，甲河 A 站的 $C_v = 0.16$，乙河 B 站的 $C_v = 0.28$，说明甲河 A 站资料组成的系列，其离散度比乙河 B 站资料组成的系列小。

各种水文现象的变差系数 C_v，也可用等值线图表示其空间分布。我国降雨量和径流量的 C_v 分布，大致是南方小、北方大；沿海小、内陆大；平原小，山区大。

3.4.3　偏态系数

变差系数说明了系列的离散程度，但不能反映系列在均值两旁分布的另一种情况，即系列在均值两旁的分布是否对称，如果不对称时，是大于均值的数出现的次数多，还是小于均值的数出现的次数多。故引入另一个参数——偏态系数（也称偏差系数）。

数理统计中以下列表达式来定义偏态系数，即

$$C_s = \frac{\sum (x_i - \overline{x})^3}{ns^3} = \frac{\sum (K_i - 1)^3}{nC_v^3} \tag{3.17}$$

对于样本系列

$$C_s = \frac{\sum (x_i - \overline{x})^3}{(n-3)s^3} = \frac{\sum (K_i - 1)^3}{(n-3)C_v^3} \tag{3.18}$$

式中　s——样本系列的均方差；

C_v——变差系数；

n——样本系列的项数。

公式中引用了离差的三次方，以保留离差的正负情况。当 $C_s = 0$ 时，系列在均值两旁

呈对称分布；$C_s>0$ 属正偏分布；$C_s<0$ 属负偏分布。系列为正偏、负偏或对称可由 C_s 的符号表示出来，如图 3.5 所示。

一般认为，没有百年以上的资料，C_s 的计算结果很难得到一个合理的数值。实测资料往往没有这么长，因此，实际工作中并不计算 C_s，而是按照 C_s 与 C_v 的经验关系，通过适线确定。C_s 与 C_v 的经验关系为：

设计暴雨量 　　　　$C_s=3.5C_v$
设计最大流量 　　　$C_v<0.5$ 时，$C_s=(3\sim4)C_v$
　　　　　　　　　　$C_v>0.5$ 时，$C_s=(2\sim3)C_v$
年径流及年降水 　　$C_s=2C_v$

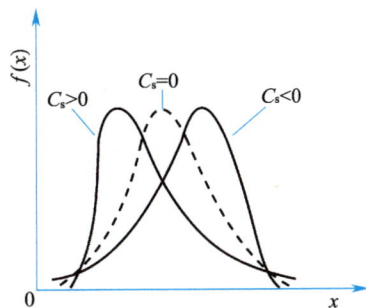

图 3.5　正偏、负偏、对称的频率密度曲线

3.4.4　矩

矩在力学中广泛地用来描述质量的分布（如静力矩、惯性矩等），在统计学中常用矩来描述随机变量的分布特征。上述的一些统计参数也可用矩来表示，在下面的介绍中将分别指出。矩可分为原点矩和中心矩。

（1）原点矩

随机变量 x 对原点离差的 r 次幂的数学期望 $E(x^r)$，称为随机变量 x 的 r 阶原点矩，以符号 m_r 表示，即

$$m_r = E(x^r) \qquad (r=0,1,2,\cdots,n)$$

对离散型随机变量，r 阶原点矩表示为：

$$m_r = E(x^r) = \sum_{i=1}^{n} x_i^r p_i \tag{3.19}$$

对连续型随机变量，r 阶原点矩表示为：

$$m_r = E(x^r) = \int_{-\infty}^{\infty} x^r f(x)\mathrm{d}x \tag{3.20}$$

式中　p_i——随机变量 x_i 的概率；
　　$f(x)$——随机变量 x 的密度函数。

当 $r=0$ 时，$m_0=E(x^0)=\sum_{i=1}^{n} p_i=1$，即零阶原点矩就是随机变量所有可能取值的概率之和，并且其值为 1。

当 $r=1$ 时，$m_1=E(x^1)$，即一阶原点矩就是数学期望，也是随机变量的算术平均数。

（2）中心矩

随机变量 x 对分布中心 $E(x)$ 离差的 r 次幂的数学期望 $E\{[x-E(x)]^r\}$，称为 x 的 r 阶中心矩，以符号 μ_r 表示，即

$$\mu_r = E\{[x-E(x)]^r\}$$

对离散型随机变量，r 阶中心矩表示为：

$$\mu_r = E\{[x-E(x)]^r\} = \sum_{i=1}^{n} [x_i-E(x)]^r p_i \tag{3.21}$$

对连续型随机变量，r 阶中心矩表示为：

$$\mu_r = E\{[x-E(x)]^r\} = \int_{-\infty}^{\infty} [x-E(x)]^r f(x)\mathrm{d}x \tag{3.22}$$

显然，零阶中心矩为1，一阶中心矩为零；当 $r=2$ 时，二阶中心矩就是均方差的平方，即

$$\mu_2 = E\{[x-E(x)]^2\} = s^2$$

当 $r=3$ 时，$\mu_3 = E\{[x-E(x)]^3\}$。由偏差系数的公式（3.17）可知，$C_s = \mu_3/s^3$。

这样，我们就非常清楚地看到，均值、变差系数和偏态系数都可用各种矩表示。但须注意，在统计分析时，又需要由原点矩推求中心矩，或由中心矩推求原点矩，且它们之间的关系可以按照基本定义推求出来。

3.5　理论频率曲线

由于实测系列的项数 n 较小，所绘经验频率曲线往往不能满足推求稀遇频率特征值的要求，目估定线或外延会产生较大的误差，往往需要借助于某些数学形式的频率曲线作为定线和外延的依据。通常在实测资料中选取或算得 2～3 个有代表性的特征值作参数，并据此选配一些数学方程作为总体系列频率密度曲线的假想数学模型，再按一定的方法确定累积频率曲线。这种用数学形式确定的、符合经验点据分布规律的曲线称为理论频率曲线。所谓"理论"二字，是有别于经验累积频率曲线的称谓，并不意味着水文现象的总体概率分布已从物理意义上严格被证明符合这种曲线了，它只是水文现象总体情况的一种假想模型，或者说是一种外延或内插的频率分析工具。

因为水文系列总体的频率曲线是未知的，常选用能较好拟合大多数水文系列的线型。我国的水文工作者已进行了大量的拟合和分析，认为水文现象中最常用的理论频率曲线是皮尔逊Ⅲ型曲线（三参数 Γ 分布曲线），在特殊情况下，经分析论证后也可采用指数的 Γ 分布曲线、对数 Γ 分布曲线、极值分布曲线、对数正态分布和威布尔分布曲线等其他类型的分布曲线，下面主要论述皮尔逊Ⅲ型曲线，简要介绍指数 Γ 分布曲线。

3.5.1　皮尔逊Ⅲ型曲线

（1）曲线方程式的推导

英国生物学家皮尔逊在统计分析了大量随机现象后，于 1895 年提出了一种概括性的曲线族，以与实际资料相拟合，后来的水文工作者将其中的第Ⅲ型曲线引入水文频率的计算中，成为当前水文频率计算被广泛应用的频率曲线。

皮尔逊发现概率密度曲线大部分为类似于铃形的曲线（图 3.6），这种曲线有两个特点：

1) 只有一个众数 $\hat{x}$，在众数处曲线的斜率等于零。若把纵坐标移到均值处，即当

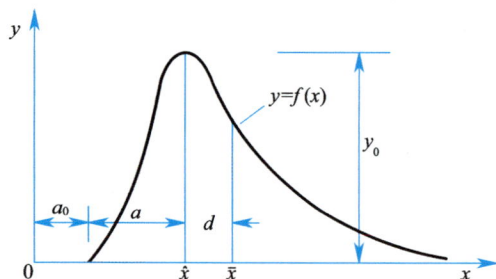

图 3.6　皮尔逊Ⅲ型曲线特点

$$x = -d \qquad\qquad \frac{\mathrm{d}y}{\mathrm{d}x} = 0$$

2）曲线的两端或一端以横轴为渐近线，即当

$$y = 0 \qquad \frac{\mathrm{d}y}{\mathrm{d}x} = 0$$

根据这两点，皮尔逊建立了概率密度曲线微分方程式

$$\frac{\mathrm{d}y}{\mathrm{d}x} = \frac{(x+d)\,y}{b_0 + b_1\,x + b_2\,x^2} \tag{3.23}$$

根据微分方程（3.23），所得出的皮尔逊曲线簇共有 13 条曲线，皮尔逊Ⅲ型曲线是其中的一种，其 $b_2 = 0$，微分方程的形式为

$$\frac{\mathrm{d}y}{\mathrm{d}x} = \frac{(x+d)\,y}{b_0 + b_1\,x} \tag{3.24}$$

经移轴、参数代换、分离变量积分，整理得

$$y = y_0 \left(1 + \frac{x}{a}\right)^{\frac{a}{d}} \mathrm{e}^{-\frac{x}{d}} \tag{3.25}$$

式中　y_0——众值处纵坐标；

　　　a——系列起点到众值的距离；

　　　d——均值到众值的距离。

经移轴、参数代换，利用概率分布特性最后得出皮尔逊Ⅲ型曲线方程式的另一种形式

$$y = \frac{\beta^\alpha}{\Gamma(\alpha)}\,(x - a_0)^{\alpha-1}\mathrm{e}^{-\beta(x-a_0)} \tag{3.26}$$

式中　α——代换参数，$\alpha - 1 = a/d$；

　　　β——代换参数，$\beta = 1/d$；

　　　a_0——系列起点到坐标原点的距离；

　　　e——自然对数的底；

$\Gamma(\alpha)$——伽马函数。

（2）曲线方程中的参数与统计参数的关系

皮尔逊Ⅲ型曲线的方程式中含有三个参数 α、β、a_0 或 a、y_0、d，这些参数经过适当的换算，可以用实测系列计算出的三个统计参数来表示，即

$$\left. \begin{aligned}
&d = -b_1 = \frac{\overline{x}\,C_\mathrm{v}C_\mathrm{s}}{2} \\
&a = \frac{b_0}{b_1} - d = \frac{\overline{x}\,C_\mathrm{v}(4 - C_\mathrm{s}^2)}{2C_\mathrm{s}} \\
&y_0 = \frac{2C_\mathrm{s}\left(\frac{4}{C_\mathrm{s}^2 - 1}\right)^{\frac{4}{C_\mathrm{s}^2}}}{\overline{x}\,C_\mathrm{v}(4 - C_\mathrm{s}^2)\Gamma\left(\frac{4}{C_\mathrm{s}^2}\right)\mathrm{e}^{\frac{4}{C_\mathrm{s}^2}-1}} \\
&a + d = \frac{2\overline{x}\,C_\mathrm{v}}{C_\mathrm{s}} \\
&\alpha = 1 + \frac{a}{d} = \frac{4}{C_\mathrm{s}^2} \\
&\beta = \frac{1}{d} = \frac{2}{\overline{x}\,C_\mathrm{v}C_\mathrm{s}} \\
&a_0 = \overline{x} - (a + d) = \overline{x}\left(1 - \frac{2C_\mathrm{v}}{C_\mathrm{s}}\right)
\end{aligned} \right\} \tag{3.27}$$

将这些待定参数用统计参数表示，代入皮尔逊Ⅲ型曲线的方程式中，则方程式可以写成

$$y = f(\overline{x}, C_v, C_s, x)$$

皮尔逊Ⅲ型概率密度函数就确定了，给一个 x 值，可以计算一个 y 值，从而可以绘出概率密度曲线如图 3.7 所示。

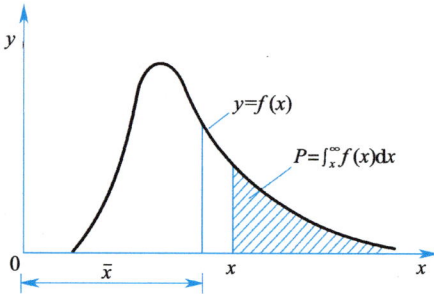

图 3.7　皮尔逊Ⅲ型曲线

（3）皮尔逊Ⅲ型曲线的绘制

在水文分析计算中，需要绘制理论频率曲线，也就是要根据指定的频率求相应的水文特征值 x_p，它可通过下列积分求得

$$P(x \geqslant x_p) = \frac{\beta^{\alpha}}{\Gamma(\alpha)} \int_{x_p}^{\infty} (x - a_0)^{\alpha-1} e^{-\beta(x-a_0)} dx \quad (3.28)$$

为了避免应用时多次复杂的计算，可将此积分式进行参数代换，制成数表，便于查用。

随机变量标准化的形式为

$$\Phi = \frac{x - \overline{x}}{\overline{x} C_v}$$

水文学中称 Φ 为离均系数，则 $x = \overline{x}(1 + \Phi C_v)$，$dx = \overline{x} C_v d\Phi$，将 x 和 dx 代入式（3.28），化简后得

$$P = \frac{2^{\alpha} C_s^{1-2\alpha}}{\Gamma(\alpha)} \int_{\Phi}^{\infty} (C_s \Phi + 2)^{\alpha-1} e^{\frac{2(C_s\Phi+2)}{C_s^2}} d\Phi$$

式中的被积函数只含有一个待定参数 $C_s \left(\alpha = \frac{4}{C_s^2}\right)$，因为其他两个参数 $\overline{x}$ 和 C_v 都包含在 Φ 中。因而只要假定一个 C_s 值，便可从式（3.28）通过积分求出 P 与 Φ 之间的关系。假定不同的 C_s，得出相应的 $P - \Phi$ 关系，可以制成皮尔逊Ⅲ型曲线离均系数 Φ 值表（见附录 3）。

在频率计算时，先由已知 C_s 查 Φ 值表得出不同频率 P 的离均系数 Φ_P 值，然后将 Φ_P 及已知的 $\overline{x}$、C_v 代入下式，即可求出对应于频率 P 的水文特征值 x_P

$$\left.\begin{array}{l} x_P = (\Phi_P C_v + 1)\overline{x} \\ K_P = \Phi_P C_v + 1 \end{array}\right\} \quad (3.29)$$

由不同的 P 及相应的 x_P，便可绘制出一条与 $\overline{x}$，C_v，C_s 相应的理论频率曲线。

理论频率曲线绘制的步骤可概括为：

1）由实测的资料，统计并计算 $\overline{x}$、C_v；

2）确定 C_s；

3）由 C_s 查附录 3，得不同 P 的离均系数 Φ_P 值；

4）由 $\Phi_P C_v + 1 = K_P$，求 K_P；

5）由 $x_P = K_P \overline{x}$，求不同 P 的 x_P，在海森概率格纸上，以 P 为横坐标，x_P 为纵坐标，点绘理论点据（P，x_P），根据理论点据分布趋势，目估并绘制一条光滑曲线，即为皮尔逊Ⅲ型理论频率曲线。

【例 3.9】　设已知 $\overline{x} = 1000\text{m}^3/\text{s}$，$C_s = 1.0$ 及 $C_v = 0.5$，试求相应的理论频率曲线及 $P = 1\%$ 的设计流量 x_P。

【解】 查附录 3 得 $C_s=1.0$ 时的 Φ_P 值列于表 3.5 中，再由 Φ_P 按式（3.29）即可得所求曲线的 K_P 值，同时可求得 x_P 值。

由表 3.5 绘制皮尔逊Ⅲ型理论频率曲线，并由曲线求得 $x_P=x_{1\%}=2510\text{m}^3/\text{s}$。

理论频率曲线计算表　　　　　　　　　　　　　　表 3.5

项 目 ＼ P（%）	0.01	0.1	1	5	10	50	75	90	97	99	99.9
Φ_P	5.96	4.53	3.02	1.88	1.34	−0.16	−0.73	−1.13	−1.42	−1.59	−1.79
$\Phi_P C_v$	2.98	2.27	1.51	0.94	0.67	−0.08	−0.37	−0.57	−0.71	−0.80	−0.90
$K_P=\Phi_P C_v+1$	3.98	3.27	2.51	1.94	1.67	0.92	0.63	0.43	0.29	0.20	0.10
$x_P=\bar{x}K_P$	3980	3270	2510	1940	1670	920	6.30	430	290	200	100

离均系数 Φ_P 值表最初由美国工程师福斯特制定，苏联工程师雷布京修正，又经我国水科院水文所修正和补充，成为附录 3 中表的形式。为便于查用，水科院还制定了几种 C_s/C_v 值时的模比系数 K_P 值表，可参考本书后面的附录 4。

（4）统计参数对皮尔逊Ⅲ型曲线的影响

水文现象大多属于正偏，现以正偏状态讨论改变某个统计参数时，参数对概率密度曲线和理论频率曲线的影响。

1）均值的影响

由公式（3.27）可知，y_0 与 $\bar{x}$ 成反比，而 a_0、$(a+d)$ 与 $\bar{x}$ 成正比，因而可以说：随着均值的增大，整个概率密度曲线成比例地向右移动，曲线的形状发生了变化，如图 3.8 所示。由公式（3.29）可知，当 C_v 一定时，某一频率下的 Φ_P 为常数，C_v 不变时 K_P 为定值，因而可以说：理论频率曲线的纵坐标和 $\bar{x}$ 呈正比（图 3.9）。其特点是均值不同的理论频率曲线之间无交点。

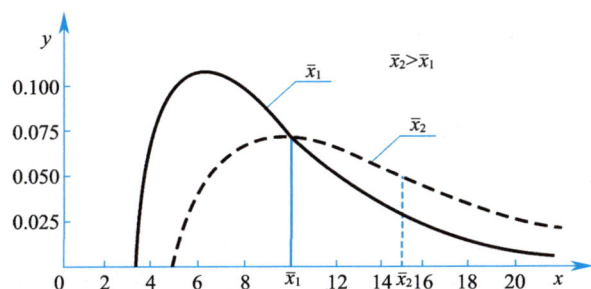

图 3.8　均值对概率密度曲线的影响

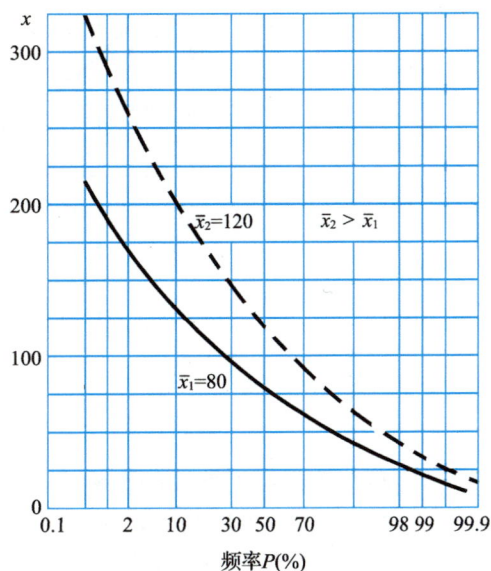

图 3.9　均值对理论频率曲线的影响

2）变差系数 C_v 的影响

分析 y_0、a_0、$(a+d)$ 与 C_v 的关系可知，a_0 随 C_v 的增大而减小，y_0 与 C_v 成反比，而 $(a+d)$ 与 C_v 呈正比。变差系数 C_v 对概率密度曲线的影响可以概括为：随着 C_v 的增大，概率密度曲线的形状变得矮而宽（离散度大），如图 3.10 所示。

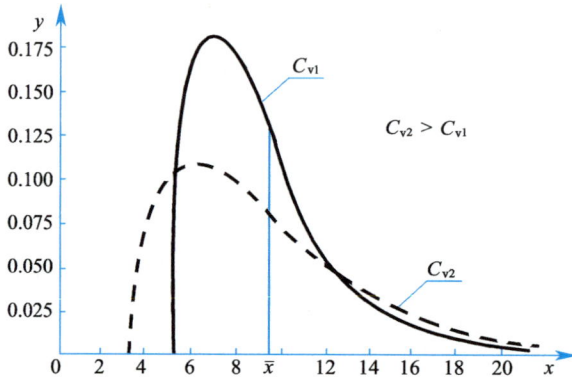

图 3.10　C_v 对概率密度曲线的影响

当 C_s、P 一定时，Φ_P 为常数，由于 C_v 的变化，K_p 也发生了变化。变差系数 C_v 对频率曲线的影响可概括为：随着 C_v 的增大，整个理论频率曲线变陡，其特点是不同 C_v 的曲线在 $K_p=1$ 的位置（均值处）有一个交点，如图 3.11 所示。

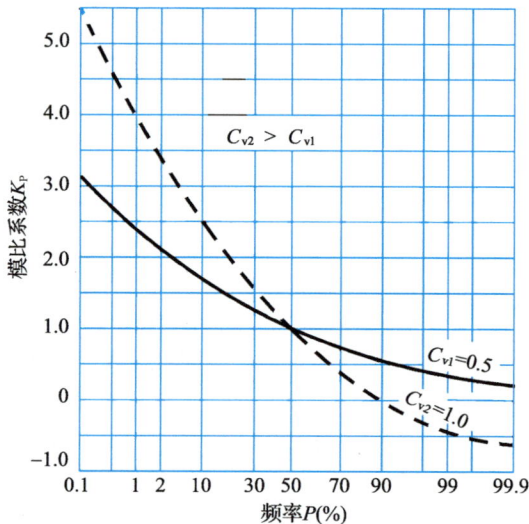

图 3.11　C_v 对理论频率曲线的影响

3）偏态系数 C_s 对曲线的影响

从式（3.27）可以知道，y_0、a_0 均随 C_s 的增大而增大（y_0 需要通过计算才能看出），$(a+d)$ 与 C_s 成反比，C_s 对概率密度曲线的影响概括为：随着 C_s 的增大，众值位置左移，众值左侧曲线变陡，众值右侧曲线急剧下跌，曲线的形状变得高而窄，如图 3.12 所示。

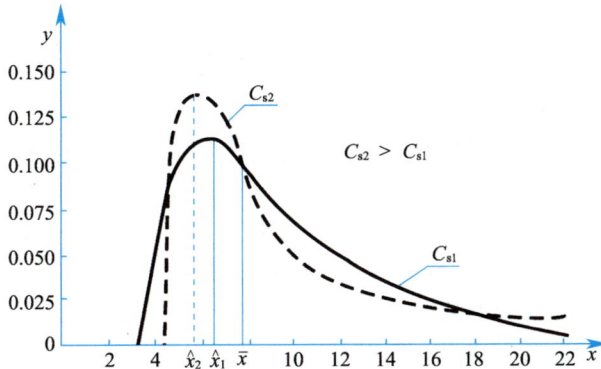

图 3.12　C_s 对概率密度曲线的影响

偏态系数 C_s 变化时，同一频率下的 Φ_P 发生变化，而且不同频率处 Φ_P 的变化规律不同，所以 C_s 对理论频率曲线的影响可以概括为：随着 C_s 的增大，理论频率曲线的上段变陡；中段曲率变大，下段曲线变平缓，其特点是不同 C_s 的曲线有两个交点（图 3.13）。

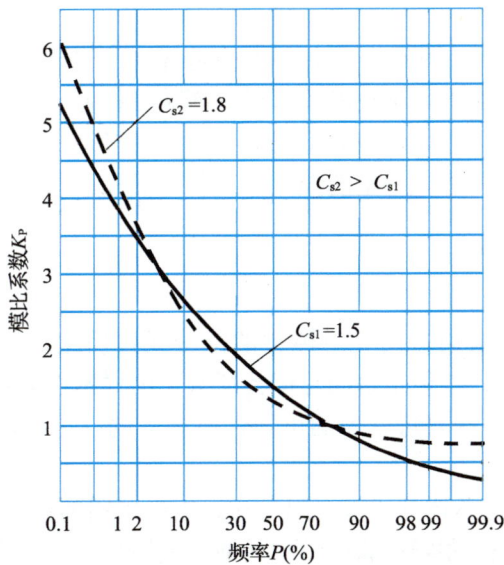

图 3.13　C_s 对理论频率曲线的影响

3.5.2　指数 Γ 分布曲线

皮尔逊Ⅲ型曲线在我国应用甚广，但在 $C_s < 2C_v$ 时曲线下端出现负值，当 C_s 较大时，曲线的尾部趋平，曲线与经验点据配合得不够好。指数 Γ 分布曲线亦称为广义 Γ 分布曲线，是将 Γ 分布中的变量变换成指数型而得，其密度函数为

$$f(x) = \frac{\beta^{\alpha}}{b\Gamma(\alpha)}(x - a_0)^{a/b-1}\exp\left[-\beta(x - a_0)^{1/b}\right], \qquad (a_0 \leqslant x < \infty) \qquad (3.30)$$

当 $a_0 = 0$ 时，该函数为克里茨基—门克尔分布曲线，该曲线是苏联学者克里茨基和门克尔在分析了河川径流的变化特征后，认为概率密度曲线应满足下列条件：

（1）可以用三个统计参数 $\bar{x}$、C_s 及 C_v 计算；

（2）随机变量 x 在 $0 < x < \infty$ 范围内变化；

（3）仅具有一个众数（概率密度曲线是单峰的）。

为了计算方便，还制出了一套模比系数 K_P 的专用表（见附录 4）。当统计参数已知时，可以按适线法求得合适的理论频率曲线，进而求出设计频率的水文特征值。

克里茨基—门克尔曲线对分析我国北方河流的径流资料比较合适。但它也有缺点，其一是把系列起点固定在坐标原点（$x=0$），这与绝大多数水文现象不符；其二是当 $C_s=0$ 时，概率密度曲线不呈确切的对称形，当 $C_s<0$ 时曲线也不负偏，这与数理统计中的概念不符。广义 Γ 分布增加了参数 b，使适线弹性度增大，但同时因多估计一个参数 b，增加了分析计算的难度，且对于 b 的统计特性及地区分布等尚需作进一步探讨。

上述两种频率曲线各有优缺点，前已述及，频率曲线只是一种数学模型，和水文现象间没有内在联系，只要适线效果较好，就可以采用。

3.6　抽　样　误　差

3.6.1　误差来源

水文计算中的误差来源有两个方面，一方面是观测、记录、整编和计算中有些假定不够合理造成的，这种误差随着科学技术的发展逐渐减小；另一种误差是从总体中抽取样本产生的。水文现象属于无限总体，我们所观测到的资料只是一个有限的样本，根据样本资料计算的参数对总体而言，总有一定的误差。这种由抽样所引起的误差称抽样误差。

3.6.2　抽样误差概述

（1）抽样的类型

通常，研究水文现象是通过研究总体中的部分元素所组成的样本而得出的统计规律性。为了说明总体的特征，必须了解同总体特征有关的样本性质：

1）随机抽样：总体中选取每一项的可能性是相等的，可用随机数生成器来获得，以便确定被选取的元素；

2）分层随机抽样：把总体分成多个组，在各组中采用随机抽样的方法；

3）均匀抽样：按照严格的规则选取资料，所抽取的点在时间或空间上均匀地相隔一定距离；

4）适时抽样：实验者只在方便时收集资料。如某些水文工作者只在无雨的夏日收集资料，而不喜欢在雨期或冷天工作。

由上述的样本性质来看，抽样最好采用前三种形式。均匀抽样常有一些逻辑上的优点，在多数情况下，它比随机抽样更为有效，因为它可使系列中的相依性对抽样变化的影响为最小。但水文现象的样本，经常受各地所具有的观测技术水平和时间、水文资料保存状况等因素影响，而不能进行最有效的抽样，甚至有些样本全部拿来，也不能保证样本的可靠性和代表性，需作一定的相关分析来增长样本系列。

（2）抽样误差

从总体中随机抽样，可以得到许多个随机样本，这些样本的统计参数也属于随机变量，它们也具有一定的频率分布，这种分布称为抽样误差分布。

假设总体有 N 项，从中随机抽出 n 项组成样本，因为 $N\gg n$，所以由总体可以组成许多个随机样本，设共有 m 个样本，每个样本有自己的统计参数如下：

样 本	统 计 参 数
x_{11}，x_{12}，x_{13}，$\cdots$，x_{1n}	$\overline{x}_1$　s_1　C_{v1}　C_{s1}
x_{21}，x_{22}，x_{23}，$\cdots$，x_{2n}	$\overline{x}_2$　s_2　C_{v2}　C_{s2}
$\cdots$	$\cdots$
x_{m1}，x_{m2}，x_{m3}，$\cdots$，x_{mn}	$\overline{x}_m$　s_m　C_{vm}　C_{sm}

由于是随机抽样，所以每个样本的统计参数也属于随机变量。以均值为例，m 个样本的均值组成的系列为 $\overline{x}_1$，$\overline{x}_2$，$\overline{x}_3$，$\cdots$，$\overline{x}_m$，它们也具有一定的频率分布，称为均值 $\overline{x}$ 的抽样分布。抽样分布大多认为属正态分布。

由各样本均值所组成系列的均值为：

$$E(x) = \frac{1}{m}\sum \overline{x}_i$$

可以证明这个均值就是总体的均值 $\overline{x}_总$。

每个样本均值 $\overline{x}_i$ 与 $\overline{x}_总$ 之间的离差为

$$\Delta \overline{x}_i = \overline{x}_i - \overline{x}_总$$

这个离差是由抽样引起的，所以称为抽样误差。

$$s_{\overline{x}} = \sqrt{\frac{\sum (\overline{x}_i - \overline{x}_总)^2}{m}} \tag{3.31}$$

由各个样本均值误差的平方和的平均数再开方来表示用样本估计总体所产生的平均误差，这个误差称为均方误差或标准误差。

3.6.3 抽样误差分布

抽样误差分布近似看作正态分布，由正态分布特性可知，抽样误差落在零误差两侧各一个标准误差范围内的可能性为 68.3%，即

$$\int_{-s}^{s} f(x)\mathrm{d}x = 68.3\%$$

取横坐标表示误差，抽样误差分布如图 3.14 所示。说明某一抽样误差落在零误差两侧各一个标准误差范围内的概率为 68.3%，如果横坐标代表均值，均值的抽样误差分布如图 3.15 所示，可以写成

$$P(\overline{x}_总 - s_{\overline{x}} \leqslant \overline{x} \leqslant \overline{x}_总 + s_{\overline{x}}) = 68.3\%$$

也就是说，用随机样本的均值作为总体均值的估计值，只有 68.3% 的可能性，其抽样误差不超过 $\pm s_{\overline{x}}$，只要求出样本各个统计参数的标准误差，就可以估计出抽样误差的范围。

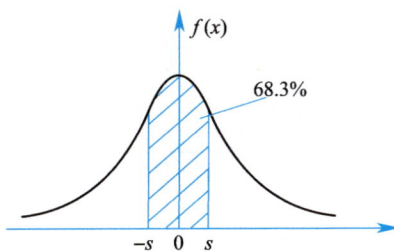

图 3.14　抽样误差分布　　　　图 3.15　$\overline{x}$ 抽样误差分布

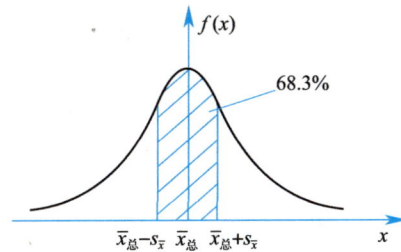

3.6.4　抽样误差计算公式

对于一个具体的样本来说，它的统计参数和总体的统计参数间的误差本来是一个确定的数值，但由于总体不知道，无法用式（3.31）求标准误差，由统计数学可以导出当随机变量属于皮尔逊Ⅲ型分布时，随机样本系列各个统计参数的标准误差计算公式。

绝对误差

$$
\left.
\begin{aligned}
s_{\bar{x}} &= \frac{s}{\sqrt{n}} \\[6pt]
s_s &= \frac{s}{\sqrt{2n}} \sqrt{1 + \frac{3}{4} C_s^2} \\[6pt]
s_{C_v} &= \frac{C_v}{\sqrt{2n}} \sqrt{1 + 2C_v^2 + \frac{3}{4} C_s^2 - 2C_v C_s} \\[6pt]
s_{C_s} &= \sqrt{\frac{6}{n}\left(1 + \frac{3}{2} C_s^2 + \frac{5}{16} C_s^4\right)}
\end{aligned}
\right\}
\tag{3.32}
$$

相对误差

$$
\left.
\begin{aligned}
s'_{\bar{x}} &= \frac{C_v}{\sqrt{n}} \times 100\% \\[6pt]
s'_s &= \frac{1}{\sqrt{2n}} \sqrt{1 + \frac{3}{4} C_s^2} \times 100\% \\[6pt]
s'_{C_v} &= \frac{1}{\sqrt{2n}} \sqrt{1 + 2C_v^2 + \frac{3}{4} C_s^2 - 2C_v C_s} \times 100\% \\[6pt]
s'_{C_s} &= \frac{1}{C_s} \sqrt{\frac{6}{n}\left(1 + \frac{3}{2} C_s^2 + \frac{5}{16} C_s^4\right)} \times 100\%
\end{aligned}
\right\}
\tag{3.33}
$$

式中　$s_{\bar{x}}$、s_s、s_{C_v}、s_{C_s}——分别代表样本均值、均方差、变差系数及偏态系数标准误差。

由上列公式可知，统计参数的标准误差都和样本系列的项数 n 成反比，系列越长则抽样误差越小。以 $C_s = 2C_v$ 为例，列出不同 C_v 和 n 值时的标准误差见表 3.6。

由下表可以看出，$\bar{x}$ 和 C_v 的误差较小，C_s 的误差很大，百年资料的误差还在 $42\% \sim 126\%$ 之间。由于实测系列的项数 n 一般较少，直接用公式计算 C_s 必然产生较大的误差，所以要通过适线来确定。

样本统计参数的标准误差（%）　　　　　　　　表 3.6

误差 C_v ＼ 参数　 　　　　n	$\bar{x}$				C_v				C_s			
	100	50	25	10	100	50	25	10	100	50	25	10
0.1	1	1	2	3	7	10	14	22	126	178	252	399
0.3	3	4	6	10	7	10	15	23	51	72	102	162
0.5	5	7	10	16	8	11	16	25	41	58	82	130
0.7	7	10	14	22	9	12	17	27	40	56	80	126
1.0	10	14	20	32	10	14	20	32	42	60	85	134

3.7 水文频率分析方法

自 19 世纪 80 年代以来，水文频率分析的理论和方法越来越丰富和系统。通过水文工作者的研究和实践，在水文学中合理应用频率分析方法是必不可少的，且作为一种统计的技术途径而存在是合适的。

水文频率分析的主要内容包括：频率曲线线型的选定、统计参数的估计、误差计算和特殊水文系列的处理，以及对水文系列进行模拟、应用和合理性分析等。频率曲线线型的选定和统计参数的估计及误差的计算均在本章中有所介绍，对于特殊水文系列的处理部分内容将在第 4 章阐述。由于给排水科学与工程专业有别于其他水文工程专业对水文领域知识的要求，本书未引入水文系列的模拟和模型、古洪水的研究等内容。

水文频率计算的目的是选配一条与经验点配合较好的理论频率曲线，或确定合适的参数作为总体参数的估计值，或对水文系列进行模拟和合理性分析，以推求设计频率的水文特征值，作为工程规划设计的依据。本节着重介绍对实测系列进行统计参数的估计方法。

3.7.1 适线法

适线法是先在概率格纸上按经验频率公式点绘出水文系列的经验频率点，选定频率曲线线型，取与经验点据拟合最佳的那条曲线和相应的参数，作为最终的计算结果。确定最佳拟合频率曲线，可使用不同的准则，因而有不同的方法和结果。目前常用的适线法有两种，包括经验适线法和优化适线法。

（1）经验适线法（目估适线法）

根据实测资料和公式（3.9）可以绘出一条经验频率曲线，由皮尔逊 III 型频率密度曲线积分，可以绘出一条理论频率曲线。由于统计参数有误差，两者不一定配合得好，必须通过试算来确定合适的统计参数。简而言之，即是水文工作者根据经验，不断调整参数，以目估方法做到拟合最佳为止。此方法也称为试错适线法（此术语用在本教材第三版书中），是我国普遍应用的方法。

用这种方法绘制频率曲线的步骤如下：

1）将审核过的水文资料按递减顺序排列，利用公式（3.9）计算各随机变量的经验频率，并点绘于概率格纸上；

2）计算统计参数 $\bar{x}$、C_v；

3）假定 C_s 值（在经验范围内选用）；

4）确定线型（一般采用皮尔逊 III 型曲线，如配合不好，可试用其他线型）；

5）根据 C_s、P_i 查离均系数 Φ 值表，计算理论频率曲线纵坐标，绘理论频率曲线；

6）观察理论频率曲线是否符合经验点的分布趋势，若基本符合点群分布趋势，则统计参数即为对总体的估计值，可以从图上查出设计频率的水文特征值。否则，根据统计参数对频率曲线的影响，在标准误差范围内调整统计参数重新适线。

一般认为均值比较稳定，误差较小，由均值公式计算而得。C_v 亦由离差公式求得，并由 C_v 确定若干个 C_s，进行目估适线，由于 C_s 误差较大，在适线时一般以调整 C_s 适线，在调整 C_s 得不到满意的效果时，可调整 $\bar{x}$、C_v。目前，计算机的普及有利于适线的调整。

【例 3.10】 某测站有 1950 年～1984 年的实测最大流量记录（见表 3.7），试用经验适线法求设计频率 $P=1\%$ 的最大流量 Q_P。

【解】 由于重复运算多，整个计算一般列表进行，见表 3.7。

某站最大流量的统计参数及经验频率计算表　　　　　表 3.7

序 号 m	最 大 流 量 Q_i (m³/s)	模 比 系 数 K_i	K_i-1	$(K_i-1)^2$	经 验 频 率 $P=\frac{m}{n+1}\times100\%$
(1)	(2)	(3)	(4)	(5)	(6)
1	18500	2.09	1.09	1.1881	2.8
2	17700	2.00	1.00	1.0000	5.6
3	13900	1.57	0.57	0.3249	8.3
4	13300	1.50	0.50	0.2500	11.1
5	12800	1.44	0.44	0.1936	13.9
6	12100	1.37	0.37	0.1369	16.7
7	12000	1.35	0.35	0.1225	19.4
8	11500	1.30	0.30	0.0900	22.2
9	11200	1.26	0.26	0.0676	25.0
10	10800	1.22	0.22	0.0484	27.8
11	10800	1.22	0.22	0.0484	30.6
12	10700	1.21	0.21	0.0441	33.3
13	10600	1.20	0.20	0.0400	36.1
14	10500	1.19	0.19	0.0361	38.9
15	9690	1.09	0.09	0.0081	41.7
16	8500	0.96	−0.04	0.0016	44.4
17	8220	0.93	−0.07	0.0049	47.2
18	8150	0.92	−0.08	0.0064	50.0
19	8020	0.91	−0.09	0.0081	52.8
20	8000	0.90	−0.10	0.0100	55.6
21	7850	0.89	−0.11	0.0121	58.3
22	7450	0.84	−0.16	0.0256	61.1
23	7290	0.82	−0.18	0.0324	63.9
24	6160	0.70	−0.30	0.0900	66.7
25	5960	0.67	−0.33	0.1089	69.4
26	5950	0.67	−0.33	0.1089	72.2
27	5590	0.63	−0.37	0.1369	75.0
28	5490	0.62	−0.38	0.1444	77.8
29	5340	0.60	−0.40	0.1600	80.6
30	5220	0.59	−0.41	0.1681	83.3
31	5100	0.58	−0.42	0.1764	86.1
32	4520	0.51	−0.49	0.2401	88.9
33	4240	0.48	−0.52	0.2704	91.7
34	3650	0.41	−0.59	0.3481	94.4
35	3220	0.36	−0.64	0.4096	97.2
总 计	310010	35.00	0.00	6.0616	—

计算步骤如下：

1）将原始资料按递减顺序排列，计算各流量的经验频率，列入第（2）、（6）列。

2）计算均值及变差系数 C_v（C_v 计算的中间过程列入第（3）、（4）、（5）列）。

$$\overline{Q} = \frac{\sum Q}{n} = \frac{310010}{35} \approx 8860 \text{m}^3/\text{s}$$

$$C_v = \sqrt{\frac{\sum(K_i-1)^2}{n-1}} = \sqrt{\frac{6.0616}{35-1}} \approx 0.42$$

当表中计算无误时，应有

$$\left. \begin{array}{l} \sum K_i = n \\ \sum(K_i-1) \equiv 0 \end{array} \right\} （表中（3）、（4）列最末一行）$$

3）假设 C_s 等于若干倍 C_v 适线。现取 $C_s=2C_v$、$C_s=3C_v$、$C_s=4C_v$ 适线。理论频率曲线纵坐标的计算列于表 3.8，所绘曲线如图 3.16 所示。

理论频率曲线计算表　　　　　　　　　　　　　　　　表 3.8

C_s/C_v \ 项目 ＼ P（%）	0.01	0.1	1	5	10	25	50	75	90	95	99	99.9
2 Φ_P	5.59	4.30	2.92	1.85	1.34	0.58	−0.14	−0.73	−1.16	−1.37	−1.71	−1.97
$K_P=1+C_v\Phi_P$	3.35	2.81	2.23	1.78	1.56	1.24	0.94	0.69	0.51	0.42	0.28	0.17
$Q_P=K_P\overline{Q}$	29700	24900	19800	15800	13800	11000	8330	6110	4520	3720	2480	1510
3 Φ_P	6.55	4.90	3.19	1.92	1.34	0.51	−0.20	−0.74	−1.07	−1.22	−1.41	−1.52
$K_P=1+C_v\Phi_P$	3.75	3.06	2.34	1.80	1.56	1.22	0.91	0.69	0.55	0.49	0.41	0.36
$Q_P=K_P\overline{Q}$	33200	27100	20700	16000	13800	10800	8060	6110	4870	4340	3640	3190
4 Φ_P	7.50	5.48	3.43	1.97	1.32	0.44	−0.27	−0.72	−0.97	−1.07	−1.15	−1.18
$K_P=1+C_v\Phi_P$	4.15	3.31	2.44	1.83	1.55	1.18	0.89	0.70	0.59	0.55	0.52	0.50
$Q_P=K_P\overline{Q}$	36800	29300	21600	16200	13700	10500	7880	6200	5220	4870	4600	4430

从适线结果看，$C_s=3C_v$ 的效果较好，拟采用的理论频率曲线的统计参数为

$$\overline{Q}=8860 \text{m}^3/\text{s} \qquad C_v=0.42 \qquad C_s=1.26$$

4）由理论频率曲线上查得设计频率为 1% 的最大流量为 $Q_P=21400 \text{m}^3/\text{s}$。

目估适线法的经验性强，适线灵活，不受频率曲线线型的限制。适线时可兼顾分析计算中的一些重要点据（如历史洪水和精度较高的点据）、有些不能定量只能定性的点据（如在纵横坐标上有一定变化范围的点据）。特别是当参数成果在时间上和空间上作综合平衡调整和合理性分析时，适线灵活的优点就更为突出。

（2）* 优化适线法

优化适线就是取目标函数 F 为最小的估计统计参数的方法。其特点是在一定的适线准则下，求解与经验点据拟合最优的频率曲线。

当误差方差比较均匀时，可考虑采用离差平方和最小准则（OLS）；当绝对误差比较均匀时，可考虑采用离差绝对值和准则最小（ABS）；当误差较大时，可考虑采用相对离差平方和最小准则（WLS）。下面简要介绍离差平方和最小准则，供读者了解参考。

离差平方和准则的优化适线法又称最小二乘估计法，是指频率曲线统计参数的最小二乘估计使经验点据和同频率的频率曲线纵坐标之差（即离差或残差）平方和达到极小。

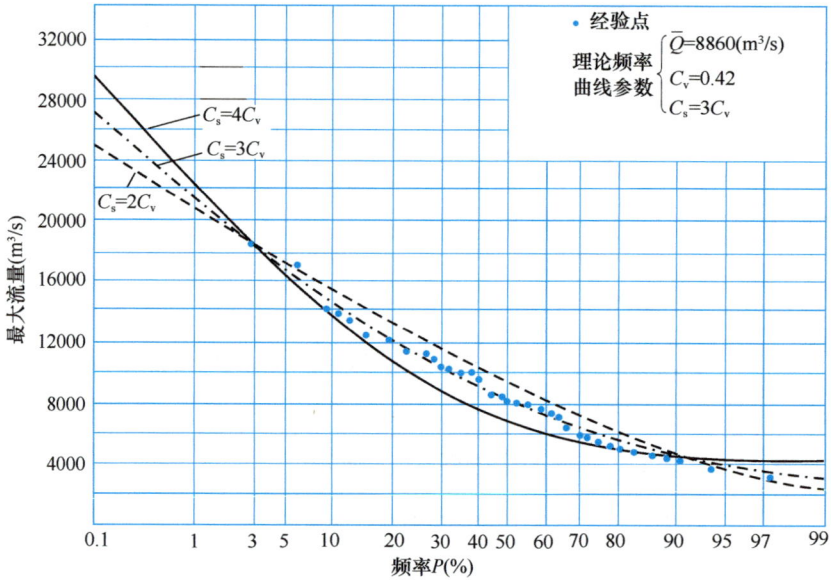

图 3.16　某站最大流量频率曲线（经验适线法）

$$S(\bar{x}, C_{\mathrm{v}}, C_{\mathrm{s}}) = \sum_{i=1}^{n} \left[x_i - f(P_i; \bar{x}, C_{\mathrm{v}}, C_{\mathrm{s}}) \right]^2 \tag{3.34}$$

式中，$f(P_i; \bar{x}, C_{\mathrm{v}}, C_{\mathrm{s}})$ 可简记作 f_i，为频率 $P = P_i$，$i = 1, 2, \cdots, n$ 时频率曲线的纵坐标。对皮尔逊Ⅲ型曲线，有：

$$f(P_i; \bar{x}, C_{\mathrm{v}}, C_{\mathrm{s}}) = \bar{x}\left[1 + C_{\mathrm{v}} \Phi(P_i; C_{\mathrm{s}}) \right] \tag{3.35}$$

由数学分析，统计参数的最小二乘估计是方程组

$$\frac{\partial S}{\partial \theta} = 0 \tag{3.36}$$

的解。该式中，θ——参数向量，即 $\theta = (\bar{x}, C_{\mathrm{v}}, C_{\mathrm{s}})^i$。

由于式（3.35）对参数是非线性的，只能通过迭代法求解，一般采用高斯—牛顿法。

近年来，水文工作者研究发现，以离差平方和准则的优化适线法所得的参数和目估适线法的结果比较接近，所以，采用优化适线法时最先考虑离差平方和最小准则。

3.7.2* 参数估计法

我们知道，频率分布函数有一些表示分布特征的参数，如常用的频率曲线—皮尔逊Ⅲ型曲线含有 $\bar{x}$、C_{v}、C_{s} 三参数，当水文频率曲线选定线型后，就要估计这些参数来确定频率分布函数。由于水文现象的总体是无限的，无法取得的，就需要用有限的样本观测资料去估计总体规律中的参数，该方法就称为参数估计法。

常用的参数估计方法有：矩法、数值积分权函数法、概率权重矩法、极大似然法、模糊数学法等。

（1）矩法

用样本矩估计总体矩，并通过矩和参数之间的关系来估计频率曲线参数的方法，就称为矩法。此种方法简便，不用事先选定频率曲线线型，因而是频率分析中经常使用的方法。

由前述的 3.4 节内容可知，统计参数可用矩来表示，因而采用矩法推求统计参数的公式为：

1）均值的无偏估计仍为样本估计值，即

$$\overline{x} = \frac{1}{n}\sum_{i=1}^{n} x_i$$

2）离差系数的无偏估计量为：

$$C_v = \sqrt{\frac{\sum\limits_{i=1}^{n}(K_i-1)^2}{n-1}}$$

3）偏差系数的无偏估计量为：

$$C_s = \frac{n^2}{(n-1)(n-2)} \cdot \frac{\sum\limits_{i=1}^{n}(K_i-1)^2}{nC_v^3} \approx \frac{\sum\limits_{i=1}^{n}(K_i-1)^2}{(n-3)C_v^3}$$

具体的原理和推求过程，在此不作详述，有兴趣的读者可自行推导，也可参阅书后所列相关参考书目。

（2）权函数法

1）单权函数法

该法是马秀峰于 1984 年提出的：引入一个权函数 $\varphi(x)$，利用由此组成的一阶和二阶权函数矩来推求 C_s，以皮尔逊Ⅲ型分布为例，列出计算公式。

该法的特点是将权函数取为正态密度函数，即

$$\varphi(x) = \frac{1}{s\sqrt{2\pi}}\exp\left[-\frac{(x-\overline{x})^2}{2s^2}\right] \tag{3.37}$$

由权函数推出

$$\left. \begin{aligned} & C_s = -4s\frac{E(x)}{H(x)} \\ & E(x) = \int_{x_0}^{\infty}(x-\overline{x})\varphi(x)f(x)\mathrm{d}x \approx \frac{1}{n}\sum_{i=1}^{n}(x_i-\overline{x})\varphi(x_i) \\ & H(x) = \int_{x_0}^{\infty}(x-\overline{x})^2\varphi(x)f(x)\mathrm{d}x \approx \frac{1}{n}\sum_{i=1}^{n}(x_i-\overline{x})^2\varphi(x_i) \end{aligned} \right\} \tag{3.38}$$

式中　$\varphi(x_i)$——权函数；

$E(x)$——一阶加权中心矩；

$H(x)$——二阶加权中心矩。

由上述公式可看出，单权函数法避免了用三阶矩计算偏差系数。由于正态分布是在 $x=\overline{x}$ 处为最大值，离均值越远密度越小，因而此法的应用，增加了靠近均值部位的权重，削减了系列两端变数的权重，使最大值和最小值对结果的影响不重要，有助于提高 C_s 的估计精度。

2）双权函数法

1990 年，刘光文提出双权函数法，即引入第二个权函数来提高 C_v 的精度，并用数值积分公式计算权函数矩。此法的依据是其认为影响设计特征值 x_P 的参数首先是均值和离

61

均系数。

引入的双权函数为

$$\left.\begin{array}{l}\phi(x) = \dfrac{K}{\overline{x}\ \sqrt{2\pi}}\exp\left[-\dfrac{K^2(x-\overline{x})^2}{\overline{x}^2}\right]\\[3mm]\varphi(x) = \exp\left[\dfrac{h(x-\overline{x})}{\overline{x}}\right]\end{array}\right\}\qquad(3.39)$$

又推出

$$\left.\begin{array}{l}C_s = -\dfrac{2}{C_v}\left[\overline{x}\,C_v^2\,\dfrac{A(x)}{D(x)}+\dfrac{1}{h}\right]\\[4mm]C_v^2 = \dfrac{\dfrac{1}{h}-\dfrac{E(x)}{K^2H(x)}}{-\dfrac{A(x)}{D(x)}+\dfrac{E(x)}{H(x)}}\end{array}\right\}\qquad(3.40)$$

其中，$h=C_v$，$K\approx1/C_v^2$，及

$$\left.\begin{array}{l}E(x) = \displaystyle\int_{x_0}^{\infty}(x-\overline{x})\phi(x)f(x)\mathrm{d}x = \sum_{i=1}^{n}W'_i(x_i-\overline{x})\phi(x_i)\\[4mm]H(x) = \displaystyle\int_{x_0}^{\infty}(x-\overline{x})^2\phi(x)f(x)\mathrm{d}x = \sum_{i=1}^{n}W'_i(x_i-\overline{x})^2\phi(x_i)\\[4mm]A(x) = \displaystyle\int_{x_0}^{\infty}\varphi(x)f(x)\mathrm{d}x = \sum_{i=1}^{n}W'_i\varphi(x_i)\\[4mm]D(x) = \displaystyle\int_{x_0}^{\infty}(x-\overline{x})\varphi(x)f(x)\mathrm{d}x = \sum_{i=1}^{n}W'_i(x_i-\overline{x})\varphi(x_i)\\[4mm]W'_i = W_i\Big/\sum_{i=1}^{n}W_i\end{array}\right\}\qquad(3.41)$$

上式中　$E(x)$、$H(x)$——$\phi(x)$ 的一阶、二阶中心矩；

$\qquad\quad A(x)$、$D(x)$——$\varphi(x)$ 的零阶、一阶权函数矩；

$\qquad\qquad W_i$——积分权系数；

$\qquad\displaystyle\sum_{i=1}^{n}W_i$——总的积分权系数。

通过对一些理想资料系列（在指定频率曲线上按经验频率公式取点）的检验，双权函数法比单权函数法的参数精度有所提高。

由单权函数法和双权函数法所得的参数，仍为初值，需要进行合理性分析后确定。另外，对于有定性类的资料系列，由于某些值无定量值，应用此法就难以计算。

（3）概率权重矩法

概率权重矩法是格林伍德（Greenwood J A）等人 1979 年提出的。该法适用于分布函数的反函数为显式。皮尔逊Ⅲ型分布的反函数不能表示为显式，因而该法难以直接用于皮尔逊Ⅲ型参数的估计。后来通过不断的研究和改进，逐步完善了概率权重矩法在皮尔逊Ⅲ型分布中的应用。

对于皮尔逊Ⅲ型分布中的三参数 $\overline{x}$、C_v、C_s，经过严格证明，有如下关系：

$$\left.\begin{array}{l} \overline{x} = M_0 \\[6pt] C_{\mathrm{v}} = H(R)\left(\dfrac{M_1}{M_0} - \dfrac{1}{2}\right) \\[6pt] C_{\mathrm{s}} = C_{\mathrm{s}}(R) \\[6pt] R = \dfrac{M_2 - \dfrac{1}{3}M_0}{M_1 - \dfrac{1}{2}M_0} \\[12pt] M_0 = \dfrac{1}{n}\sum_{i=1}^{n} x_i \\[10pt] M_1 = \dfrac{1}{n}\sum_{i=1}^{n} x_i\, \dfrac{n-i}{n-1} \\[10pt] M_2 = \dfrac{1}{n}\sum_{i=1}^{n} x_i\, \dfrac{(n-i)(n-i-1)}{(n-1)(n-2)} \end{array}\right\} \tag{3.42}$$

式中　　　　　x_i——由大到小排列的样本序列；

$\quad\quad\quad\quad n$——样本容量；

$\quad H(R)$、$C_{\mathrm{s}}(R)$——R 的两个函数，其关系见附录 5；

$\quad M_0$、M_1、M_2——分别是零阶、一阶和二阶概率权重矩。

概率权重矩法不仅利用样本序列各项大小的信息，还利用序位的信息，在估计概率权重矩时，只需 x 值的一次方，因而避免了高次方引起的较大误差。但该法所得的结果也是参数的初值，不能用于有定性类的资料系列。

以上介绍的是几种常见的频率分析方法，各有优缺点，采用不同的方法会有不同的结果。当然，还有其他的频率分析方法，对此感兴趣的读者，可据书后的参考文献查阅。需要说明的是，随着信息的扩大和计算机技术的普及，水文频率分析会有新的发展和新的认识，并且通过频率分析与物理成因等途径的结合，能得出更符合实际水文现象规律的结果，更好地服务于工程实践。

3.8　相　关　分　析

3.8.1　相关分析的意义

在水文频率分析中，如果实测资料系列的项数 n 较大，利用目估适线法或其他适线法可以推求出一条和经验点据配合较好的理论频率曲线，确定出合适的统计参数，以计算设计频率的水文特征值。但是有些测站，或因建站较晚实测资料系列较短；或由于某种原因系列中有若干年缺测，使得整个系列不连续。从误差分析可知，统计参数的标准误差都和样本系列的项数 n 的平方根呈反比。为了增加系列的代表性，提高分析计算的精度，减少抽样误差，需要对已有的实测资料系列进行插补和延长。

自然界的许多现象都不是孤立变化的，而是相互关联、相互制约的，例如：降雨和径流，气温和蒸散发，水位和流量等，它们之间都存在一定的联系。但是在相关分析时，必须先分析它们在成因上是否有联系，若只凭数字的偶然巧合，将毫无关联的现象拼凑到一起，找出相关关系，这也是毫无意义的。

3.8.2 相关分析的概念和类型

研究分析两个或两个以上随机变量之间的关系称为相关分析。从不同的角度，相关分析有着不同的类型。

(1) 两种现象（两个变量）之间的关系，一般可分为三种情况：

1）完全相关（函数关系）

当自变量 x 变化时，因变量 y 有一个确定的值和它对应，两者的关系可以写成 $y=f(x)$，则这两个变量之间的关系就是完全相关（或称函数相关）。相关的形式可以是直线，也可以是曲线，如图 3.17 (a、b) 所示。

2）零相关（不相关）

两种现象之间没有关系或相互独立，则称为零相关（或没有关系）。它们的相关点在图上的分布十分散乱，或成水平线，如图 3.17 (c、d) 所示。

3）统计相关

若两个变量之间的关系介于完全相关和零相关之间，则称为相关关系。在水文的分析计算中，当一个量变化时，另一个量由于受多种因素的影响，没有一个确定的值与之对应变化，为简便起见，通常只考虑其中最主要的一个因素而略去其次要因素。例如，径流与相应的降雨量的关系，或同一断面的流量与相应水位之间的关系。如果把对应点据绘在坐标中，便可看出这些点子虽有些散乱，但其点群的分布具有某种趋势，这种关系称为统计相关，如图 3.17 (e、f) 所示。

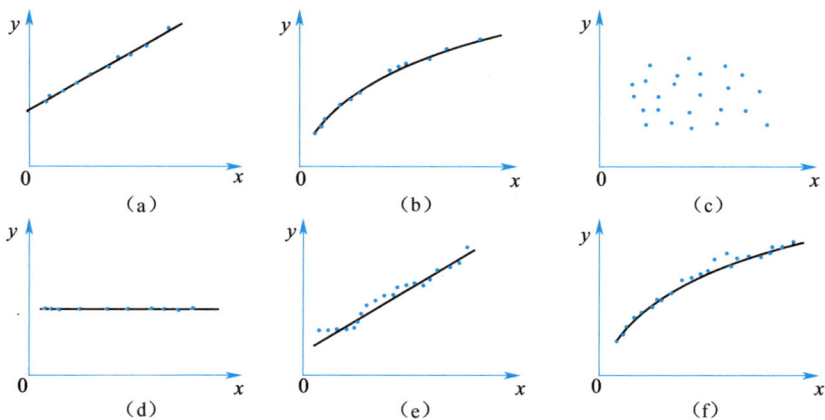

图 3.17 相关关系图

(2) 其他相关分类

根据研究相关变量的多少，相关关系可分为简单相关和复相关。只研究两个现象间的相关关系，一般称为简单相关；若研究 3 个或 3 个以上变量的相关关系，则称为复相关。

从相关关系的图形上看，相关关系又可分为直线相关和曲线相关。

简单相关常用于水文计算中，而复相关常用于水文预报。水文现象间由于受多种因素的影响，它们之间的相关关系属于统计相关，有不少还属于简单相关中的直线相关。本节重点阐述简单相关中的直线相关，对复相关只作简单介绍。

3.8.3　简单直线（线性）相关

（1）相关图解法

设有在时间上相互对应的两个水文实测系列 x，y，它们分别为

x_1，x_2，$\cdots$，x_n，x 系列的均值为 $\overline{x}$；

y_1，y_2，$\cdots$，y_n，y 系列的均值为 $\overline{y}$。

将时间对应的 n 对经验点据（x_i，y_i）绘于直角坐标中，若点群的平均趋势近似于直线，则可用直线来近似地代表这种相关关系。如果点距分布较集中，可以直接利用作图法求得相关直线，称为相关图解法。

该法是先目估通过点群中间和均值点（$\overline{x}$，$\overline{y}$），绘出一条直线（图 3.18），然后再从该图中量得直线的斜率 a，直线与纵轴的截距 b，则直线方程 $y=ax+b$ 即为所求的相关直线方程。此法简单，当点据相关密切时，可获满意结果。

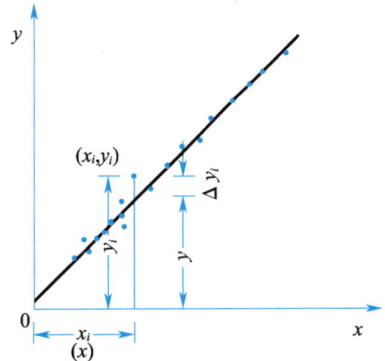

图 3.18　直线相关图

（2）相关分析法

1）直线回归方程

目估定线存在一定的主观性，且当相关点据分布较散时，又存在一定的任意性。为减少其任意性，最好采用分析法来确定相关线的方程。设直线方程为：

$$y = ax + b \tag{3.43}$$

式中　a——直线的斜率；

　　　b——直线在纵轴上的截距。

要使直线和相关点群配合得好，根据最小二乘法原理，应该使观测所得的相关点与直线之间纵坐标的离差的平方和为最小，即

$$\sum(y_i - y)^2 = \varepsilon$$

将式（3.43）代入上式

$$\sum(y_i - ax - b)^2 = \varepsilon \tag{a}$$

如果该直线是一条最佳配合线，它应通过（$\overline{x}$，$\overline{y}$）点，所以

$$\overline{y} = a\overline{x} + b$$

那么，$b = \overline{y} - a\overline{x}$，将 b 代入（a）式得

$$\sum[(y_i - \overline{y}) - a(x_i - \overline{x})]^2 = \varepsilon \tag{b}$$

式中只有一个参数 a，令其一阶导数等于零

$$\frac{\mathrm{d}\varepsilon}{\mathrm{d}a} = 2a\sum(x_i - \overline{x})^2 - 2\sum(x_i - \overline{x})(y_i - \overline{y}) = 0$$

$$a=\frac{\sum(x_i-\overline{x})(y_i-\overline{y})}{\sum(x_i-\overline{x})^2} \Bigg\}$$

$$b=\overline{y}-a\overline{x}$$

$$\tag{3.44}$$

将 a，b 代入方程（3.43）得回归方程为

$$y-\overline{y}=\frac{\sum(x_i-\overline{x})(y_i-\overline{y})}{\sum(x_i-\overline{x})^2}(x-\overline{x}) \tag{3.45}$$

2）相关系数和回归系数

a. 相关系数

回归线只是对观测点的一条最佳配合线，它反映了两个变量之间的平均关系，并不能说明两个变量之间的关系是否密切。观察离差的平方和

$$\sum(y_i-y)^2=\sum\{y_i-[\overline{y}+a(x_i-\overline{x})]\}^2$$
$$=\sum[(y_i-\overline{y})-a(x_i-\overline{x})]^2$$

展开并整理得

$$\sum(y_i-y)^2=\sum(y_i-\overline{y})^2-a^2\sum(x_i-\overline{x})^2$$

令

$$A=\sum(y_i-\overline{y})^2$$
$$B=a^2\sum(x_i-\overline{x})^2$$
$$r^2=B/A$$

则

$$\sum(y_i-y)^2=A-B$$

若 $\sum(y_i-y)^2=0$，说明所有观测点都在直线上，两变量间属函数相关。此时 $A=B$，$r^2=1$，$r=\pm1$。

若 $\sum(y_i-y)^2=A$，因为 $\sum(x_i-\overline{x})>0$，只有 $a=0$，B 才能为零，说明两个变量间没有关系，此时 $r^2=0$，$r=0$。

第三种情况是 $0<\sum(y_i-y)^2<A$，属统计相关，此时 $0<|r|<1$。

从 r 的取值情况可以看出两个变量之间关系的密切程度，所以称 r 为相关系数。前述

$$r^2=\frac{B}{A}=\frac{a^2\sum(x_i-\overline{x})^2}{\sum(y_i-\overline{y})^2}$$

将 a 值代入整理得

$$r=\frac{\sum(x_i-\overline{x})(y_i-\overline{y})}{\sqrt{\sum(x_i-\overline{x})^2\cdot\sum(y_i-\overline{y})^2}} \tag{3.46}$$

b. 回归系数

回归直线的斜率在回归方程式中称为回归系数。

两个系列的均方差为

$$s_y=\sqrt{\frac{\sum(y_i-\overline{y})^2}{n-1}}$$

$$s_x=\sqrt{\frac{\sum(x_i-\overline{x})^2}{n-1}}$$

$$\frac{s_y}{s_x}=\sqrt{\frac{\sum(y_i-\overline{y})^2}{\sum(x_i-\overline{x})^2}}$$

将式（3.44）变形整理得

$$a = r \frac{s_y}{s_x} \tag{3.47}$$

直线回归方程可以写成

$$y - \overline{y} = r \frac{s_y}{s_x}(x - \overline{x}) \tag{3.48}$$

（3）相关分析的误差

1）回归线的误差

回归线只是两个实测系列对应点的最佳配合线，并不是所有点据都在直线上，而是散布在回归线的两旁。因此，回归线反映的是两个变量间的平均关系，利用回归线展延、插补短系列时，总有一定的误差。回归线的误差用标准误差 S_y 表示为

$$S_y = \sqrt{\frac{\sum(y_i - y)^2}{n-2}} \tag{3.49}$$

由统计推理可以证明，回归线的标准误差和样本系列均方差之间有下列关系

$$S_y = s_y \sqrt{1 - r^2} \tag{3.50}$$

回归线上任一个 x_i 值所对应的最佳估计值是 y，它只是一个理论上的平均值。实际上，可以有很多个 y_i 与之对应。根据误差理论可知，每个 y_i 值落在回归线两侧各一个标准误差范围内的可能性为 68.3%，落在三个标准误差范围内的可能性为 99.7%。可以表示为（如图 3.19 所示）

$$P(y - S_y < y_i < y + S_y) = 68.3\%$$
$$P(y - 3S_y < y_i < y + 3S_y) = 99.7\%$$

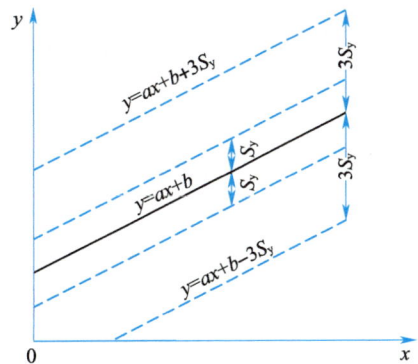

图 3.19　回归线的误差范围

2）相关系数的误差

相关系数是用样本资料计算的，它必然存在着误差。根据统计理论，相关系数的误差可用下式计算

$$s_r \approx \frac{1 - r^2}{\sqrt{n}} \tag{3.51}$$

式中　s_r——相关系数的标准误差。

相关系数的误差也可以用随机误差（机误）表示

$$E_r = 0.6745 s_r \tag{3.52}$$

（4）相关分析时应注意的问题

1）首先应分析论证两种变量间在成因上确实存在着联系，这是相关分析的必要条件。例如相邻流域上、下游测站的径流相关；本站的降雨和径流相关等。

2）同期观测资料不能太少，n 至少在 10 项以上，否则会影响成果的可靠性。

3）水文计算中，一般认为相关系数 $|r| > 0.8$，且回归线误差 S_y 不大于均值的 10%～15%，相关分析成果才认为可以应用。

（5）直线相关计算举例

【例 3.11】　已知黄河上诠站和兰州站所控制流域面积上的自然地理特征基本相似，上诠站有 1943 年～1957 年的不连续年平均径流量资料 14 年，兰州站有 1935 年～1957 年连续 23 年的年平均径流量资料（表 3.9），试用相关分析法插补、展延上诠站的年径流资料。

两站实测年径流量资料　　　　　　　　　　　　表 3.9

年份 站名	1935	1936	1937	1938	1939	1940	1941	1942	1943	1944	1945	1946
兰州站	1298	1013	1031	1267	990	1312	782	779	1247	950	1168	1404
上诠站									1004	791		1131
年份 站名	1947	1948	1949	1950	1951	1952	1953	1954	1955	1956	1957	
兰州站	1077	995	1259	1011	1203	970	898	984	1320	731	852	
上诠站	922	827	1098	870	930	778	773	823	1140	617	649	

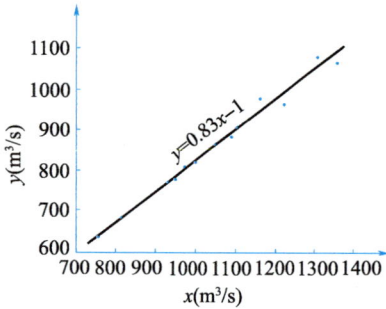

图 3.20　兰州站与上诠站
径流量相关图

【解】　1）判断相关趋势

两测站所控制流域面积上的自然地理特征基本一致，说明径流的成因存在着联系；两站有对应观测资料 14 对（$n>10$），把上诠站流量（待插补、展延的短系列）作为因变量 y，把兰州站流量（长系列资料）作为自变量 x。将对应的 14 对资料点绘于直角坐标系内（图 3.20），点群的分布具有直线趋势，能够进行相关计算。

2）利用 14 对资料计算各个参数

为便于检查，应列表计算（见表 3.10）。

$$\bar{x}=\frac{1}{n}\sum x_i=\frac{14901}{14}=1064.4\text{m}^3/\text{s}$$

$$\bar{y}=\frac{1}{n}\sum y_i=\frac{12353}{14}=882.4\text{m}^3/\text{s}$$

$$r=\frac{\sum(x_i-\bar{x})\cdot(y_i-\bar{y})}{\sqrt{\sum(x_i-\bar{x})^2\cdot\sum(y_i-\bar{y})^2}}$$

$$=\frac{407380.8}{\sqrt{491329.8\times356149.8}}=0.97$$

$$s_x=\sqrt{\frac{\sum(x_i-\bar{x})^2}{n-1}}=\sqrt{\frac{491329.8}{13}}=194.4$$

$$s_y=\sqrt{\frac{\sum(y_i-\bar{y})^2}{n-1}}=\sqrt{\frac{356149.8}{13}}=165.5$$

$$S_y=s_y\sqrt{1-r^2}=165.5\times\sqrt{1-0.97^2}=40.23$$

经计算 $r=0.97>0.8$，$S_y=40.23<0.1\bar{y}$，说明两变量间关系比较密切。

两站年径流量相关计算表　　　　　　　　　　表 3.10

序号	年份	流量（m³/s）		$(y_i-\bar{y})$	$(x_i-\bar{x})$	$(y_i-\bar{y})^2$	$(x_i-\bar{x})^2$	$(x_i-\bar{x})\cdot(y_i-\bar{y})$
		y_i （上诠站）	x_i （兰州站）					
1	1943	1004	1247	121.6	182.6	14786.6	33342.8	22204.2
2	1944	791	950	−91.4	−114.4	8354.0	13087.4	10456.2
3	1946	1131	1404	248.6	339.6	61802.0	115328.2	84424.6

续表

序号	年份	流量（m³/s）		$(y_i - \bar{y})$	$(x_i - \bar{x})$	$(y_i - \bar{y})^2$	$(x_i - \bar{x})^2$	$(x_i - \bar{x}) \cdot (y_i - \bar{y})$
		y_i（上诠站）	x_i（兰州站）					
4	1947	922	1077	39.6	12.6	1568.2	158.8	499.0
5	1948	827	995	−55.4	−69.4	3069.2	4816.4	3844.8
6	1949	1098	1259	215.6	194.6	46483.4	37869.2	41955.8
7	1950	870	1011	−12.4	−53.4	153.8	2851.6	662.2
8	1951	930	1203	47.6	138.6	2265.8	19210.0	6597.4
9	1952	778	970	−104.4	−94.4	10899.4	8911.4	9855.4
10	1963	773	898	−109.4	−166.4	11968.4	27689.0	18204.2
11	1954	823	984	−59.4	−80.4	3528.4	6464.2	4775.8
12	1955	1140	1320	257.6	255.4	66357.8	65331.4	65842.6
13	1956	617	731	−265.4	−333.4	70437.2	111155.6	88484.4
14	1957	649	852	−233.4	−212.4	54475.6	45113.8	49574.2
Σ		12353	14901	−0.6	−0.6	356149.8	491329.8	407380.8

3）计算回归系数，建立回归方程式

$$a = r \frac{s_y}{s_x} = 0.97 \times \frac{165.5}{194.4} = 0.83$$

$$y - 882.4 = 0.83(x - 1064.4)$$

$$y = 0.83x - 1$$

4）利用回归方程插补、展延上诠站缺测年份的年径流量（见表3.11）

上诠站年径流量插补、展延结果   表 3.11

兰州站（m³/s）	1298	1013	1031	1267	990	1312	782	779	1168
上诠站（m³/s）	1076	840	855	1050	821	1088	648	646	968

5）计算回归分析的误差

a. 回归线的误差

前面计算的结果为

$$S_y = 40.23 \text{m}^3/\text{s}$$

b. 相关系数的误差

$$s_r = \frac{1 - r^2}{\sqrt{n}} = \frac{1 - 0.97^2}{\sqrt{14}} = 0.016$$

3.8.4* 曲线（非线性）选配

在水文相关计算中，经常会遇到两变量不是直线关系，而是某种形式的曲线（非线性）相关，如水位—流量关系、流域面积—洪峰流量等。此时，水文计算常采用曲线选配方法，将某些简单的曲线形式，通过函数变换，使其成为直线关系。水文上常采用的曲线形式有：幂函数和指数函数。

（1）幂函数选配

幂函数的一般形式为：

$$y = ax^n \tag{3.53}$$

式中　a、n——待定常数。

对式（3.53）两边取对数，并令

$$\lg y = Y, \lg a = A, \lg x = X$$

则有

$$Y = A + nX \tag{3.54}$$

对 X 和 Y 而言，式（3.54）就是直线关系。因此，如果将随机变量的每一个点据取对数，在方格纸上点绘（$\lg x_i$，$\lg y_i$）各点，或在双对数格纸上点绘（x_i，y_i）各点，这样，就可依照上述的直线相关方法作相关分析。

（2）指数函数选配

指数函数一般形式为：

$$y = ae^{bx} \tag{3.55}$$

式中　a、b——待定常数。

对式（3.55）两边取对数，且已知 $\lg e = 0.4343$，则有

$$\lg y = \lg a + 0.4343bx \tag{3.56}$$

因此，在半对数格纸上，以 y 为对数纵坐标，x 为普通横坐标，式（3.56）在图纸上成直线形式，亦可按上述方法进行直线相关分析。

3.8.5* 复相关

在简单相关中，我们只研究一种现象受某种主要因素的影响，而忽略不计其他次要因素。但是，如果主要影响因素不止一个，而且其中任何一个都不容忽略，则应采用复相关分析。

在简单相关中有直线（线性）和曲线（非线性）两种相关形式。同样地，在复相关中也有这两种形式。

具有两个自变量的线性复相关回归方程的一般形式为：

$$z = a + bx + cy \tag{3.57}$$

式中，因变量 z 随自变量 x 和 y 的变化而变化。

复相关的分析计算一般比较复杂，在实际工作中采用图解法直接确定相关线。其步骤与简单图解法大致相同：先根据同期观测资料自方格纸上点绘相关点，可取因变量 z 为纵坐标，x 为横坐标，在相关点（x_i，z_i）旁注明对应的 y_i，然后根据图上相关点群的分布及 y_i 值的变化趋势，绘出一组 "y_i 的等值线"，其作法与绘制地形图上的等高线相类似。这样绘制的一组线图就是复相关图。除图解法外，还可用分析法计算复相关回归方程，即多元线性回归方程。多元线性回归分析法可参阅有关参考书目。

3.9* 频率分析综合程序

3.9.1 综合程序的内容

频率分析综合程序的内容包括三部分：相关分析；一般系列的频率分析；含特大值系列的频率分析。

当实测样本系列较短或者系列内有缺测项时，样本的代表性差，应先进行相关分析，尽可能展延系列，然后进行频率分析；对于实测系列较长的年径流（降雨），或者经调查系列内外无特大值的洪水（暴雨），可以直接进行频率分析；对于系列内、外有特大值的洪水（暴雨），应按含特大值的情况进行频率分析。

在适线时，应首先根据水文特征值的属性，利用计算出的变差系数 C_v，在经验范围内选取 C_s，计算理论频率曲线的纵坐标，在概率格纸上进行适线。如果适线结果不满意，根据统计参数对理论频率曲线的影响，用均值和变差系数的标准误差调整统计参数，直至绘出一条和经验点据配合较好的理论频率曲线，确定出合适的统计参数，从而求出设计频率的水文特征值。

3.9.2 变量和数组说明

N——实测样本系列的项数；

M——参证站长系列的项数；

N1——首项特大洪水的重现期；

XV，CV，CS——样本系列的均值、变差系数、偏态系数；

YV——参证站长系列的均值；

R——相关系数（r）；

A——程序前部表示回归系数；后部代表系列内、外特大值个数；

C——实测系列的均方差（s_x）；

SX——回归线的标准误差（S_x）；

B——直线在纵轴上的截距；

L——系列内特大值的个数；

T1，T2——调查或考证到的最远年代、实测连续系列最近的年代；

VC——变差系数的标准误差；

CX——均值的标准误差；

P1，FP——设计频率及相应的离均系数；

XP——设计频率的水文特征值；

Z\$——判断系列是否展延的字符串变量；

Y\$——判断是否有特大值的字符串变量；

M\$——判断适线结果是否满意的字符串变量；

X(100)——实测样本系列数组；

Y(M)——参证站长系列数组；

XN(A)——特大值数组；

P(13)，F(13)——绘图使用的频率和相应的离均系数。

程序执行过程中的中间变量和数组，此处不再说明。

3.9.3 程序框图

程序框图如图 3.21 所示。

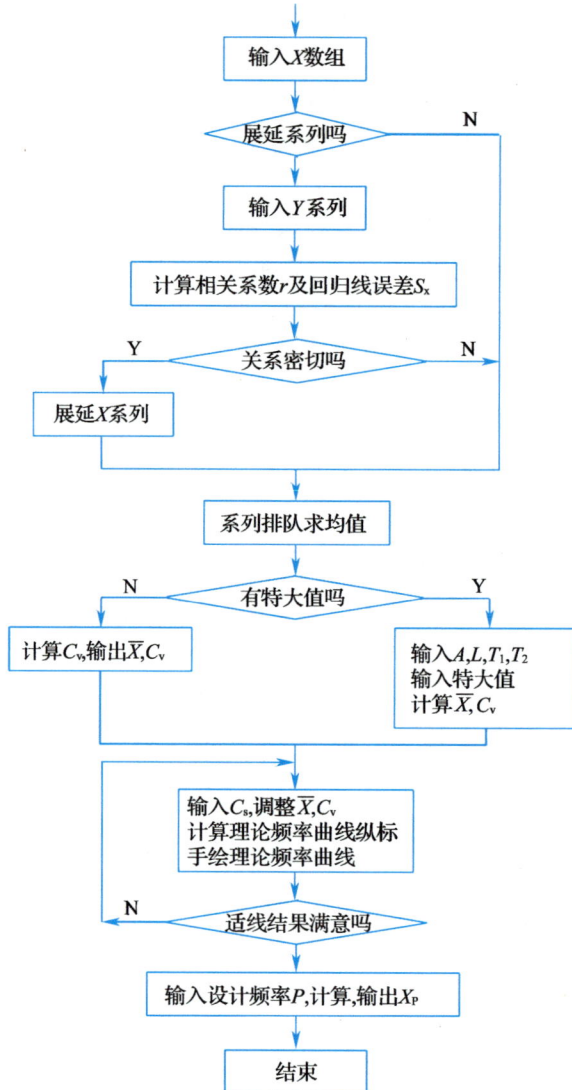

图 3.21　计算程序框图

3.9.4　计算程序

5REM 综合频率分析程序

10 INPUT " N=";N

12 DIM X (100),P (13),F (13)

15 FOR I = 1 TO N：READ X (I)：NEXT I

20 INPUT " Z$ =";Z$

25 IF Z$ = " NO" THEN 220

30 REM 求相关系数

40 INPUT " M=";M：PRINT

45 PRINT TAB (10);" M=";M;TAB (30);" N=";

N：DIM Y（M）

50 FOR I = 1 TO M

55 READ Y（I）：NEXT I：XV = 0：YV = 0

60 FOR I = 1 TO N

65 XV = XV+X（I）：YV = YV+Y（I）：   NEXT I：   SY = YV

70 XV = INT（XV/N * 100+.5）/100

72 YV = INT（YV/N * 100+.5）/100

75 PRINT TAB（10）;" XV=";XV；TAB（30）;" YV=";YV

80 FOR I = 1 TO N

85 S = X（I）−XV

90 S2 = S2+S * S

95 T = Y（I）−YV

100 T2 = T2+T * T

105 ST = ST+S * T

110 S1 = S1+S

115 T1 = T1+T

120 NEXT I

125 R = ST/SQR（S2 * T2）

130 PRINT TAB（10）;" R=";INT（R * 1000+.5）/1000

140 C = SQR（S2/（N−1））

145 SX = SQR（1−R * R）* C

150 IF R<.8 OR SX>.15 * XV THEN 220

155 REM 展延系列

160 A=R * SQR（S2/T2）

162 B=XV−A * YV

164 PRINT TAB（10）;" X=";INT（A * 1000+.5）/1000；

166 PRINT " Y+(";INT（B * 1000+.5）/1000;")"：PRINT

170 PRINT TAB（11）;" M";TAB（31）;" Y（I）";TAB（51）;" X（I）"

175 PRINT TAB（11）; " ——"

180 FOR I = N+1 TO M

200 X（I）= INT((A * Y(I)+B)+.5)

205 PRINT TAB（10）;I；TAB（30）;Y（I）；TAB（50）;" (";X（I）;")"

210 NEXT I：N = M：PRINT

220 REM 实测系列排队

222 FOR I = 1 TO N−1

224 H = X（I）：G = I

226 FOR J = I+1 TO N

230 IF H < X（J）THEN H = X（J）：G = J

240 NEXT J

245 B = X (I)：X (I) = X (G)：X (G) = B：NEXT I

250 S = 0：FOR I = 1 TO N：S = S+X (I)：NEXT I

255 XV = INT (S/N∗100+.5) /100：SUM = S

260 INPUT " Y$ ="；Y$ ：PRINT：IF Y$ =" YES" THEN 330

265 REM 不含特大值的频率计算

270 PRINT " M　X (I) X (I)−XV (X (I)−XV)^2　P（%）"

275 PRINT " ——"

280 T = 0：Q = 0

282 FOR I = 1 TO N

284 S = X (I)−XV：T = T+S

286 S1 = S∗S：Q = Q+S1

288 P1 = INT (I/(N+1) ∗ 1000+.5)/10

290 PRINT I；TAB (10)；X(I)；

292 PRINT TAB (23)；INT (S∗100+.5)/100；

294 PRINT TAB (39)；INT (S1∗100+.5)/100；

296 PRINT TAB (57)；P1：NEXT I

300 PRINT " ——"

310 PRINT " SUM"；TAB (10)；SUM；

312 PRINT TAB (23)；INT (T∗100+.5) /100；

314 PRINT TAB (39)；INT (Q∗100+.5) /100：PRINT

320 CV = INT (SQR (Q/(N−1))/XV ∗ 1000+.5)/1000

322 PRINT TAB (10)；" CV="；CV；

324 PRINT TAB (30)；" XV="；INT (XV+.5)

326 C = CV ∗ XV：GOTO 550

330 REM 含特大值的频率计算

340 INPUT " A，L，T1，T2="；A，L，T1，T2

345 DIM XN (A)：N1 = T2−T1+1：PRINT

350 IF L = 0 THEN 390

360 T = 0

365 FOR I = 1 TO A：IF I ＞ L THEN READ XN (I)：GOTO 380

370 XN (I) = X (I)：　S = S−X (I)

380 T = T+XN (I)：　NEXT I

385 XV = S/(N−L)：M = L+1：SUM = S：GOTO 400

390 T = 0：FOR I = 1 TO A

395 READ XN (I)：T = T+XN (I)：NEXT I：M = 1

400 REM 特大值排队

410 FOR I = 1 TO A－1

415 H = XN (I)：G = I：FOR J = I+1 TO A

420 IF H ＜ XN (J) THEN H=XN (J)： G = J

430 NEXT J：B = XN (I)：XN (I) = XN (G)：XN (G) = B：NEXT I

440 XV = INT((T＋(N1－A) ＊ XV) /N1＋.5)

445 REM 求变差系数 CV

450 PRINT TAB (2)；" M"；TAB (13)；" X (I)"；

452 PRINT TAB (25)；" X (I) －XV"；

454 PRINT TAB (40)；" (X (I)－XV)^2"；TAB (58)；" P (％)"

455 PRINT " ——"

460 ST = 0：FOR I = 1 TO A：T = XN (I)－XV：T1 = T ＊ T

462 TT = TT＋T1

464 P1 = INT (I/(N1＋1) ＊ 10000＋.5)/100

466 ST = ST＋XN (I)

470 PRINT I；TAB (12)；XN (I)；TAB (25)；

475 PRINT T；TAB (41)；INT (T1 ＊ 100＋.5)/100；TAB (57)；P1

480 NEXT I

485 PRINT " ——"

490 PRINT " SUM"；TAB (12)；ST；TAB (41)；INT (TT ＊ 100＋.5)/100

495 PRINT：SS = 0

500 FOR I = M TO N：S = X (I)－XV：S1 = S ＊ S：SS = SS＋S1

505 P1 = INT (I/(N＋1) ＊ 10000＋.5) /100

510 PRINT I；TAB (12)；X (I)；TAB (25)；

512 PRINT INT (S ＊ 100＋.5)/100；TAB (41)；

514 PRINT INT (S1 ＊ 100＋.5)/100；TAB (57)；P1：NEXT I

520 PRINT " ——"

530 PRINT " SUM"；TAB (12)；SUM；TAB (41)；INT (SS ＊ 100＋.5)/100

535 PRINT

540 CV = INT (SQR((TT＋(N1－A) ＊ SS/ (N－L))/(N1－1)) /XV ＊ 1000＋.5)/ 1000

545 PRINT TAB (10)；" CV="；CV；TAB (30)；" XV="；XV

548 C = XV ＊ CV：N = N1

550 FOR I = 1 TO 13：READ P (I)：NEXT I：STOP

560 CX = INT (C/SQR (N)＋.5)

562 VC = INT (CV/SQR (2 ＊ N) ＊ SQR (1＋2 ＊ CV ＊ CV＋3/4 ＊ CS ＊ CS－2 ＊ CV ＊ CS) ＊ 1000＋.5)/1000

564 PRINT TAB (10);" CX="; CX; TAB (30);" VC="; VC

565 STOP

566 INPUT " CS="; CS：FOR I = 1 TO 13：INPUT F (I)：NEXT I

570 GOSUB 800

580 INPUT " M$ ="; M$：IF M$ = " YES" THEN 590 ELSE 565

590 INPUT " P1, F="; P1, F：XP = INT((F * CV+1) * XV+.5)：PRINT

595 PRINT TAB (10);" P="; P1;"％"; TAB (30);" XP="; XP

600 END

605 DATA　（实测样本系列数组 X 的数据）

607 DATA　（参证站长系列数组 Y 的数据）

610 DATA　.01，.1，1，5，10，25，50，75，90，95，97，99，99.9

800 REM 求理论频率曲线子程序

810 PRINT TAB (10);" CS="; CS; TAB (30);" CV="; CV;

815 PRINT TAB (50);" XV="; XV：PRINT

820 PRINT TAB (10);" P （％)"; TAB (20);" FAIPI";

825 PRINT TAB (31);" FAIPI * CV+1"; TAB (43);" XP=KP * XV"

830 PRINT TAB (10);" ———————————————————

————————————————————"

835 FOR I = 1 TO 13

840 A = F (I) * CV+1：　C = A * XV

845 PRINT TAB (9); P (I); TAB (20);

850 PRINT F (I)；TAB (32)；INT (A * 1000+.5)/1000;

860 PRINT TAB (44)；INT (C+.5)：NEXT I

870 PRINT：RETURN

3.9.5　程序应用举例

【例 3.12】　根据【例 3.11】的资料，用程序进行相关分析和频率分析计算，求上诠站 $P= 98\%$时的年径流量。

【解】

（1）计算相关系数，列出回归方程，展延短系列，展延成果见表 3.12，展延计算结果如下。

M=23　　　　　　N=14

XV=882.36　　　YV=1064.36

R=.974

X=.829Y+（-.142）

展延成果表　　　　　　　　　　　　　　　　　　表 3.12

M	Y (I)	X (I)
15	1298	(1076)
16	1013	(840)
17	1031	(855)

续表

M	Y (I)	X (I)
18	1267	(1050)
19	990	(821)
20	1312	(1088)
21	782	(648)
22	779	(646)
23	1168	(968)

可见，本例求得的回归方程与【例3.10】的有所不同，这是由不同的精度要求造成的。

（2）将展延后的系列进行排队，计算经验频率、均值、变差系数。计算结果见表3.13。

频率计算表   表3.13

M	X (I)	X (I) －XV	(X (I) －XV)^2	P（%）
1	1140	255.43	65244.48	4.2
2	1131	246.43	60727.74	8.3
3	1098	213.43	45552.36	12.5
4	1088	203.43	41383.76	16.7
5	1076	191.43	36645.44	20.8
6	1050	165.43	27367.08	25
7	1004	119.43	14263.52	29.2
8	968	83.43	6960.56	33.3
9	930	45.43	2063.88	37.5
10	922	37.43	1401.00	41.7
11	870	－14.57	212.29	45.8
12	855	－29.57	874.39	50
13	840	－44.57	198649	54.2
14	827	－57.57	3314.31	58.3
15	823	－61.57	3790.87	62.5
16	821	－63.57	4041.15	66.7
17	791	－93.57	8755.349	70.8
18	778	－106.57	11357.17	75
19	773	－111.57	12447.87	79.2
20	649	－225.57	55493.23	83.3
21	648	－236.57	55965.37	87.5
22	646	－238.57	56915.65	91.7
23	617	－267.57	71593.71	95.8
SUM	20345	－.11	588357.7	
	CV=.185		XV=885	

（3）调整均值、变差系数、偏态系数，计算理论频率曲线纵坐标（表 3.14），绘制理论频率曲线（图 3.22），计算结果如下。

理论频率曲线纵坐标计算结果　　　　　　　　表 3.14

P（%）	FAIPI	FAIPI＊CV＋1	KP＊XV
.01	4.61	1.922	1711
.1	3.66	1.732	1541
1	2.61	1.522	1355
5	1.75	1.35	1202
10	1.32	1.264	1125
25	.63	1.126	1002
50	−.07	.986	878
75	−.71	.858	764
90	−1.23	.754	671
95	−1.52	.696	619
97	−1.7	.66	587
99	−2.03	.594	529
99.9	−254	.492	438

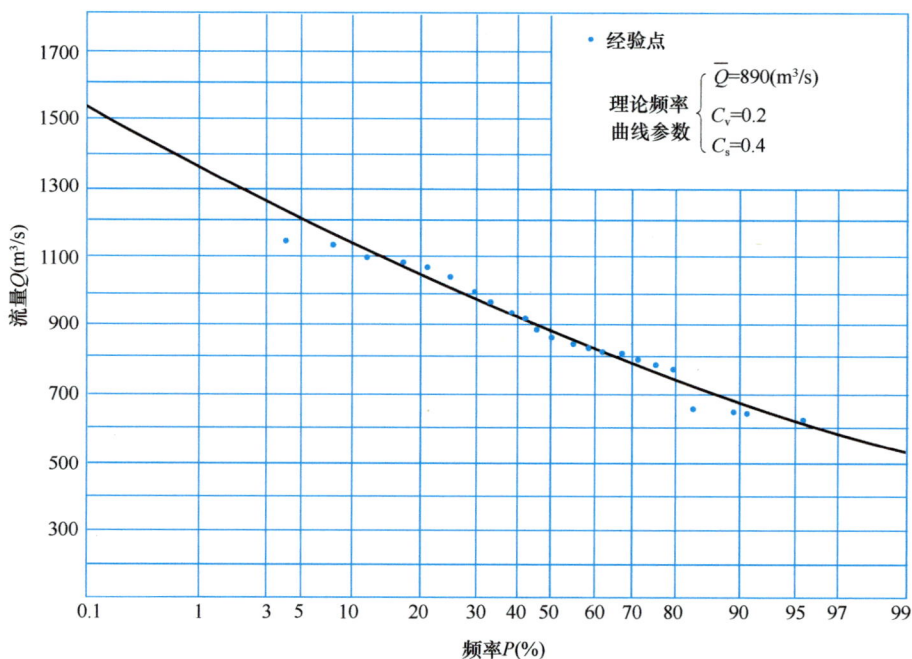

图 3.22　上诠站年径流频率曲线

$$CS=.4 \qquad CV=.2 \qquad XV=890$$

（4）求设计频率的水文特征值

$$P=98\% \qquad X_P=558\text{m}^3/\text{s}$$

利用本程序对含特大洪水的系列进行分析计算的内容可参见【例 4.6】。

复 习 思 考 题

3.1 水文计算为什么要采用数理统计法？

3.2 频率、概率和累积频率有什么区别？扼要说明累积频率的基本特性。

3.3 什么叫重现期？它和物理学中的周期有何区别？

3.4 累积频率与设计频率有何区别？

3.5 简述经验适线法的操作步骤。

3.6 试述计算经验频率曲线及理论频率曲线的意义。

3.7 设有系列：1，2，3，4，5，6，20，试求此系列的统计参数。

3.8 有 A，B 两系列，A 系列平均数为 $\overline{x}_A$，偏态系数 C_{sA}，对应的累积频率为 P_A；B 系列平均数为 $\overline{x}_B$，偏态系数为 C_{sB}，B 对应的累积频率为 P_B。若 $C_{sA} > C_{sB}$，试分析 P_A 与 P_B 哪个大（扼要说明原因）？

3.9 已知统计参数 $\overline{Q} = 1000 \text{m}^3/\text{s}$，$C_v = 0.5$，$C_s = 2C_v$，试绘制理论频率曲线，并确定 $P = 1\%$ 时的设计流量 $Q_{1\%}$。

3.10 若 $\overline{Q} = 1000 \text{m}^3/\text{s}$，$C_v = 0.5$，$C_s = 4C_v$，试比较本题理论频率曲线与题 3.9 曲线的差异，并求 $Q_{1\%}$ 值。

3.11 已知两系列的统计参数：$C_{v1} = C_{v2} = 1$，$C_{s1} = C_{s2} = 2C_v$，$\overline{x}_1 = 1000 \text{m}^3/\text{s}$，$\overline{x}_2 = 4000 \text{m}^3/\text{s}$，两系列 $P = 1\%$ 时的设计流量 $Q_{1\%}$ 有何关系？

3.12 如图 3.23 所示，黑点为经验频率点据，实线为理论频率曲线。适线时，欲使理论频率曲线更靠近经验频率点据，应调整什么参数？增大还是减小？

3.13 已收集到某取水建筑物附近的洪水流量资料见表 3.15，试用频率分析综合程序推求百年一遇的洪水流量 Q_P。

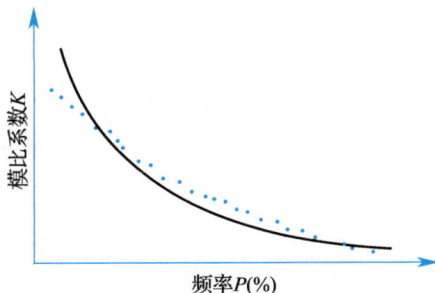

图 3.23

洪水流量资料 表 3.15

记录年份	1936	1937	1938	1939	1940	1941	1942	1943	1944	1945
Q (m³/s)	570	503	313	485	460	592	460	215	333	411
记录年份	1946	1947	1948	1949	1950	1951	1952	1953	1954	1955
Q (m³/s)	263	460	342	274	496	399	273	306	346	463

3.14 均方差与标准误差有何区别？

3.15 说明总体与样本的区别和联系？

3.16 变量间的相关关系有哪几种，为什么要进行相关分析？

3.17 相关分析应满足哪些条件？长短系列分别用什么变量表示（变量为 x，y）？

3.18 说明下列符号的含义：s；s_x；s_y；s_s；s_{C_v}；s_{C_s}；s_r。

第4章　年径流及洪、枯径流

4.1　概　　述

河川径流在时间上的变化过程有一个以年为循环的特性，这样，我们就可以年为单位去分析和研究径流的变化规律，并预估未来的变化趋势。一年内通过河流某一断面的水量，称为该断面以上流域的年径流量，它可以用年平均流量 Q 表示，也可以用年径流深 R、年径流模数 M 或年径流总量 W 表示。

在水文计算中，年径流通常是按水文年度重新统计的。一年时间由于起讫时间的不同，分为日历年和水文年两种。日历年可直接引用整编刊布的水文资料；水文年是根据水库调节计算的需要来确定的，一般以水库供水期末所在月的月末作为划分一年的分界点（图4.24）。

年径流量的多年平均值叫做多年平均径流量，它表明了河流在天然情况下所蕴藏的水资源数量，是开发河流水利资源的重要依据。由前述2.4节可知，闭合流域内的多年平均径流量的大小完全取决于降水和蒸散发这两大气候因素，而下垫面诸因素是通过其对降水和蒸散发的影响而间接影响多年平均径流量的，但其中的大型水利化措施直接影响径流的变化过程，应特别给予关注。

年径流量是由洪水期和枯水期的水量所组成，这种季节性的径流量的交替变化称为年内变化或年内分配。由于每年的洪水期和枯水期的起讫时间不同、历时不同、流量大小不同，每年的年内分配也就不同。另外，年径流量的逐年变化也很大，最大的与最小的年平均流量之比可达几倍或十几倍，这都是由于年内和年际不均匀的降水造成的。这些年径流量的变化情势往往与工农业的用水需求很不一致，要根据年径流的变化规律以确定合理的取水方式，如需修建水库闸坝进行径流调节时，就要分析径流的年际变化和年内分配，以便解决年径流的变化和取水量需求之间的矛盾。

我国大部分河流的洪水发生在夏秋两季，主要由流域内的暴雨所造成，而枯水则出现在干旱少雨的冬春季节，枯水径流主要靠流域内的地下水补给。取水工程中的河床式或岸边式取水构筑物的顶部高程，取决于设计洪水位的高低，而进水口的最低位置和集水井的底部标高则由设计枯水位决定；排入河流的最大排污量则要依据河流的设计枯水流量来计算确定。

本章将主要讨论径流量的年际变化和年内分配、设计洪、枯水流量（水位）的计算等问题。

4.2　设计年径流量

给水工程规划设计，需了解河川径流在过去多年的年际变化和年内分配，据此预估取水构筑物在运行期间可能遇到的径流情势。而作为规划设计的依据，则需求径流年际变化中相应于某一设计频率的年、月径流量，这也称为设计年径流计算。主要内容包括：年径流变化特点及分析方法、设计年径流量及其年内分配的计算等。

4.2.1 年径流变化特点和分析方法

河川逐年的年径流量的数值各不相同，且相邻年份的年径流量之间，也不存在密切的关系，这是通过对许多河流相邻各年的年径流量求其相关系数与标准误差而得出的结论。如把年平均流量接近于多年平均流量的年份称作平水年，年平均流量较大的年份称作丰水年，而较小的年份称作枯水年，则同一河流丰水年的径流量可达平水年的 2～3 倍，枯水年的径流量有时仅为平水年的 10%～20%。说明年径流的年际变化带有明显的随机性。可以运用前一章介绍的数理统计法，寻求年径流量在一定年限的实测资料中所呈现出的统计规律，一般都采用年径流量频率曲线来预估径流年际变化的特征。由于设计断面所具备的径流连续观测资料的年限长短不一，年径流量的推求方法也不一样，现分述如下。

4.2.2 具有长期实测资料时设计年径流量的推算

具有 30 年以上连续实测年径流资料者可视为具有长期实测年径流资料，其设计年径流量的计算可分为三个步骤，即资料审查、频率计算和成果合理性分析。

（1）径流资料的审查

1）审查资料的可靠性。除前面 3.1.4 节所述外，还可以通过上、下游测站资料的对照或运用水量平衡法来复核各水文要素间的数量关系以审查资料的可靠性。如在 1965 年复查湖南资水柘溪电站的技术设计时，发现上、下游的水量不平衡，是由于浮标流速分布图偏大所造成的，经过实际调查，并重绘浮标流速分布图和水位流量关系曲线而予以改正。

2）审查资料的一致性。所谓年径流资料系列的一致性，是指组成系列的每年资料具有同一的成因条件。在影响径流的诸多因素中，人类的经济活动，特别是水利化措施的作用迅速而巨大，破坏了径流形成的一致性条件。如漳河岳城水库以上流域，1958 年以前属天然状态，1958 年后兴建了大量的中小型水库，1965 年以后又在干流上兴建了大型引水工程，致使实测年径流量有减小趋势，这反映在岳城水库的汛期降水量与年径流量的关系上明显地呈三条曲线，说明径流资料成因前后很不一致。对于物理成因明显不一致的系列，就不能直接应用数理统计方法进行频率分析，必须对其进行一致性修正后才可进行，一般将年径流资料修正到流域被大规模治理前的接近天然状态的水平，这项修正工作称为还原计算。

还原计算的主要工作是确定还原水量 $W_{还原}$，据此来修正实测年径流量 $W_{实测}$ 而得到天然年径流量 $W_{天然}$

$$W_{天然} = W_{实测} + W_{还原} \tag{4.1}$$

还原水量一般包括农业灌溉用水量 $W_农$，工业用水量 $W_工$，城镇用水量 $W_城$，水库蓄水量的年变化值 $\Delta W_库$（蓄水量增加为正，蓄水量减少为负），水库损失水量 $W_损$，跨流域引水量 $W_引$（引入本流域为负，引出为正）等，应根据设计断面的实际情况将上述各项组合成还原水量

$$W_{还原} = W_农 + W_工 + W_城 \pm \Delta W_库 + W_损 \pm W_引 \tag{4.2}$$

3）审查资料的代表性。应用频率分析预估年径流的未来变化趋势的基本出发点是：n 年实测年径流系列和未来工程运行 l 年的年径流系列分别是总体的样本。从以往 n 年实测年径流系列求得样本分布 $F_n(x)$（即频率曲线），以推求总体分布 $F(x)$，并用它来预估未来 l 年的年径流分布 $F_l(x)$，这样做必然存在着一定的抽样误差。所谓资料的代表性是指现有 n 年实测资料组成的特定样本系列和总体接近的程度，它取决于抽样误差的大小。由于水文系列的总体是不可能取得的，若仅有一个 n 年的样本系列，也无法检验其自身的代表性，通常只能通过与邻近相似流域较长期系列作比较来间接衡量。通过流域分析，取一个与 n 年设计系列相邻近的、并在自然地理条件上相似的 N 年长系列作为参证系列，从分析长系列的代表性优劣，间接地引证设计系列的代表性状况。

假设设计站具有 1960 年～1980 年共 21 年设计径流系列，又选取邻近流域某参证站，该站具有 1930 年～1980 年共 51 年参证径流系列。然后计算参证站这 51 年长系列的统计参数——均值和变差系数，再计算参证站 1960 年～1980 年左右各时段短系列的统计参数，如 1960 年～1980 年，1955 年～1975 年，1965 年～1985 年等，比较哪一时段的参数值与 51 年长系列的参数值最为接近，则认为参证站这一时段的代表性较好，因而设计站这一时段的代表性也较好，可以采用它进行频率分析。譬如检验结果是参证站 1960 年～1980 年的代表性较好，则设计站的这段系列的代表性就得到了确认。但如果检验结果是参证站 1955 年～1975 年这段系列的代表性较好，而同期的设计站又没有 1955 年～1959 年这 5 年的实测资料，则应将缺测年份的资料根据参证站资料插补出来，然后按 1955 年～1975 年的设计系列进行频率分析。

显然，用上述方法检验径流系列的代表性，包括以下两个假定：1）参证站长系列比短系列的代表性好，可用长系列为基础来检验短系列的代表性；2）气候相同的区域内，参证站与设计站年径流的时序变化具有同步性（同枯或同丰），可把参证站的代表期直接移用于设计站。

（2）频率计算

资料经审查符合要求后，便可据此作频率计算。首先计算年径流量的三个统计参数（$\bar{x}$、C_v 和 C_s），然后绘制年径流量频率曲线，从该曲线上求出符合设计频率的各种设计年径流量。具体方法见第 3 章。需要指出的是，在进行年径流频率计算时，年径流系列通常是用水文年度进行计算的。

（3）成果合理性分析

成果的合理性分析，主要是对多年平均年径流量、年径流变差系数 C_v 和偏态系数 C_s 进行合理性评价，一般借助于水量平衡原理和地理分布规律来进行。

因为主要影响年径流的气候因素具有地理分布规律性，所以多年平均年径流量和年径流量的 C_v 也具有地理分布规律性，可通过如下节所介绍的各地的多年平均年径流深等值线图、年径流变差系数 C_v 等值线图来检查其是否符合这种地理分布规律。还可通过上、下游站的水量是否平衡来检查多年平均年径流量的合理性。还应注意到年径流变差系数 C_v 随着流域面积的增大，湖、库的增多，地下水补给量的增大而有减小的趋势。目前对年径流量偏态系数 C_s 的研究还很不够，但 C_s/C_v 值在地理上有一定的分区性，可作为检查 C_s 是否合理的依据。

现在，各省、区、地、市大都编制了本地的水文手册，这给资料审查、成果合理性分析带来很大方便。

4.2.3 资料不足情况下设计年径流量的推算

实际工作中，往往需要推求实测资料不足的某些断面的设计年径流量。如在较小流域上兴建给水工程，设计断面处或邻近水文站仅有短短数年或十数年的观测资料，这种情况也可出现在某些大、中流域上，此时如根据现有资料推算，误差可能大大超过容许范围，因此必须插补、展延设计断面的年径流系列。参证站的选择，可以是在设计断面同一条河流的上下游，也可在邻近流域，但都必须严格注意它们之间在形成径流的各项自然地理因素方面，尤其在气候因素方面十分相似。目前一般多用流量或降雨量资料展延。资料插补、展延以后，设计年径流量的计算与具有长期实测资料时的计算方法完全相同。

（1）利用径流资料展延系列

1）利用年径流量之间的关系来展延，即直接找出设计站与参证站相同年份流量之间的关系，实际工作中多用年径流模数 M 或年径流深度 R 进行相关分析，一般先进行图解分析，点绘相关图，目估定出平均关系线。如果点据相当分散，可采用相关计算以确定其回归方程式（见例 4.1），求出设计站径流展延后的 N 年展延系列，再进行频率分析。

2）当缺少整年的实测资料，或实测年数很短，在绘制年径流相关图时，缺乏足够点据而难以定线，此时可考虑利用月径流量之间的关系来展延系列。点绘月径流模数相关图时还可把少数年径流量的点据绘在图上作定线时的参考。如月径流模数成直线相关，可直接用来插补年径流量。

必须说明的是，由于时间较短，受当地自然地理因素的影响较大，月径流相关比年径流相关的点据散乱，对此必须分析造成这种情况的原因。此时可根据资料情况考虑建立季径流相关，随着时段的增长，关系往往有所改善（见例 4.2）。

【例 4.1】 甲河 A 站有 23 年实测的年平均流量记录，为进行频率分析而展延系列，考虑利用邻近流域的乙河 B 站。B 站有 30 年的不连续实测记录。两河相距不远（河口相距约 50km），流域地理位置相近，两者的自然地理条件与气候条件都很相似，径流变化趋势也比较一致，由乙河 B 站展延甲河 A 站，从成因分析上看是合理的。现将两者的年平均流量列入表 4.1。经点绘在坐标纸上观察，两者有直线相关趋势，因点据较为分散，目估划线误差较大，按前述的相关计算求其回归方程式为：$y=0.49x+3.5$，流域简图与相关成果均参看图 4.1。

甲河（A 站）与乙河（B 站）年平均流量一览表　　　　　　　　　表 4.1

年　份		1941	1942	1943	1944	45～46	1947	1948	1949	1950	1951	1952
流量 (m³/s)	甲河										16.0	22.5
	乙河	11.2	16.2	19.9	21.7	—	18.4	18.0	—	15.4	22.7	33.6
年　份		1953	1954	1955	1956	1957	1958	1959	1960	1961	1962	1963
流量 (m³/s)	甲河	10.8	18.5	15.4	18.0	13.1	18.7	8.8	10.5	16.3	13.8	16.2
	乙河	16.3	20.5	29.1	26.5	21.8	35.6	15.7	13.1	28.3	17.2	24.8
年　份		1964	1965	1966	1967	1968	1969	1970	1971	1972	1973	—
流量 (m³/s)	甲河	23.4	11.0	10.7	12.8	13.5	7.7	12.9	8.9	10.1	10.2	—
	乙河	38.3	15.5	12.3	21.7	25.8	10.3	15.7	15.0	13.5	16.4	—

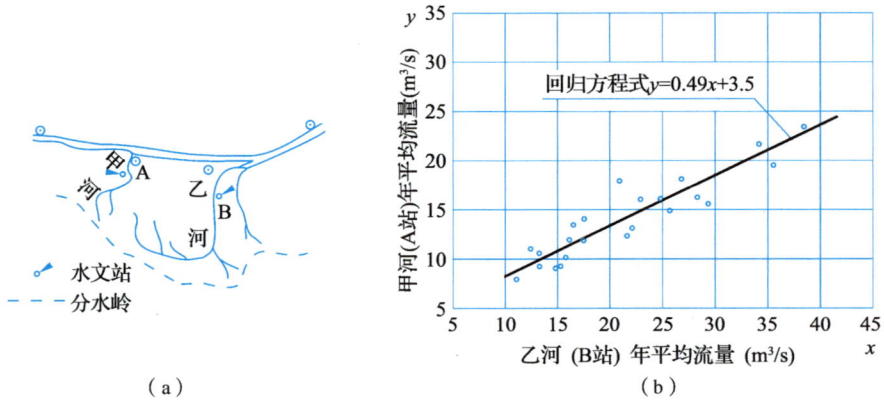

图 4.1　年平均流量相关分析图

（a）流域示意图；（b）A、B 两站相关图

【**例 4.2**】　汉江的郧县与襄阳两站作资料插补时，同步资料年限较少，后改用分季分月相关，则相关点据即可加多，能使分析定线更加合理。因汉江洪水有夏季与秋季之分，秋季洪水上游降雨较大，而夏季洪水上、下游都比较均匀，分散定线就可以考虑到这种因素，洪水期相关线分为 7 月～8 月与 9 月～10 月两根线，点据比较集中，从图 4.2 可以看出，由 9 月～10 月相关线求得的郧县月径流偏大，这是符合实际情况的。

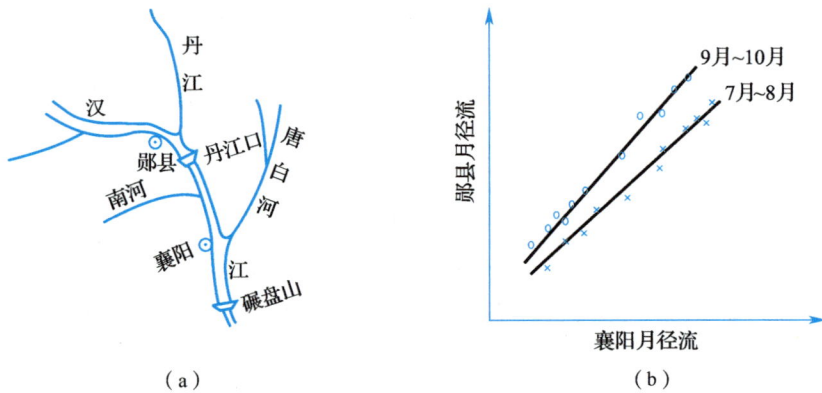

图 4.2　月径流相关分析示意图

（a）流域形势图；（b）相关曲线图

（2）利用降水资料展延径流系列

降水量的记载往往较径流资料为长，当缺乏具有长期资料的参证站时，可考虑利用降雨与径流建立相关关系以展延径流系列。

在气候湿润雨量丰沛地区，如我国长江流域及其以南各省，年径流量与年降水量之间关系密切。我国南方某河某站多年平均降水量在 1500mm 左右，多年平均径流系数在 0.5以上，年降雨径流关系如图 4.3 所示。因此，一般可用年降雨量作为参证变量展延年径流系列。至于在干燥少雨地区，气候干旱，降雨大部分消耗于蒸散发，年径流系数甚低，降雨径流关系并不密切。图 4.4 表示北方地区某河某站年降雨径流相关关系。由图可见，多年平均径流系数在 0.05 以下，许多点据距平均直线 AB 的离差很大。如考虑以各年汛期降雨量占全年降雨量的比例作参数（写在点据旁的数字即是），对不同参数值分别定出平均线（图 4.4 中的两根实线），改进了相关的成果。这是因为考虑了降水的年内分配，也间接地考虑了蒸散发作用的结果。

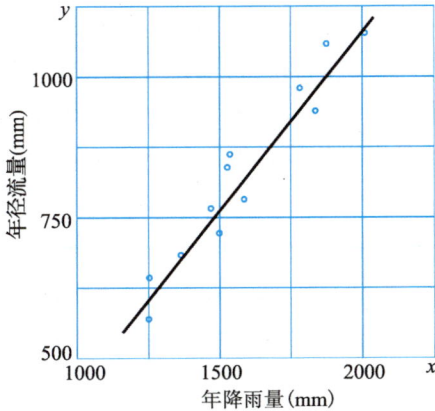

图 4.3　南方地区某河某站
年降雨径流相关图

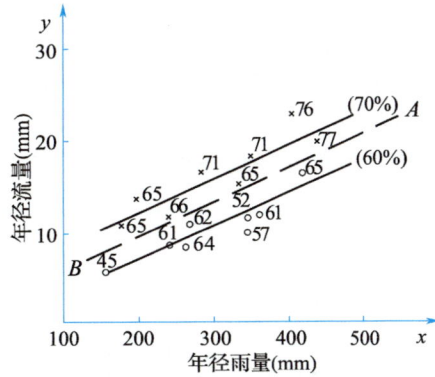

图 4.4　北方地区某河某站年
降雨径流相关图

利用降雨资料展延系列时，被选作参证站的雨量站点，必须能够代表流域平均情况，在面积较大的流域内，如有几个雨量站点，则应求出流域的平均降雨量。若本流域降雨资料不长，也可借用邻近相似流域的降雨资料，先延长本流域的降雨系列，再通过降雨径流关系展延径流系列。

应用降雨径流关系展延时，视资料的长短也可考虑采用季、月等较短时段建立相关，以增加点据数目。但必须注意月降雨与月径流相关点据往往较为散乱，这是由于降雨与相应的径流在产生的时间上不完全一致，径流比降雨略有滞后之故。考虑到这种差别，不机械地按照相同的日历时间划分各月的降雨与径流，则可以改善两者之间的关系。

4.2.4　缺乏实测资料时设计年径流量的推算

在小流域及部分中等流域的年径流计算中，经常遇到缺乏实测径流资料或实测径流系列太短而无法用相关法展延的情况，这时，设计年径流的计算只能通过间接途径解决。常用的方法有等值线图法和水文比拟法，以求得年径流量的均值 $\bar{x}$、变差系数 C_v 和偏态系数 C_s，即可通过年径流量的频率曲线或公式（3.29），求得指定频率的设计年径流量。

（1）参数等值线图法

把数值相同的点连接起来的线叫做等值线。水文特征值的等值线绘制在地图上，表示了水文特征值的地理分布规律。闭合流域年径流的主要影响因素是降水和蒸散发，由于降水量和蒸散发量都具有地理分布规律，所以年径流量也具有这一规律，它的统计参数如多年平均年径流量、变差系数 C_v 值等都可以绘制成参数等值线图。由于流域面积不是分区性因素，为了消除这一影响，多年平均年径流量等值线图都以年径流深度 R（mm）或年径流模数 M（L/(s·km²)）为计量单位。

河川任一断面的径流量是由断面以上流域各处的径流汇集而成，不是该断面处所产生的数值，而是代表整个流域所产生的数值。所以，不能把多年平均年径流深的数值点绘在该断面处，而应当点绘在多年平均年径流深最接近流域平均值的那一点上。在实际制图时，一般点绘在流域面积的形心处。然后根据各点数值，考虑各站点资料的精度，结合降水、地形条件的分析，勾绘出等值线图，最后加以校核调整。目前，各省（区）编制的水文手册中都提供了本地区的多年平均年径流深或年径流模数等值线图、年径流变差系数等值线图，以备查用。如图 4.5 是湖北省部分地区多年平均年径流深度 R（mm）等值线图，图 4.6 是该地区的年径流量变差系数 C_v 等值线图。

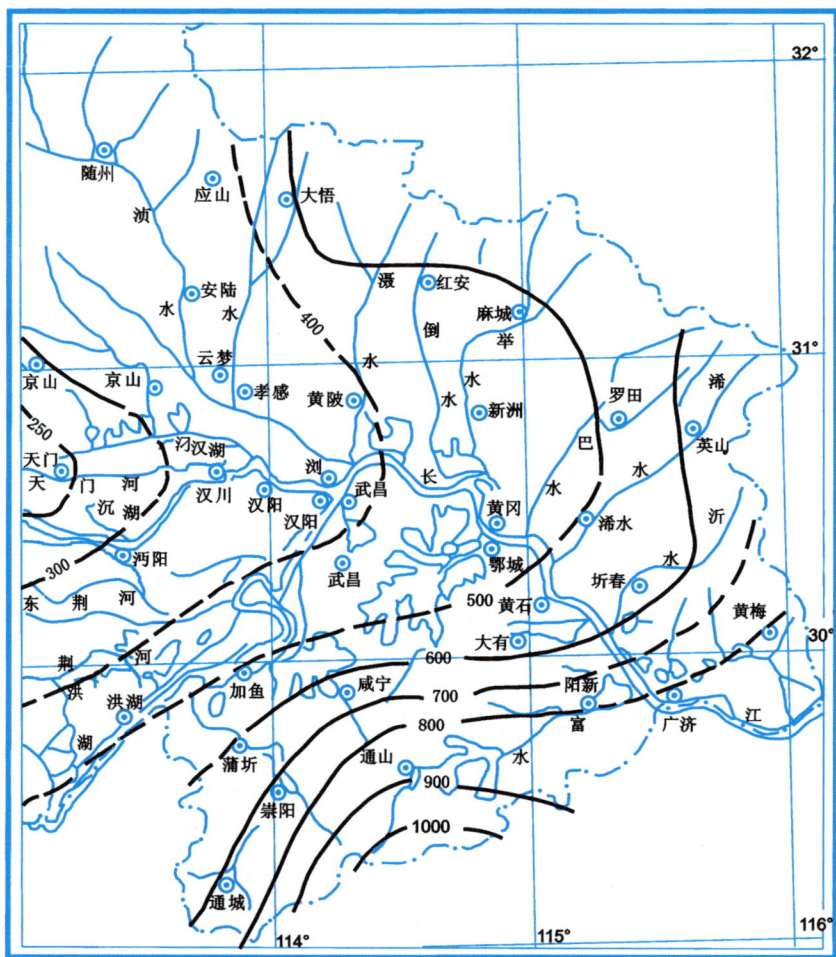

图 4.5　湖北省部分地区多年平均年径流深等值线图（mm）

应用等值线图推求多年平均年径流深时，先在图上勾绘出设计断面以上流域的分水线。若流域面积较小而流域内等值线分布比较均匀时，流域的多年平均年径流深度可根据流域面积形心附近的两条等值线的数值内插求得。若流域面积较大而等值线分布不均匀时，可用面积加权平均法推求多年平均年径流深度 $\bar{R}$（mm）：

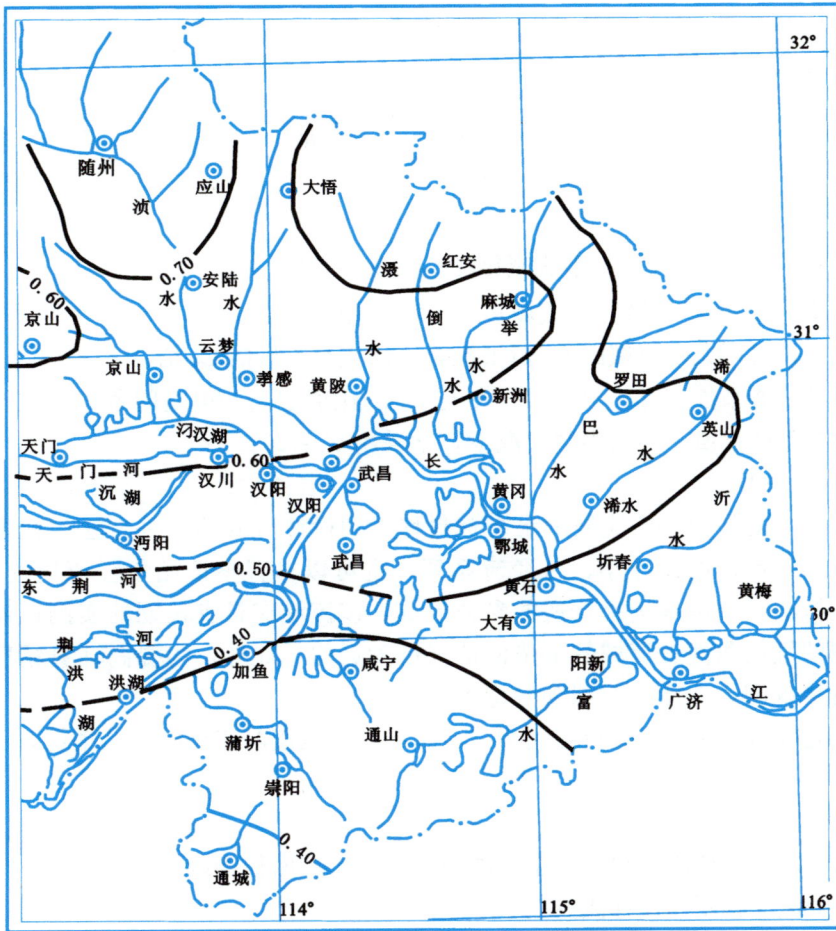

图 4.6 湖北省部分地区年径流量变差系数 C_v 等值线图

$$\bar{R} = \frac{R_1 f_1 + R_2 f_2 + \cdots + R_n f_n}{F} = \frac{\sum R_i f_i}{F} \qquad (4.3)$$

式中 R_i——相邻两等值线数值的算术平均值，mm；

f_i——流域内相邻两等值线之间的面积，km^2；

F——流域面积，km^2，且 $F = \sum f_i$。

对于流域面积小于 $500 km^2$ 的小流域，使用参数等值线图法所得结果的误差可能较大（超过 $10\% \sim 20\%$）。这是因为小流域的资料往往十分缺乏，而绘制等值线图主要根据中等流域的资料。另外，小流域可能不闭合或河槽下切不深，不能全部汇集或较少汇集地下径流。如湖南省曾分析 10 条小河径流站的资料，发现同一条河流中，上游断面的年平均径流系数比下游断面的偏小 13.7%，说明上游断面属于不闭合流域，使用参数等值线图会得出偏大的结果。因此，小流域应用参数等值线图时，一般应进行实地调查，分析论证所用数据是否合理，并考虑其具体条件加以适当修正。

年径流量变差系数 C_v 等值线图的绘制与使用方法，与多年平均年径流深等值线图的相似。但年径流量 C_v 等值线图的精度较低，使用其计算小流域的年径流量 C_v 值时，必须加以修正。

小流域年径流量与大中流域年径流量组成的差异，只在于缺少深层地下水的补给量。若假设它们的均方差相等，即

$$C_{va} = \frac{s}{\overline{R}_a}, \quad C_{vb} = \frac{s}{\overline{R}_b}$$

则

$$C_{vb} = \frac{\overline{R}_a}{\overline{R}_b} C_{va} \qquad (4.4)$$

式中　C_{va}，C_{vb}——大中流域与小流域年径流量变差系数；

$\overline{R}_a$，$\overline{R}_b$——大中流域与小流域多年平均年径流深度。

根据此式，可用大中流域的 C_v 值来推算或修正小流域的 C_v 值。

年径流量偏态系数 C_s 值一般通过 C_s 与 C_v 的比值定出。可查阅各地水文手册上分区给出的 C_s 与 C_v 的比值。在大多数情况下，常采用 $C_s = 2C_v$。

（2）水文比拟法

水文比拟法就是把参证流域的水文资料移置到设计流域的一种方法。根据设计站的需要，可以移置参证站设计年、月径流系列，也可以移置参证站年径流量的统计参数。使用水文比拟法的关键是选择合适的参证流域，该流域应具有长期的实测径流资料，并与设计流域的气候条件、流域的下垫面情况极为近似。此外，为提高估算精度，最好进行径流的直接观测，即使是短期观测也大有益处。

把参证流域的设计径流资料移用于设计流域时，根据两流域的具体情况，有以下几种处理方法。

1）直接移用径流深

当设计流域与参证流域的降雨量基本相等、两流域面积相差不超过 15% 时，可直接将参证流域的径流深移用到设计流域上来。

2）用降雨量修正

当设计流域与参证流域的降雨情况有差别时，就不宜直接移用径流深。一般可假定两流域的径流系数相等（$R_s/P_s = R_c/P_c$），通过年降雨量修正年径流深：

$$R_s = \frac{P_s}{P_c} R_c \qquad (4.5)$$

式中　P_s，R_s——设计流域的年降雨量与年径流深；

P_c，R_c——参证流域的年降雨量与年径流深。

3）移用参证流域的年降雨径流相关图

根据参证流域的降雨和径流资料绘制年降雨径流相关图，并把它移用到设计流域。由设计流域该年的降雨量查图，得设计流域相应年份的年径流深。下节所需的径流年内分配的逐月径流过程，可根据参证流域的月径流，按年径流量的相同比例缩放求得，这种方法是移用参证流域多年的降雨径流关系，可望得到较上述两法更好的成果。

4）移用参证流域的次降雨径流相关图

如资料条件允许，可根据参证流域每次的降雨与径流资料绘制次降雨径流相关图，再移置到设计流域上去。由设计流域的降雨资料查次降雨径流相关图，求出各次降雨所产生的径流深，按月求和，即得设计流域该年的年、月径流量。需指出的是：在枯水期各月径流中，大部分径流量是来自流域蓄水，只有一小部分是由当月降雨所形成，这样求得的枯

水期月径流量误差较大，可改为移用参证流域枯水期径流量与年径流量相关图来推求。

至于 C_v 和 C_s/C_v 值，也可以直接移用参证流域的相应数值，并根据流域特征的不同加以修正。

在较小流域缺乏实测水文资料，参数等值线图又难以应用时，水文比拟法有较大的实用意义。它也可以作为应用参数等值线图法的参考和补充。

4.3　设计年径流量的年内分配

4.3.1　径流的年内分配

由于我国气候受季风影响较大，径流年内分配很不均匀，夏季水丰，冬季水枯，往往不能满足国民经济各部门的用水要求。需要以丰补枯，进行径流调节，这就是研究径流的年内分配问题。如图 4.7 所示，某用水部门全年需水量是不变的（$Q=15\mathrm{m^3/s}$），但冬春季天然径流不能满足要求，需要把夏秋季多余水量储存起来，以补冬春水量之不足。由于径流年内分配的不同（图 4.7（a）与图 4.7（b）），因而所需要的调节容量也不同。图 4.7（b）中枯水径流较小，因此所需补足之水量较多，其调节容量就较大。实际的径流过程并不像图 4.7 所示的那样简单，而要复杂得多。同时需水过程也不会是一个常数，但不论这两个过程如何复杂，当需水过程已定时，所需要的调节容量乃是由径流的年内分配决定的。调节容量由水库或蓄水池供给。在给水工程中，当以水库或蓄水池进行径流调节时，一般根据情况的不同，采用 90%～95% 不同设计频率的年径流量及其最不利的年内分配进行设计，这就是给水水文计算研究年内分配的目的。

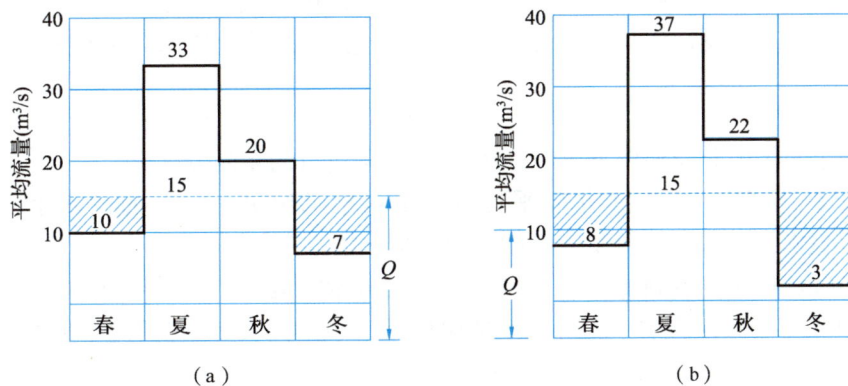

图 4.7　年径流过程与径流调节示意图

(a) 需调节容量 $V_a=1.02\times10^8\mathrm{m^3}$；(b) 需调节容量 $V_b=1.49\times10^8\mathrm{m^3}$

表示径流年内分配有两种方式：一是流量（或水位）过程线，即一年内径流随时间的变化过程。通常以逐月平均流量（或水位）或逐日平均流量（或水位）表示，这是表示径流年内分配的主要形式。二是流量（或水位）历时曲线，是将年内逐日平均流量（或水位）按递减次序排列而成。横坐标常用百分数表示，是表示径流年内分配的特殊形式，这两种曲线的示例如图 4.8 所示。

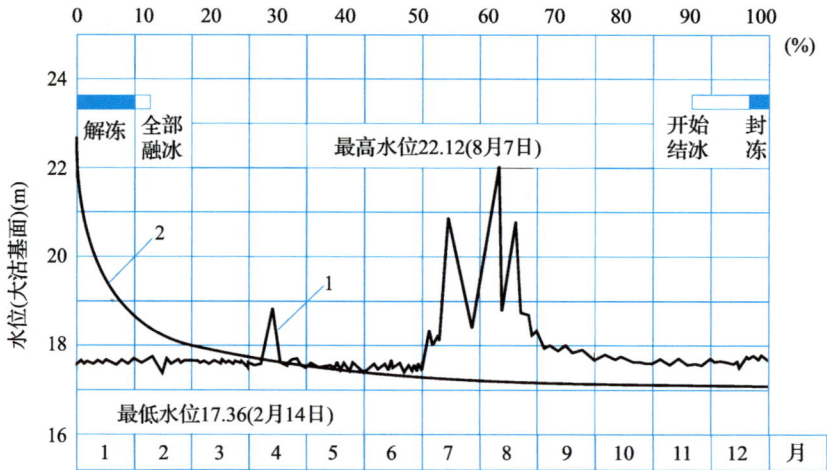

图 4.8　温榆河通州区站 1950 年水位过程线与历时曲线
1—水位过程线；2—水位历时曲线

4.3.2　有长期实测径流资料时设计年径流量年内分配的确定

具有长期实测径流资料时，确定设计年径流量的年内分配，就是推求设计年径流量（或水位）过程线，通常用逐月（或旬、日）平均流量（或水位）表示。

推求设计年径流量的年内分配，是从实测资料中选取某一年的径流年内分配作为模型，设计年径流量年内分配即按此模型计算，称为代表年法。对水力发电工程一般选丰水、平水和枯水三个代表年；对城镇给水工程和农业灌溉工程只选枯水年为代表年。

对于给水工程，应选取与设计枯水年年平均流量相近、枯水期长、枯水流量小的年内分配为代表年，求出设计年径流量 Q_P 与代表年径流量 Q_d 的比值 K，K 称为缩放倍比：

$$K = \frac{Q_P}{Q_d} \tag{4.6}$$

然后把代表年的年内分配乘以 K 值，即得设计年径流量的年内分配。

【例 4.3】　根据某测站 18 年年平均流量资料推求出 $P=90\%$ 的设计年平均流量为 $6.82\text{m}^3/\text{s}$，试求其以月平均流量表示的年内分配（按水文年）。

【解】　（1）在实测资料中选出与设计年平均流量相近的 1959 年～1960 年、1964 年～1965 年、1971 年～1972 年作为代表年选择的对象（见表 4.2），它们的年平均流量分别为 $7.77\text{m}^3/\text{s}$、$7.87\text{m}^3/\text{s}$ 和 $7.24\text{m}^3/\text{s}$。

某站实测历年逐月平均流量摘录（m^3/s）　　　　表 4.2

月 年度	3	4	5	6	7	8	9	10	11	12	1	2	年平均流量
⋮	⋮												
1959～1960	7.25	8.69	16.3	26.1	7.15	7.50	6.81	1.86	2.67	2.73	4.20	2.03	7.77
⋮	⋮												
1964～1965	9.91	12.5	12.9	34.6	6.90	5.55	2.00	3.27	1.62	1.17	0.99	3.06	7.87
⋮	⋮												
1971～1972	5.08	6.10	24.3	22.8	3.40	3.45	4.92	2.79	1.76	1.30	2.23	8.76	7.24
⋮	⋮												

（2）对三个年份进行分析比较后，认为 1964 年～1965 年选为代表年比较合适，其理由为：

1）虽然三个年份的年平均流量都与设计年径流量比较接近，但 1964 年～1965 年度的径流年内分配更不均匀，六月份的月平均流量达 $34.6\mathrm{m^3/s}$，而一月份只有 $0.99\mathrm{m^3/s}$，这种年内分配与用水矛盾更为突出。

2）三个年份中，各月平均流量小于年平均流量之半的分别为 4 个月、6 个月、6 个月，说明 1964 年～1965 年的枯水期较长。

3）1964 年～1965 年的枯水期是连续 6 个月，且水量小，而 1971 年～1972 年的枯水期不连续，且来水量比较大。

（3）计算缩放倍比 K

$$K = \frac{6.82}{7.87} = 0.867$$

（4）将代表年的各月平均流量乘以 K，即得设计年内各月的平均流量，计算结果列于表 4.3。

设计枯水年径流年内分配计算（$\mathrm{m^3/s}$）　　　　表 4.3

项目＼月	3	4	5	6	7	8	9	10	11	12	1	2	年平均流量
代表年	9.91	12.5	12.9	34.6	6.90	5.55	2.00	3.27	1.62	1.17	0.99	3.06	7.87
设计年	8.59	10.84	11.18	30.00	5.98	4.81	1.73	2.84	1.40	1.01	0.86	2.65	6.82

当所选择的几个代表年不太容易确定哪个更合适时，可通过径流调节，把缺水量最大的年份选作代表年。

设计年径流量年内分配除采用代表年法外，还有其他方法，此处不再赘述。

4.3.3 缺乏实测径流资料时设计年径流量年内分配的确定

缺乏实测资料时，设计年径流量年内分配的确定，一般采用水文比拟法，即选择影响径流年内分配条件相似且有长期实测径流资料的流域作参证流域，然后将参证流域相应的年内分配比例直接移用到本流域，用来推求本站设计年径流量的年内分配，或经实地调查予以修正后再使用。

此外，各省区水文手册中也有按自然地理情况进行分区的，对每一分区选定有实测资料的某河流作为分区典型，将该河流的径流年内分配形式作为本分区无实测径流资料河流的分配形式。

4.3.4 日流量（或水位）历时曲线的绘制和应用

如前所述，年径流量的年内分配除了用日（或旬、月）流量（或水位）过程线表示外，还可以用流量（或水位）历时曲线表示。流量过程线表示年内径流量随时间的变化过程，而历时曲线表示年内大于或等于某个值的径流量出现时间占全年的百分比。它确定等于或大于某个值的径流量在一年内出现的天数。

日流量（或水位）历时曲线的绘制步骤如下：

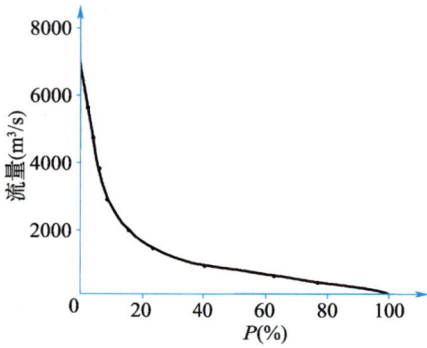

图 4.9　某站日流量历时曲线

（1）将代表枯水年的日平均流量按递减顺序排列，分组统计各组流量出现的天数，以及大于等于各组下限流量的累计天数。

（2）计算大于等于各组下限流量的累计天数占全年天数的百分比（也称保证率）。

（3）以纵坐标表示流量（或水位），以横坐标表示百分比，将各组下限流量值及相应的百分比点绘于坐标中，过点群中心画一条曲线，这就是流量（或水位）历时曲线（图 4.9）。

【例 4.4】　某站 $P=90\%$ 的枯水年日流量经整理列入表 4.4，试求保证率为 90% 的日流量值。

【解】　（1）将各组流量出现的天数、$Q\geqslant Q_i$ 的累计天数、相应的百分比列于表 4.4 中。

某站 $P=90\%$ 枯水年日流量历史曲线计算用表　　表 4.4

流量分组 （m³/s）	历时（d）		$P_T=\dfrac{\sum t}{365}\times100\%$
	t	$\sum t$	
8000～7500	3	3	0.8
7500～6000	3	6	1.6
6000～5000	6	12	3.2
5000～4000	12	24	6.5
4000～3000	9	33	8.0
3000～2000	22	55	15.1
2000～1500	25	80	22.0
1500～1000	64	144	39.5
1000～500	125	269	73.7
500～240	96	365	100

（2）绘制流量历时曲线。

（3）在横坐标上保证率为 90% 处作垂线，垂线与曲线交点处的纵坐标即为所求，此例 $Q\approx400$（m³/s）。

4.4　设计洪水流量和水位

4.4.1　洪水及设计洪水

流域内的暴雨或大面积的降雨产生的大量地面水流，在短期内汇入河槽，使河中流量骤增，水位猛涨，河槽水流呈波状下泄，这种径流称为洪水。我国北方河流在春季迅速融雪，或冰凌阻塞河槽形成冰坝而溃决，也能产生洪水。由水文测站测得的洪水过程如图 4.10 所示。

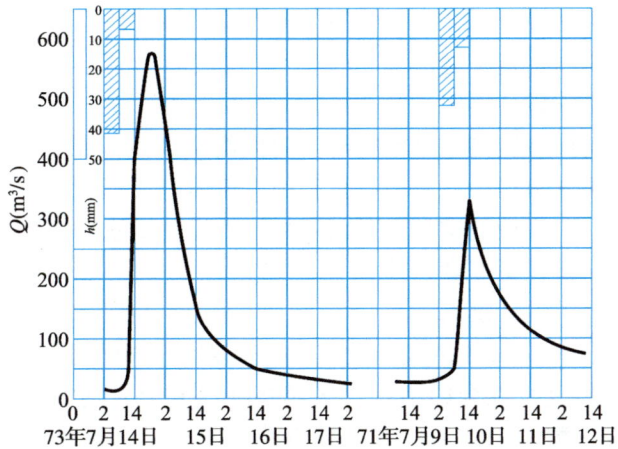

图 4.10 坛同（73.7）站、盐渠（71.7）站一次洪水过程线

在图 4.11 中，洪水在 A 点起涨，流量增加较快，直到出现最大值（B 点），然后流量较缓慢减少，直到水流落平（C 点），于是一次洪水结束。一次洪水的流量最大值称为洪峰流量（Q_m）；一次洪水总历时（T）是涨水历时（t_1）和退水历时（t_2）之和；一次洪水的过程由 ABC 曲线表示，称为洪水过程线（Q-t）；ABC 曲线与 A，C 两点之间的时间横轴所包围的面积是一次洪水的总水量，称为洪水总量（W_T）。洪峰流量、洪水过程线和洪水总量，通常称为洪水三要素。

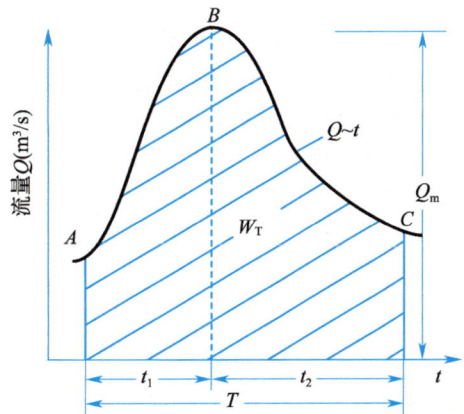

图 4.11 一次洪水过程示意图

当河流发生较大洪水时，如果河槽泄洪能力不够，洪水溢出两岸，甚至溃堤决口，泛滥成灾，视为洪灾。在平原河流下游或湖泊的沿岸，常有许多低洼地区，如该地区降雨过多，河湖水位高涨，使低洼地区排水不畅，造成地面积水，淹没庄稼而歉收，视为涝灾。为防止和减小洪涝灾害，需要修建各种水利工程以控制洪水。这些水利工程的规模、组成和它们本身的安全，则要取决于在未来运行期间可能遇到的洪水情势，但限于科技发展水平，目前尚难以准确给出未来若干年内确定的洪水情势。凡按 4.4.2 节所述方法确定的洪水特征值（洪峰流量、不同时段的洪水总量），并根据这些特征值拟定的一次洪水过程线和洪水的地区组成等，都叫做"设计洪水"。对于有防洪、发电和灌溉等综合功能的大、中型水库，这些设计洪水的内容都是必不可少的。但市政工程中一般的取水工程和防洪工程的设计洪水，通常只计算洪峰流量（或洪水位）就可以满足设计的要求，因为岸边式或河床式取水构筑物的顶部高程、城市排洪管渠的尺寸、流经城镇江河的堤防高程，均取决于洪峰流量的大小或洪水位的高低。

4.4.2 推求设计洪水的方法

按设计流域收集到的资料情况分为以下四种。

（1）由流量资料推求设计洪水

当洪水流量资料系列较长时（$n \geqslant 30a$），最好能再进行历史洪水的调查考证，就可以直接用频率分析方法求得设计洪水，如资料系列较短（$n<15a$），经插补展延后也可应用频率分析法。本节主要讨论这一方法。

（2）由暴雨资料推求设计洪水

当无实测洪水资料而有实测雨量资料时（对面雨量或点雨量资料系列 $n \geqslant 30a$），可通过雨量资料的频率分析先求得设计暴雨，再利用本流域产流汇流方案由设计暴雨推求设计洪水。本书不讨论大、中流域的这种由暴雨资料推求设计洪水的方法，而小流域由暴雨资料推求洪峰流量的方法将在第6章讲述。

（3）由经验公式推求设计洪水

当缺乏实测雨量资料时可使用经验公式法。本方法是对气候及下垫面因素相似地区实测和调查的洪水资料进行综合归纳，直接建立洪峰流量或洪水总量与各有关影响因素之间的相关关系，并以数学公式表示的一种方法。它不是从洪水成因方面研究和推导公式的，所以称为经验公式，供设计地区无资料的中、小流域估算设计洪水之用，参看6.5节。

（4）由水文气象资料推求设计洪水

通过对设计流域及附近地区的暴雨气象成因分析和洪水分析，选定或建立适合当地暴雨特性的暴雨模式；分析影响暴雨的主要气象因子（水汽、动力等）及其组合，作为放大指标，将暴雨模式进行放大（极大化），从而求出可能最大降水（PMP）；经过流域的产流、汇流计算，最后求得可能最大洪水（PMF）。可能最大洪水也是一种设计洪水，我国在设计标准《水电枢纽工程等级划分及设计安全标准》DL 5180—2003 中将它列为重要水库的非常运用洪水标准（校核标准），参看5.5节。

4.4.3　设计洪水标准

在计算设计洪水之前，必须先确定工程建筑物的防洪设计标准，这是一个非常重要的设计指标，如果设计标准定得过高，设计洪水过大，建筑物本身虽然安全，但工程投资高，不够经济；如果设计标准定得过低，设计洪水偏小，虽可减少投资，但建筑物却不够安全。可见设计标准既关系到防洪保护区人民生命和经济建设的安全，也关系到工程投资的经济效益，必须根据国家各有关部门制定的规范慎重对待。

防洪设计标准分为两类：第一类是确保水工建筑物安全的防洪设计标准，第二类是保障防护对象避免一定洪水威胁的防洪设计标准。前者以"水库工程水工建筑物设计用防洪标准"为例，列于表4.5，表中建筑物的级别按各有关行业标准确定（如《水电枢纽工程等级划分及设计安全标准》DL 5180—2003 等），也可按住房和城乡建设部颁发的《防洪标准》GB 50201—2014 中有关规定确定。

水库工程水工建筑物设计用防洪标准（山区、丘陵区）　　　　　　　　　表4.5

建筑物级别	1	2	3	4	5
防洪标准（重现期 a）	1000～500	500～100	100～50	50～30	30～20

第二类防洪标准的确定，则按《防洪标准》GB 50201—2014 中的规定选用，如城市和乡村的防洪标准见表4.6。

防护对象的防洪标准　　　　表 4.6

| 等　级 | 城　市 | | | | 乡　村 | | |
	重要性	常住人口（万人）	当量经济规模（万人）	防洪标准（重现期 a）	人口（万人）	耕地面积（万亩）	防洪标准（重现期 a）
I	特别重要	≥150	≥300	≥200	≥150	≥300	100～50
II	重要	<150，≥50	<300，≥100	200～100	<150，≥50	<300，≥100	50～30
III	比较重要	<50，≥20	<100，≥40	100～50	<50，≥20	<100，≥30	30～20
IV	一般	<20	<40	50～20	<20	<30	20～10

4.4.4　洪水资料审查

（1）可靠性

审查洪水资料可靠性的目的是减少观测和整编中的误差并改正其错误，重点是审查影响较大的大洪水年份，以及观测、整编质量较差的年份。审查的主要内容是测站的变迁，水尺位置、水尺零点高程和水准基面的变化，侧流断面的冲淤情况，上游附近河段的决口、溃堤及改道等洪灾事件，水位流量关系曲线高水延长部分的合理性等。对调查的历史洪水，要与实测的几个大洪水的水位进行比较，检查所采用的糙率 n 和水面比降 S 是否合理，流量推算是否正确等。一般是通过各年水位流量关系的对比，上下游、干支流洪水过程的对比，与邻近河流的对比，暴雨与洪水径流的对比等方法来进行审查。对重要的大洪水资料，还得经过实地勘测和取证。

（2）一致性

用数理统计方法进行洪水频率计算的前提是要求资料满足一致性。与年径流的审查方法相仿，也要进行洪水资料的还原计算。如对决口、溃堤、河流改道等情况进行调查研究，根据调查结果进行还原计算，一般还原到不决口、不改道的正常情况。对于大面积的水土保持措施和大中型水利工程措施的影响，往往把资料还原到没有大规模人类活动影响之前的天然洪水状况。

（3）代表性

洪水系列的代表性是指该洪水系列分布对于总体分布的代表程度。常常只能选取在同一气候、地理条件下具有长期资料的测站作为参证站，近似地当作总体。参证站的系列越长越好。一种类型是本地区有较长的观测系列，如松花江的哈尔滨站，具有自 1898 年以来近百年的观测资料，常作为东北北部相似地区的参证站；另一种类型是历史考证系列，通过实地踏勘和文献考证，可了解到某地区数十年至数百年的洪水概况，特别把排在前几位的洪水的重现期和流量大小比较准确地确定和处理后，与实测系列组合成一个不连序系列作为参证系列。由于洪水系列也有枯水年组和丰水年组交替出现的现象，其代表性也应以其是否包括适量的丰枯水年来衡量，如所选系列是偏丰段或偏枯段时，则应加以修正。这种丰水段和枯水段的时期较长，如东北地区 1898 年～1927 年的枯水段，1928 年～1965 年的丰水段和 1966 年～1980 年的平水段就是例证。因此，在研究和修订洪水系列的代表性时，应着眼于较长时期的资料。另外，与年径流的判别一样，把参证站与设计站样本同步系列的均值、变差系数值和参证站长系列的均值、变差系数值相比较，若两者相同或相近，就认为具有代表性。

4.4.5　洪水资料选样

每一次的洪水过程是在时间上和空间上的连续过程（图 4.10），理应作为随机过程来分析研究各种不同洪水出现的可能性。由于受到观测资料的限制，同时也为了简化计算，人们通常是用洪水过程的一些数字特征来反映洪水的特性，如洪峰流量 Q_m，一次洪水总量 W_T，一日或三日洪水量 W_1，W_3 等，并把它们作为随机变量来进行频率分析。所谓的选样问题，是指根据工程设计的要求确定选用哪些洪水的数字特征作为分析研究的对象，以及如何在连续的洪水时程中选取这些数字特征。

洪峰流量的选样，应满足频率分析关于独立随机取样的要求，采用年最大值法选样，即每年只选取最大的一个瞬时洪峰流量作为频率计算的样本。这些最大洪峰数值之间是独立而没有相关关系的；另外，要求洪水的形成条件是同一类型的，如同为暴雨洪水或同为融雪洪水，不能把年内不同季节、不同类型的最大洪峰数值混在一起作为一个洪水系列进行频率计算，也不能把溃坝所形成的洪水加入系列之中。

附带说明的是：洪水量的选样，也是采用固定时段独立取样的年最大值法，即从洪水过程线中选取不同历时的年最大洪量作为不同历时的洪量系列。历时的长短决定于工程设计中调洪演算的需要等因素。总之，频率分析中的洪峰流量和不同时段的洪量系列，应由每年的最大值组成。

4.4.6　洪水资料的插补延长

如实测洪水系列较短或实测期内有缺测年份，可用下列方法进行洪水资料的插补延长。

（1）上下游站或邻近流域站资料的移用

若设计断面的上游或下游有较长记录的参证站，设计站与参证站流域面积相差不超过 3%，且区间无分洪、滞洪设施时，可考虑将上游或下游参证站的洪峰数值直接移用到设计站。如果两站面积相差不超过 15%，且流域自然地理条件比较一致，流域内暴雨分布比较均匀，可按下式修正移用

$$Q_m = \left(\frac{F}{F'}\right)^n Q'_m \qquad (4.7)$$

式中　Q_m，Q'_m——设计站、参证站洪峰流量，m^3/s；

　　　F，F'——设计站、参证站流域面积，km^2；

　　　　n——指数，对大、中型河流，$n=0.5\sim0.7$，对 $F<100km^2$ 的小流域，$n\geqslant 0.7$，也可根据实测洪水资料分析确定。

当设计断面的上游和下游不远处均有观测资料，可认为洪峰随流域面积的增长呈直线变化，便可按流域面积进行内插。

（2）利用洪峰、洪量关系插补延长

利用本站或邻站（上、下游站或邻近流域站）同次洪水的洪峰和洪量相关关系，或洪峰流量相关关系进行插补延长。

同次洪水的峰量关系，因受洪水波展开和区间来水的影响，相关关系不甚密切时，可以考虑加入一些反映上述影响因素的参数，如比降，区间暴雨量，暴雨中心位置及洪峰形状等，以改善相关关系，提高计算精度。图 4.12 为上下游站洪峰流量（Q_{mu} 和 Q_{ml}）相关图。图 4.13 为以区间站 5 日雨量（P_5）为参数的上下游站洪峰流量相关图。图 4.14 为某站考虑峰型的洪峰流量（Q_m）和 7 日洪水总量（W_7）相关图。

（3）利用本流域暴雨径流关系插补延长

在流域内有较长期的雨量资料时，可根据洪水缺测年份的流域最大暴雨资料，通过暴雨径流关系推算洪峰流量；或者先通过产流汇流分析求出洪水过程线，然后再选取洪峰流量。

应用以上方法插补延长洪水系列时，延长资料的年数不宜过多，最多不得超过实测年数。建立相关关系至少应有 10 组以上同步观测数据，点据在坐标上的分布应比较均匀，各点据与回归线的相对误差一般应小于 20%。相关线外延的幅度一般不宜超过实际变幅的 50%。曲线相关时，其转折处要有实测点据控制。如果相关图的精度很差，则不要勉强用来插补延长资料。

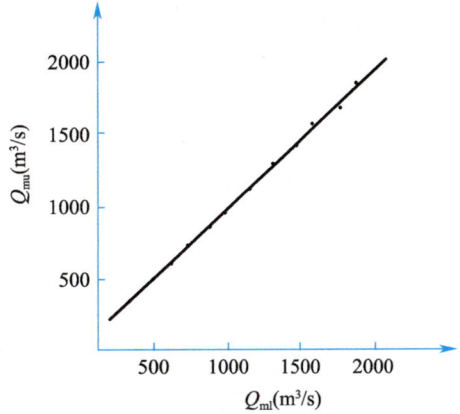

图 4.12　上下游站洪峰流量相关图

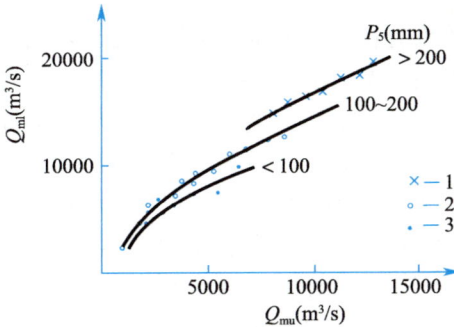

图 4.13　以雨量为参数的上下游站洪峰流量相关图

1—区间站 5 日雨量>200mm；

2—区间站 5 日雨量为 100～200mm；

3—区间站 5 日雨量<100mm

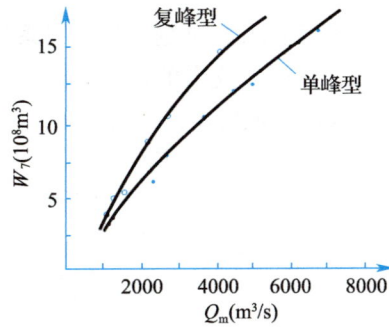

图 4.14　考虑峰型的峰量相关图

Q_m—洪峰流量；

W_7—7 日洪峰总量

4.4.7　特大洪水资料的处理

（1）特大洪水及其重要性

我国实测洪水资料的年限一般较短，还有不少中、小河流上测站稀少，缺乏观测资料，而工程要求的设计洪水往往是百年一遇或者千年一遇的非常稀遇的洪水，为了解决这一矛盾，除充分利用已有的实测资料外，还要重视并运用特大洪水资料。所谓特大洪水，是指历史上曾经发生过的，或近期观测到的，比其他一般洪水大得多的稀遇洪水。它的重现期不能仅根据实测系列的长度来确定，而需要进行调查和考证。

所谓特大洪水资料的处理，是指根据流域内外历史洪水和实测洪水的调查考证资料，对这些特大洪水发生的重现期做出正确估计，这对系列较短、统计参数在地区不甚协调的资料尤为重要。工程设计的实践证明，如能充分地应用特大洪水，尤其是历史特大洪水所提供的宝贵信息，就会使设计洪水的计算质量明显提高。

辽宁浑江桓仁站，在桓仁水库进行初步设计时，已有 19 年的实测洪水资料（1939 年～1957 年），并已调查到 1888 年（清光绪十四年）的特大洪水 $Q_{1888}=19000\text{m}^3/\text{s}$，由于认识上的原因，当时并未采用该调查洪水成果，而把 1935 年的 $Q_{1935}=11000\text{m}^3/\text{s}$ 作为 1889 年以来的第一位洪水与实测 19 年的系列进行频率计算，得千年一遇设计洪水值 $Q_{0.1\%}=15700\text{m}^3/\text{s}$。事隔三年的 1960 年，桓仁实测到 $Q_{1960}=9380\text{m}^3/\text{s}$ 的大洪水，使人们对历史洪水的认识有了变化，1961 年重新进行设计洪水的计算，其计算分为两种情况：

1）不考虑 1960 年洪水，实测资料 21 年（1939 年～1959 年），这次把 Q_{1888} 作为 1888 年以来的第一位洪水，频率计算结果 $Q_{0.1\%}=22200\text{m}^3/\text{s}$；

2）计入 1960 年洪水，实测资料 22 年（1939 年～1960 年），其他同以上情况，计算结果 $Q_{0.1\%}=24200\text{m}^3/\text{s}$。

由于以上两种情况都把 Q_{1888} 按特大洪水处理并排在第一位，所以两种成果甚为接近，其千年一遇设计洪水出入仅 8%，成果较为合理。

新中国成立以来的无数正反经验充分说明，尽量取得较为久远和可靠的历史洪水资料，可以起到延长洪水资料系列，提高频率分析成果精度的重要作用。

（2）连序系列与不连序系列

对于 n 年实测和插补延长的资料系列，若没有特大洪水需提出另外处理，则将其值按从大到小排位，序号是连贯的，称为连序系列或连序样本，如图 4.15（a）所示。若通过历史洪水调查和文献考证后，实测和调查的特大洪水需在更长的时期 N 内进行排位（样本容量增加为 N），序号是不连贯的，其中有不少属于漏缺项位，这样的系列称为不连序系列或不连序样本，如图 4.15（b）所示。此处"连序"与"不连序"的含意，不是指日历年的连续与否，而是指在每年选取一个最大洪峰流量组成的样本系列中，各流量值按从大到小排位时，其中有没有明显的空缺。不连序系列的样本容量 N 是通过历史洪水的调查和考证而确定的。不连序系列按时程的排列如图 4.16 所示。我们通常把有连续水文观测记录的年份称为实测期，把实测期之前到调查取得历史洪水较远年份的这一段时期称为调查期，把有历史文献可以考证到的最远时期称为文献考证期。在实际工程中，也可能没有文献考证期；或者当实测期有一段时间为断续的观测时，它也可能与调查期有部分重叠，图 4.16 所示为一具有代表性的调查考证情况。

（3）经验频率计算

1）不连序 N 年系列中前 a 项特大洪水的经验频率，按数学期望公式计算

$$P_M=\frac{M}{N+1} \tag{4.8}$$

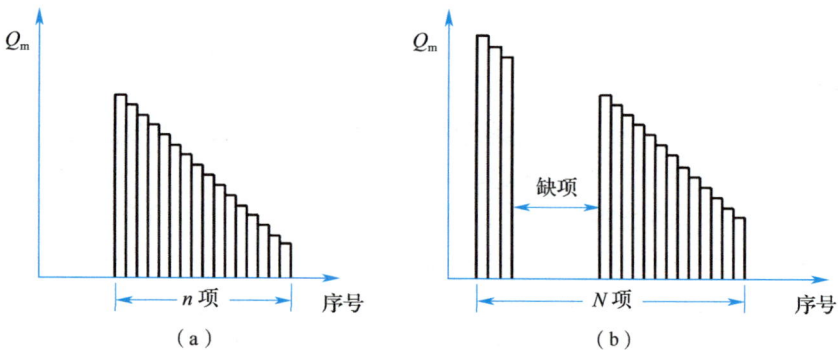

图 4.15　连序系列与不连序系列示意图

（a）连序系列；（b）不连序系列

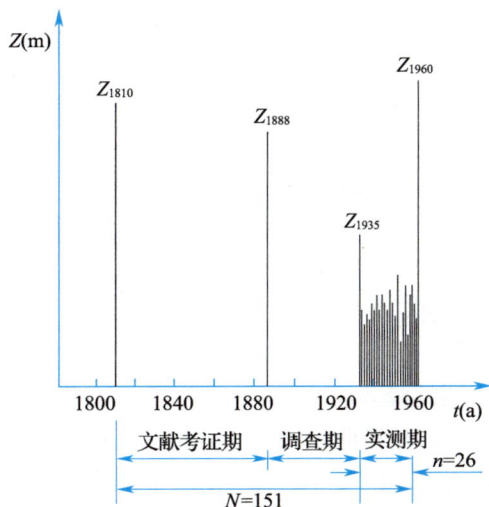

图 4.16 某河历史洪水调查考证情况

式中 P_M——不连序 N 年系列第 M 项的经验频率；

M——特大洪水由大到小排位的顺序号，$M=1$，2，$\cdots$，a；

N——调查考证的年数（包括实测期）。通常称为首项特大洪水的重现期，用下式计算

$$N = T_2 - T_1 + 1 \tag{4.9}$$

式中 T_1——调查或考证到的最远年份；

T_2——实测连序系列最近的年份。

2）实测 n 年系列普通洪水经验频率的计算有下列两种方法。

方法一：把实测系列和特大值系列看作是从总体中独立抽出的几个随机连序样本（如实测期样本、调查期样本、考证期样本），故各项洪水可在各个系列中分别进行排位，其中实测系列的各项经验频率也按数学期望公式计算

$$P_m = \frac{m}{n+1} \tag{4.10}$$

式中 P_m——连序 n 年系列中第 m 项的经验频率；

m——由大到小排位的顺序号，$m=1$，2，$\cdots$，n。

而调查考证期 N 年系列中前 a 项特大值的经验频率则按式（4.8）计算。

如果实测期内有需要作特大洪水处理的洪水项为 l 个，则把此 l 个洪水加入到历史洪水行列，在 N 年中统一排位。但它们在 n 年实测系列中的原有位置空着，使系列中其他洪水的序号保持不变，此时，公式（4.10）中由大到小排位的顺序号 m 则为：$m=l+1$，$l+2$，$\cdots$，n。

方法二：将实测系列和特大值系列共同组成一个不连序系列作为总体的一个样本，实测系列为其组成部分，不连序系列内的各项洪水可在调查考证期 N 年内统一排位。

设在调查考证期 N 年内共有特大洪水值 a 个，其中有 l 个发生在 n 年实测系列之内，其余（$a-l$）个系调查考证所得，在实测系列之外。在 N 年系列中特大洪水的序号为 $M=1$，2，$\cdots$，a，其各项的经验频率按式（4.8）计算，实测系列中其余的（$n-l$）项，

是在总体内小于末位特大值的条件下抽样的，故属条件抽样，其各项的经验频率可由以下条件概率公式计算

$$P_m = \frac{a}{N+1} + \left(1 - \frac{a}{N+1}\right)\frac{m-l}{n-l+1} \tag{4.11}$$

式中　a——在 N 年中连续顺位的特大洪水的个数，或末位特大洪水的序号；

　　　N——调查考证特大洪水首项的重现期，用式（4.9）计算；

　　　n——实测系列（包括插补）的洪水项数；

　　　l——实测洪水系列中抽出作特大值处理的洪水个数；

　　　m——实测洪水的序号，$m=l+1$，$l+2$，…，n；

　　　P_m——实测系列第 m 项的经验频率。

上述两种方法使用的公式，是目前我国设计洪水计算规范所建议的。一般说来，方法一比较简单，适用于实测系列的代表性较好，而历史洪水排位可能有错漏的情况。当调查考证期 N 年之中为首的几项历史洪水确系连序而无错漏，为避免历史洪水的经验频率与实测系列的经验频率有重叠的现象，则可采用方法二。

【例 4.5】 东北某河 1960 年实测到特大洪水位 Z_{1960}，当时就调查到 1888 年（光绪十四年）的 Z_{1888}，因很多七八十岁的老人小时候都经历过这次大洪水，其中还有人听他们祖父说过 1810 年（嘉庆十五年）大洪水水面的位置，嘉庆的这次大洪水文献上也有记载，按水位高低排序为 $Z_{1960} > Z_{1810} > Z_{1888}$（图 4.16）。26 年的实测系列中比 Z_{1960} 低的第二项高水位是 Z_{1935}。从当时调研的 1960 年考虑，试分析确定以上四个洪水位的经验频率。

【解】 方法一：把 n 年和 N 年两个系列都看作是从总体中独立抽取的两个随机连序样本，因此，对 n 年实测洪水位按大小排位后，$m=1$，2，…，26，其各项经验频率按式（4.10）计算；对 N 年系列前三项的排位是 Z_{1960}，Z_{1810}，Z_{1888}，它们的顺序号依次为 $M=1$，2，3。首项的重现期按式（4.9）估算

$$N = T_2 - T_1 + 1 = 1960 - 1810 + 1 = 151a$$

特大洪水经验频率按式（4.8）计算：

首项　　　$P_{1960} = \dfrac{M}{N+1} = \dfrac{1}{151+1} = 0.66\%$

第二项　　$P_{1810} = \dfrac{M}{N+1} = \dfrac{2}{151+1} = 1.32\%$

第三项　　$P_{1888} = \dfrac{M}{N+1} = \dfrac{3}{151+1} = 1.97\%$

实测洪水位的第一项是 Z_{1960}，它可以在两个连序系列中分别排位，但它在 N 年系列中排位的经验频率其抽样误差较小，故将其从实测系列中抽出作特大洪水处理，它在实测 n 年系列中的排位 $m=1$ 便成为空位，Z_{1935} 在该系列中排位 $m=2$，当 $n=26$ 时，其经验频率按式（4.10）计算，有：

实测洪水第二项　　$P_{1935} = \dfrac{m}{n+1} = \dfrac{2}{26+1} = 7.41\%$

方法二：把实测系列和特大值系列共同组成一个不连序系列作为总体的一个样本，三个特大洪水的经验频率按式（4.8）计算，与方法一相同；而实测系列作为不连序系

列的组成部分，在抽去 Z_{1960} 这一项后，其余 25 项的经验频率均按式（4.11）计算，排在第二位的 Z_{1935}（$m=2$）的经验频率计算如下（式中 $a=3$，$l=1$）：

$$P_m = \frac{a}{N+1} + \left(1 - \frac{a}{N+1}\right)\frac{m-l}{n-l+1}$$

$$= \frac{3}{151+1} + \left(1 - \frac{3}{151+1}\right)\frac{2-1}{26-1+1} = 5.74\%$$

这一结果比用方法一计算所得的经验频率要小一些。按式（4.11）计算 P_m 时，由于 N 年内调查洪水个数 a 的变动，以及对历史洪水重现期 N 年考证结果的变动，都将影响 P_m 的取值。

还必须指出，按以上两种方法计算的经验频率并不是绝对准确和不可改动的，尤其是 n 年实测系列中为首的几项更是如此。因为这两个公式所根据的假定都是有条件的，并且用任何一个公式计算出的 P_m 值都存在着抽样误差，这种误差可正可负，其中为首几项的相对误差又较大。实际工作中，一般可先按式（4.10）计算 n 年实测系列的经验频率，如为首的几个洪水点据与历史洪水点据比较协调时，就无需进行改动。当发生重叠和脱节时，可改动前面几个点子的经验频率，直到与历史洪水相互协调为止，而不必更动实测系列中所有点据在概率格纸上的位置。

4.4.8 设计洪峰流量（或水位）的计算

采用目估适线法时，首先要初算统计参数，然后在绘有经验频率点据的概率格纸上绘出理论频率曲线，用目估法检查曲线与经验频率点据的配合情况。若配合不好，应适当调整参数值，直到曲线与经验点据配合较好为止。这时的统计参数就是频率计算所采用的参数。设计洪峰流量（或水位）的计算过程也是如此，只不过洪峰系列常常是不连序系列，适线方法与技巧还要特别注意。

（1）不连序系列统计参数的计算

由于加入了历史洪水和实测洪水的特大值，洪峰系列就属于不连序系列，其统计参数的计算与连序系列的计算公式有所不同。如果在迄今的 N 年中已查明有 a 个特大洪水，其中有 l 个发生在 n 年实测系列之中，假定 $(n-l)$ 年系列的均值和均方差与扣除特大洪水后的 $(N-a)$ 年系列的相等，即 $\overline{X}_{n-l} = \overline{X}_{N-a}$，$s_{n-l} = s_{N-a}$，可推导出统计参数的计算公式如下：

$$\overline{X} = \frac{1}{N}\left(\sum_{j=1}^{a} X_{Nj} + \frac{N-a}{n-l}\sum_{i=l+1}^{n} X_i\right) \tag{4.12}$$

$$C_{vN} = \frac{1}{\overline{X}_N}\sqrt{\frac{1}{N-1}\left[\sum_{j=1}^{a}(X_{Nj}-\overline{X}_N)^2 + \frac{N-a}{n-l}\sum_{i=l+1}^{n}(X_i-\overline{X}_N)^2\right]} \tag{4.13}$$

或 $$C_{vN} = \sqrt{\frac{1}{N-1}\left[\sum_{j=1}^{a}(K_{Nj}-1)^2 + \frac{N-a}{n-l}\sum_{i=l+1}^{n}(K_i-1)^2\right]} \tag{4.14}$$

式中　X_{Nj}，K_{Nj}——特大洪水值及其变率；

　　　X_i，K_i——实测洪水值及其变率；

　　　$\overline{X}_N$，C_{vN}——N 年不连序系列的均值和变差系数。

偏态系数用公式计算，抽样误差相当大，故一般不直接计算，而是参考相似流域分析的成果初步选定一个 C_{sN}/C_{vN} 的比值，由式（4.12）、式（4.13）或式（4.14）计算 $\overline{X}_N$，C_{vN} 等参数，并目估适线，再调整参数值使理论频率曲线与经验点据配合最佳。

修改参数时，一般因均值的抽样误差很小而不必修改，用上式计算的 C_{vN} 值一般偏小，可以稍微加大，调整范围可用变差系数的抽样误差 s_{C_v} 来控制。至于 C_{sN}/C_{vN} 的比值，适线时可参考以下范围选择：在 $C_{vN} \leqslant 0.5$ 的地区，$C_{sN}/C_{vN}=3\sim4$；在 $1.0 \geqslant C_v > 0.5$ 的地区，$C_{sN}/C_{vN}=2.5\sim3.5$；在 $C_v > 1.0$ 的地区，$C_{sN}/C_{vN}=2\sim3$。对于干旱与半干旱地区的中小河流，C_{sN}/C_{vN} 的比值可能比上述数值还要大些，对湿润地区和大江大河，则宜选用小值。

（2）设计洪水频率计算的适线

洪水频率计算中，采用矩法或其他方法，估计一组参数作为初值，最后仍应以选定一条与经验频率点据拟合良好的理论频率曲线为准，求得计算所需的参数。适线时应注意：

1）洪水点据是代表总体分布的样本，适线时应有全局观点，尽可能照顾点群的趋势，使曲线与经验点据有最佳拟合，使曲线通过点群的中心，即曲线各段上下两侧的点数或总离差约略相等。

2）应分析经验点据的精度（包括它们的纵、横坐标），对精度不同的点据要区别对待，使曲线尽量接近或通过比较可靠的点据。

3）着重考虑曲线中、上部分较大洪水的点据，对于下部较小洪水的点据，可适当放宽要求。历史特大洪水，特别是为首的数个，一般精度较差，不宜使曲线机械地通过这些点据，而使频率曲线脱离点群；也不能因照顾点群趋势使曲线离开特大值点据过远，应在历史特大洪水的可能误差范围内进行调整。

（3）计算成果的合理性分析

洪水具有地区性的特点，因此洪水频率计算参数及各设计值在上下游站及邻近地区之间应呈现一定的地理分布规律。所谓成果的合理性分析，就是利用这些参数之间的相互关系和地理分布规律，对各单站单一项目的频率计算成果进行对比分析，以期发现错误和减少因系列过短带来的误差。

1）从上下游及干支流洪水的关系上进行分析：结合流域上下游及干支流的地形、气象条件，分析各统计参数变化规律的合理性。如把各河流的洪峰流量的均值或 $\overline{Q}/F^n$，及 C_v 值点绘于水系图上，并与暴雨的均值及 C_v 值的分布进行分析比较，这是常用的检查合理性的方法。

2）从邻近河流洪水统计参数及设计值的地区分布进行分析：在暴雨形成条件比较一致的地区，洪峰流量的均值与流域面积有密切关系，一般可用 $\overline{Q}_m = KF^n$ 表示。式中 K 为地区参数，由地区实测洪水资料综合求得；n 为指数，小流域约为 $0.80\sim0.85$，中型流域约为 0.67，大型流域约为 0.5 左右。这种关系也可用于上下游参数的对比分析上。

洪水变差系数 C_v 在地区上也具有一定的变化规律。小流域比大流域的 C_v 值大；长条形羽状流域比扇状流域的 C_v 值小；而山区比平原地区的 C_v 值大。

3）将稀遇洪水的设计值与国内河流大洪水记录进行比较：若千年、万年一遇的洪水，小于国内相应流域面积的大洪水记录的下限很多，或超过其上限很多，应对计算成果作深入检查并分析其原因。表 4.7 列出了国内不同流域面积实测大洪水记录，以供参考。

不同流域面积的最大洪峰流量记录表　　　　表 4.7

流域面积范围 （km²）	水系	河名	站名	流域面积 （km²）	最大流量 （m³/s）	年份
100～200	黄河	母花沟	贵平	148	2400	1972
200～300	淮河	澧河	孤石滩	275	6950	1896
300～400	敖江	北港	埭头	343	4400	1925
400～500	珠江	左江	那那板	494	4800	1940
500～600	黄河	亳清河	垣曲	555	4420	1958
600～700	长江	浠水	英山	658	4470	1896
700～800	淮河	汝河	板桥	762	6430	1972
800～900	汉江	湍河	青山	820	8000	1919
900～1000	淮河	灌河	鲇鱼山	963	6500	1931
1000～2000	飞云江	飞云河	堂口	1930	15400	1922
2000～3000	淮河	史河	梅山	2100	10750	1822
3000～4000	汉江	白河	鸭河口	3832	10000	1919
4000～5000	沂沭河	新沭河	大官庄	4350	16500	1730
5000～6000	汉江	南河	谷域	5781	15800	1853
6000～7000	辽河	太子河	参窝	6175	16900	1960
7000～8000	珠江	东江	龙川	7699	10200	1964
8000～9000	黄河	窟野河	温家川	8645	18200	1946
9000～10000	赣江	修水	柘林	9340	12100	1955
10000～20000	长江	澧水	三江口	14810	29000	1935
20000～30000	海河	滹沱河	黄壁庄	23400	25000	1794
30000～40000	钱塘江	富春江	芦茨埠	31300	29000	1595
40000～50000	汉江	汉江	安康	41400	36000	1867

以上所述的合理性分析方法，大多是从水文比拟方面考虑，仅仅依据了水文现象的某些不甚严密的规律性，在运用其作分析时，应从实际出发，不可生搬硬套。例如黄河自包头以下暴雨较大，地形较陡，所以洪峰的 C_v 值反而向下游增加，这在当地的气候和自然地理条件下是合理的，是一种特殊情况。对特殊情况应作特殊处理，不可一概而论。

【例 4.6】　已知某坝址断面有 19 年的洪峰流量实测资料，见表 4.8。经洪水调查得知 1922 年曾发生过一场特大洪水，据考证，它是 1922 年以来最大的一次，$Q=2700\text{m}^3/\text{s}$，1963 年的洪水为第二个特大洪水。试用目估适线法推求洪峰流量频率曲线。

说明：为与前述公式中参数一致起见，本例求解过程中用 X 代表洪峰流量 Q。

某坝址洪峰流量表　　　　表 4.8

年份	1954	1955	1956	1957	1958	1959	1960	1961	1962	1963
Q（m³/s）	1400	568	1490	800	400	474	956	1320	1770	2320
年份	1964	1965	1966	1967	1968	1969	1970	1971	1972	
Q（m³/s）	818	1020	464	488	334	774	610	1000	216	

【解】　（1）计算经验频率
特大洪水首项的重现期：

$$N = T_2 - T_1 + 1 = 1972 - 1922 + 1 = 51\text{a}$$

103

实测资料年数：$n=19a$。

特大洪水的经验频率按式（4.8）计算，结果列于表 4.9 的第 5 栏；实测系列 19 年的资料有一定的代表性，采用式（4.10）计算其经验频率，结果列在表 4.9 的第 6 栏。

某站洪峰流量经验频率计算表　　　　　　　　　　　　　　表 4.9

项目 序号	X_i	$X_i - \overline{X}_N$	$(X_i - \overline{X}_N)^2$	P（%）	
1	2	3	4	5	6
1	2700	1806	3261636	1.92	
2	2320	1426	2033476	3.85	
Σ	5020		5295112		
2	1770	876	767376		10
3	1490	596	355216		15
4	1400	506	256036		20
5	1320	426	181476		25
6	1020	126	15876		30
7	1000	106	11236		35
8	956	62	3844		40
9	818	−76	5776		45
10	800	−94	8836		50
11	774	−120	14400		55
12	610	−284	80656		60
13	568	−326	106276		65
14	488	−406	164836		70
15	474	−420	176400		75
16	464	−430	184900		80
17	400	−494	244036		85
18	334	−560	313600		90
19	216	−678	459684		95
Σ	14902		3350460		

（2）计算统计参数的初值

通过表 4.9 的累加，求得 $\sum\limits_{j=1}^{2} X_{Nj} = 5020\text{m}^3/\text{s}$；$\sum\limits_{i=2}^{19} X_i = 14902\text{m}^3/\text{s}$；

$$\sum_{j=1}^{2}(X_{Nj} - \overline{X}_N)^2 = 5295112; \qquad \sum_{i=2}^{19}(X_i - \overline{X}_N)^2 = 3350460$$

分别代入公式（4.12）及式（4.13），求得 $\overline{X}_N$ 和 C_{vN}

$$\overline{X}_N = \frac{1}{N}\left(\sum_{j=1}^{a} X_{Nj} + \frac{N-a}{n-l}\sum_{i=l+1}^{n} X_i\right)$$

$$= \frac{1}{51}\left(5020 + \frac{51-2}{19-1} \times 14902\right) = 894(\text{m}^3/\text{s})$$

$$C_{vN} = \frac{1}{\overline{X}_N}\sqrt{\frac{1}{N-1}\left[\sum_{j=1}^{a}(X_{Nj} - \overline{X}_N)^2 + \frac{N-a}{n-l}\sum_{i=l+1}^{n}(X_i - \overline{X}_N)^2\right]}$$

$$= \frac{1}{894}\sqrt{\frac{1}{51-1}\left(5295112 + \frac{51-2}{19-1} \times 3350460\right)} = 0.60$$

选用 $C_{sN}/C_{vN}=3$，求得 $C_{sN}=3 \times 0.6 = 1.80$

（3）目估适线

据参数初值 $\overline{X}_N=894\mathrm{m}^3/\mathrm{s}$，$C_{sN}=1.80$，$C_{vN}=0.60$ 计算理论频率曲线的坐标并绘成曲线，如图 4.17 中的虚线所示，其上、中部与经验频率点据拟合不佳。现根据 $\overline{X}_N$ 和 C_{vN} 的误差范围选用：$\overline{X}_N=920\mathrm{m}^3/\mathrm{s}$，$C_{sN}=1.80$，$C_{vN}=0.65$，求得另一理论频率曲线的坐标值（表 4.10），绘在图 4.17 上，如黑实线所示，其与经验频率点据拟合较好，故采用它作为设计频率曲线。

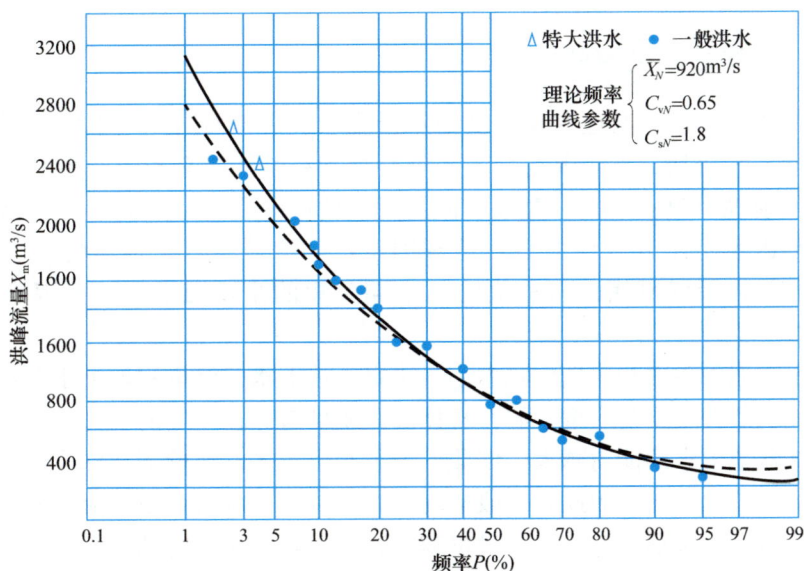

图 4.17 某坝址断面洪峰流量频率曲线（目估适线法）

某坝址断面洪峰流量频率曲线计算表　　　　　　　　　　　表 4.10

P（%） 计算项目	0.1	1	5	10	25	50	75	90	95	99	99.9
Φ_P	5.64	3.50	1.98	1.32	0.42	−0.28	−0.72	−0.94	−1.02	−1.09	−1.11
$K_P=1+C_{vN}\Phi_P$	4.666	3.2755	2.287	1.858	1.273	0.818	0.532	0.389	0.337	0.292	0.278
$X_P=K_P\overline{X}_N$	4292	3010	2104	1709	1171	753	489	358	310	269	256

4.5　设计枯水流量和水位

对于以地面水为水源的取水工程设计，特别是对于无调节而直接从河流取水的工程设计，其设计最低水位及相应的设计最小流量的确定，直接关系到取水口设置的高低和引水流量的大小。其他如河流通航、农业灌溉、水库运行和水质监测等都与枯水流量的大小密切相关。枯水流量制约着工农业生产的发展和人们的日常生活，充分认识和研究河流的枯水流量及其特性是十分重要的。

枯水流量是指在给定时段内，通过河流某一指定断面枯水量的大小。枯水期的起讫时间，完全取决于河流的补给情况。我国南方河流，每年秋末到春初降水较少，经历一次枯水季；而北方河流每年可能经历两次枯水季：其中一次在冬季，主要靠流域地下水补给，另一次在春末夏初，即冰雪融化后至夏季雨季到来之前。枯水期的持续时间有时可达半年之久。据对我国各大江河部分水文站（集水面积多数在 $4 \times 10^4 km^2$ 左右）径流资料统计，枯水期 6 个月的径流量约占全年径流量的 $15\% \sim 35\%$。

根据河流枯水期的长短和工程设施的需要，如灌溉周期、水库的供水期等来决定枯水径流的历时，一般可用日、旬、月和年等时段表示。

4.5.1　影响枯水径流的因素

枯水期的最小流量与其他水文要素如年径流、洪水等不同，它不像后者那样与分区性的气候因素关系密切，而主要与地下水补给量和补给性质有密切联系。至于气候因素只是通过自然地理及地质因素，对最小流量间接地产生影响。因此，决定枯水流量大小及变化的主要因素是非分区性的自然地理因素，如流域的水文地质情况、流域面积大小、河槽下切深度及河网密度等；决定枯水期长短的主要因素是气候因素中的降水和气温。

流域的水文地质条件和流域面积大小，决定了地下水的储量和地下水对河川径流的补给量。水文地质条件主要是土壤、岩石特性及地质构造。在一定的水文地质条件下，流域面积越大，储藏地下水的能力越大，储藏的地下水也越多；河槽下切深度越大，河流获得地下水补给的范围也越大。因此，一般情况下，流域面积越大，枯水流量越丰沛，河网密度越大、地下水的露头越多，枯水流量也越大。此外，流域内的湖泊与沼泽，对径流都有调节作用，均可加大枯水流量。枯水前期的降雨或融雪情况，也可直接影响枯水期地下水的蓄水量和河的补给水量。

人类经济活动，如水土保持，修建水库调节径流等，都能削减地表径流量，增加地下径流量；而引水灌溉，则会减小下游的枯水径流量，甚至使河水断流。

4.5.2　有长期实测资料时枯水径流的计算

工程所在的设计断面处有 20 年以上连续实测资料时（包括插补展延），可对枯水径流系列进行频率分析计算，推求各种频率的枯水径流。

（1）资料的审查

在频率计算之前，须对枯水资料的可靠性、一致性和代表性进行审查。所用方法与对年径流资料的审查相似，例如从上、下游站的资料对比、从邻近流域资料对比、从本站资料的历年对比中发现问题。观测和整编水文资料中存在的较大误差或错误会削弱资料的可靠性。资料年数太少，而取得的资料又是丰水年组或枯水年组中的一部分，资料的代表性就差一些。

大规模的人类活动有时可明显地影响枯水径流，为取得资料的一致性必须进行还原计算。在年径流计算中已介绍过一种分项还原计算的方法。另外，当上下游站间有良好的径流相关条件时，可从相关分析中进行修正。例如福建晋江石砻站和它上游的安溪站有同步观测的 14 年枯水资料，在进行相关分析时，发现 1963 年的点据偏离回归直线较远，下游站的流量 $0.19 m^3/s$，比上游站的流量 $1.82 m^3/s$ 还小，这是异常现象。经调查了解，当年在两站间曾堵江截流引水灌溉，致使下游站流量锐减。最后用相关法加以修正。

（2）年枯水径流频率分析

1）枯水样本系列

分析计算枯水径流时，对调节性能强的水库，需用水库供水期数个月的枯水流量组成系列；对于无调节而直接从河流中取水的一级泵站，则需用每年的最小日平均流量组成系列。随着分析时段的减小，枯水流量系列的不稳定性增加，受人类活动影响的程度也增大，故一般不用瞬时最小流量作为分析对象，而是代之以最小日、旬、月等的平均枯水流量。例如美国已编制了 1 天、3 天、7 天、14 天、30 天、60 天、90 天、120 天、180 天的平均枯水流量系列以供使用。

2）频率曲线线型

根据对嘉陵江、岷江、沱江和汉江等流域较长系列测站的枯水径流资料进行频率分析的结果，认为皮尔逊Ⅲ型曲线与经验频率点据配合尚好，C_s/C_v 的比值大致接近于 2。经分析论证也可采用其他线型。

3）枯水经验频率

在 n 项连序枯水径流系列中，按从大到小排列的第 m 项经验频率采用数学期望公式（4.10）计算。有些无法插补的缺测年份，经分析并非为特枯水年时，该系列仍可当作连序系列用式（4.10）计算 P_m。调查历史枯水年或需按特小值处理的实测枯水年，经调查考证确定其重现期后，仍采用数学期望公式（4.10）计算经验频率 P_m。

4）含零系列的频率分析

对于有些年份最小日平均流量为零的情况，其组成的系列中，资料值为零的经验频率点据不可能与皮尔逊Ⅲ型曲线有较好的配合。如图 4.18 所示为月雨量频率曲线图，虚线为选取的皮尔逊Ⅲ型曲线，曲线下端显示负值，无论是雨量还是流量，都是不合理的。在实际工作中，通常把小于零的部分当作零值来处理。在用目估适线法估计含零系列的统计参数时，其初值用不等于零的数值来计算，这是较为简单的办法。关于含零系列的频率分析方法，另有 20 世纪 60 年代的比例法，80 年代的中值适线法等，都是以皮尔逊Ⅲ型曲线为基础提出来的，此处不再详述，可参看有关文献。

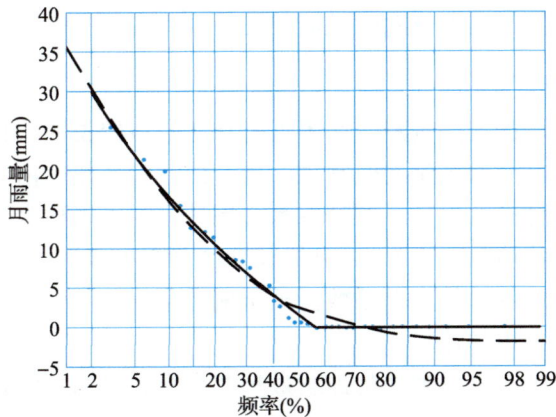

图 4.18　某站一月份月雨量频率曲线图

（3）枯水径流的历时分析

在枯水径流研究中，频率为 90%、95% 和 99% 的径流历时值，通常作为河流枯水径流资源的量度。枯水径流历时曲线的低水部分为农业灌溉、河流通航、城市供水提供了依据，也可用于水质研究。

径流历时曲线是一个实测时段内的经验频率曲线，它表明了流量（水位）等于或超过某一特定流量（水位）的时间百分率。绘制径流历时曲线的方法详见 4.3 节。选取径流历时曲线资料系列的方法有代表年法、平均法、综合法等。枯水代表年的建立过程与【例 4.3】相似，不过所得的是日平均枯水流量系列，用此结果可绘制日平均枯水径流历时曲线。

4.5.3　资料短缺时枯水径流的计算

当实测资料的年数不足 20 年，或虽有 20 年但资料系列不连续或代表性不足，一般应进行插补延长。选择插补延长的参证站的原则如下：

（1）参证站具有长期枯水径流观测，并与设计站有十数年同步资料；

（2）参证流域与设计流域的自然地理和气候条件基本相似，其影响枯水径流的基本因素也应相似，属同一河流分级，流域面积相差不宜太大（一般小于 5 倍），山区的流域平均高程差不超过 300m；

（3）对人类活动的影响，一般要进行还原计算，且要具有较高的精度。

若设计站与参证站有 10~15 年同步观测资料，通过相关分析可求得设计站的均值和变差系数。偏态系数 C_s，一般根据地区资料，分析 C_s 与 C_v 的倍比关系确定。

若插补延长的资料长度接近、甚至超过观测资料的长度，则枯水流量的变差系数将受到干扰。用插补后的系列求得的变差系数一般小于实测资料的变差系数。因此，可用下式修正：

$$C_{v设} = b\,(\bar{Q}_{参} / \bar{Q}_{设})\,C_{v参} \tag{4.15}$$

式中　$C_{v参}$，$\bar{Q}_{参}$——参证站的变差系数和均值；

　　　$C_{v设}$，$\bar{Q}_{设}$——设计站的变差系数和均值；

　　　b——两站枯水流量系数，由同步资料率定。

4.5.4　缺乏资料地区枯水径流的计算

（1）资料的移用

设计站若无可以利用的实测资料，而附近有观测资料较长的参证站，通常需要在枯水流量稳定的季节对设计站与参证站同时观测，推导出经验系数，由参证站枯水流量均值推算设计站均值。若在设计站的上、下游都有水文测站，则可用枯水流量与河段长度或流域面积关系移用枯水流量均值；对于 C_v 可分析其地区分布规律，若该地区的 C_v 值变化小于 20%，则可采用上下游站的平均变差系数。至于偏态系数 C_s，一般由上下游站的实测资料确定其 C_s 与 C_v 的倍比加以移用。

根据对淮河干支流 8 个主要测站的连续最枯 3 个月、最枯月的径流进行的偏态系数与变差系数比值的计算，其结果都是：$C_{s,3月}/C_{v,3月} \leqslant 2$，$C_{s,月}/C_{v,月} \leqslant 2$，将 8 个测站的相关点据点绘在同一张图上，如图 4.19 所示。

（2）地区经验公式

要建立地区的枯水流量经验公式，用于缺少资料地区的规划设计，必须分析确定大面积的水文气象和水文地质的一致区。枯水径流的一致区主要取决于水文地质条件，如岩石、地形、含水层与河流补给关系、含水层厚度、地下水埋深与流向、河流切割深度等，其次是气象条件，如降水量和蒸散发量等。采用一致区内的资料建立地区经验公式，一般类型如下

$$Q = CF^n \tag{4.16}$$

$$Q = CF^n P^m \tag{4.17}$$

式中　　Q——某给定时段某一频率下的枯水流量，$\mathrm{m^3/s}$；

　　　　F——流域面积，$\mathrm{km^2}$；

　　　　P——多年平均降水量，mm；

C，n，m——地区参数。

若在相似流域或一致区内的水文测站数量较多，可绘制 $Q = f(F)$（示例于图 4.20）、$Q = f(F，P)$ 等关系曲线，便于无资料地区使用。

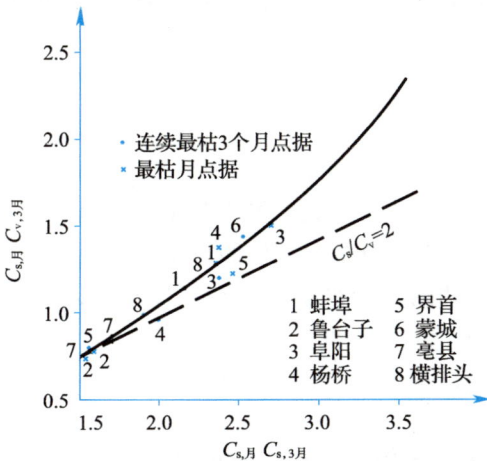

图 4.19　$C_{s,月}$—$C_{v,月}$ 与 $C_{s,3月}$—$C_{s,3月}$ 的综合关系　图 4.20　黄河上游枯水流量—流域面积关系

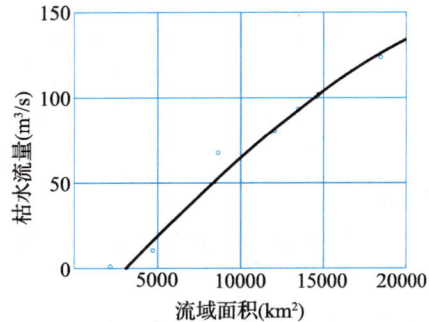

（3）等值线图、表的应用

当分区性因素的作用非常突出，才能据以制定最小流量的变化范围，或绘制在地区上有一定分布规律的等值线图。我国有些省和地区制订有这类图表。如福建省根据枯水径流模数分布情况，结合行政区的划分，将全省分为十一个枯水径流分区，列出相应的枯水径流模数变幅表以供应用。我国有关单位绘制了嘉陵江流域多年平均最小径流和枯季径流的等值线图，发现其变化趋势与多年平均径流深等值线图所描述的基本一致，这说明该流域分区性的气候因素对枯水径流的影响是主要的，这也是绘制枯水径流等值线图的前提。

由于非分区性因素对枯水径流的影响仍然较大，所以枯水径流等值线图的精度远较年径流等值线图为低，特别是对较小河流，可能有较大误差。为了正确使用这些图表，一定要结合实地查勘工作，在设计断面附近进行枯水调查及短期实测枯水流量，并参照流域内的自然地理情况、人类活动影响等，通过综合分析最后确定采用的数值。

4.6*　径　流　调　节

4.6.1　径流调节的意义

径流在年际和年内分布的不均衡，不仅不能使人们充分地利用水利资源，而且洪水期有可能洪水泛滥，给人们带来灾难。为了改变这种状况，人们采取一些工程措施，通常是利用自然地形筑坝形成水库，让洪水期的部分洪水拦蓄在水库内，一方面削减下泄洪峰流量；另一方面还能使拦蓄下来的这部分洪水在枯水期泄出，从而增大下游的枯水流量，满足下游供水的要求，这种通过工程设施形成水库，以丰补枯，人为地改变河川径流情势的工程措施称为径流调节。

径流调节包含着兴利除害两个方面的目的，除了防治洪水灾害外，在兴利方面要按照综合利用水资源的原则，多方面考虑各用水部门的需要，应视当地实际情况，在水力发电、灌溉、航运、工业与城市供水等各个方面争取最大的经济效益和社会效益。径流调节的规划与设计应由有关水利、市政、环境、航运等部门统筹协商，以减少矛盾并取得最佳工程效益。

4.6.2　水库调节类型及其特征水位

（1）水库调节类型

水库有调节天然径流的作用，按其调节时期的长短，可分为四种类型：

1）日调节　是在 24h 内用水不均匀情况下的调节，为城市给水与水力发电所常用。

2）周调节　适用于有公共休假日的情况，因机关及企业在休假日用水量大为降低。

3）年调节　又称季调节，是把一年中洪水期的多余水量蓄存在水库中，以补同年枯水期用水量之不足。

4）多年调节　是把多水年份的多余水量蓄在水库中，以补个别少水年或一系列少水年之不足。

水库调节的性能与水库大小有直接关系，即与水库的容积、面积有关，通常以水库水位—面积关系曲线和水库水位—容积关系曲线来表示，图 4.21 称为水库特性曲线，是水库调节与控制运用所依据的重要资料。

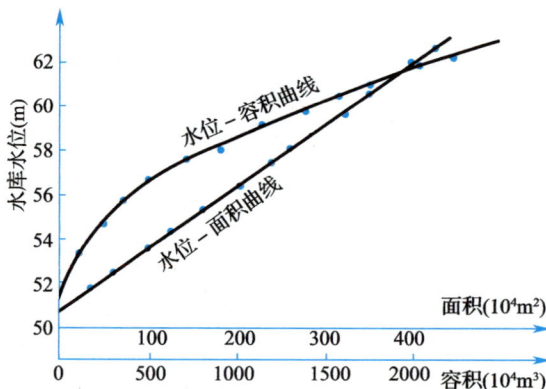

图 4.21　某水库水位与面积、容积关系曲线

水库建成后的库容，不是全部都能进行径流调节的。水库的总库容一般包括下述几部分，各部分都有相应的特征水位。

（2）死库容和死水位

水库在正常运用情况下，允许水库水位降落的最低水位称为死水位，死水位以下的库容称为死库容（或称垫底库容）。留出死库容的目的是为满足取水、灌溉等泄水所需的必要水头、保证航运最小水深及库区水质要求，也可起到沉积泥沙的作用。

（3）兴利库容和设计蓄水位

为满足各用水部门枯水期的正常供水，需要在洪水期蓄满一定的库容，这部分库容称兴利库容（或称有效库容），蓄满后相应的水位称设计蓄水位（或称正常蓄水位）。

（4）共用库容和汛前限制水位

水库在洪水期削减洪峰流量所需要的那部分库容称为防洪库容（或称调洪库容）。这部分库容应在洪水到来之前泄空，以便及时用它拦蓄下一次洪水。其泄空后的相应水位称汛前限制水位（或称防洪限制水位）。为了经济目的，常将正常蓄水位定在汛前限制水位之上。这样，正常蓄水位和汛前限制水位之间的库容称为共用库容，这部分库容在洪水期作滞洪用，在供水调节期作兴利库容用。采用这种共用库容的方式，能减少挡水建筑物的高度，节约工程投资和减小水库淹没范围。但必须有准确的水文预报工作配合，否则汛后水库不能蓄到正常蓄水位而影响下一年的正常径流调节。

（5）设计调洪库容与设计洪水位

当发生设计洪水时，水库为了调洪而允许达到的最高水位称为设计洪水位。设计洪水位与防洪限制水位之间的库容就是设计调洪库容。当发生校核洪水时，水库达到的最高水位称为校核洪水位，校核洪水位与防洪限制水位之间的库容称为校核调洪库容。水库各特征水位及其相应的库容如图 4.22 所示。

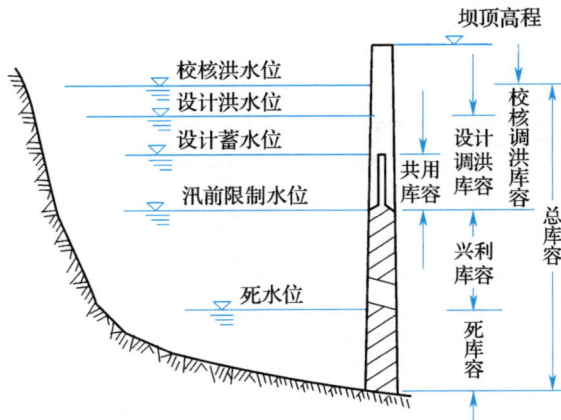

图 4.22 水库特征水位及相应库容

4.6.3 水库对年径流的调节

已知设计年径流过程线和用水部门的用水过程线，就可以确定兴利调节库容。已知某设计断面的季平均流量过程线（图 4.23），用水量 $Q_{用}$ 为一常数，设 $Q_{用}=15\text{m}^3/\text{s}$，由图中可以看出，冬季和春季的来水小于用水，满足不了用水需要，而夏季和秋季来水大于用水，有多余的水量流走。需要修建水库拦蓄部分水量，以补冬季和春季的供水之不足。这部分调节水量就是需要的兴利调节库容，计算如下：

$$V_调 = [(15-7) \times 92 + (15-10) \times 89] \times 86400 = 1.020384 \qquad (10^8 \text{m}^3)$$

夏、秋两季多余来水量为

$$V_多 = [(25-15) + (21-15)] \times 92 \times 86400 = 1.271808 \qquad (10^8 \text{m}^3)$$

弃水为

$$V_弃 = V_多 - V_调 = 0.251424 \qquad (10^8 \text{m}^3)$$

说明来水经水库调节后，能满足用水要求，尚有部分弃水。

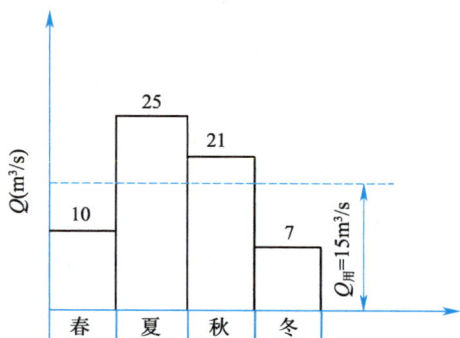

图 4.23　兴利库容计算图

兴利调节库容的计算步骤如下：

（1）利用 4.2 节、4.3 节讲述的方法，首先推求出设计断面处的设计年径流过程线；

（2）给出用水部门的用水过程线；

（3）计算各月月末来水量与用水量之差；

（4）求出枯水季连续数月的不足水量之和，以其中最大者为水库应蓄水之兴利库容。在计算中应考虑水库渗漏和水面蒸发所损失的水量。

【例 4.7】　图 4.24 是某水库所在河段的设计年径流过程线、用水过程线及有关资料，试计算兴利调节库容。

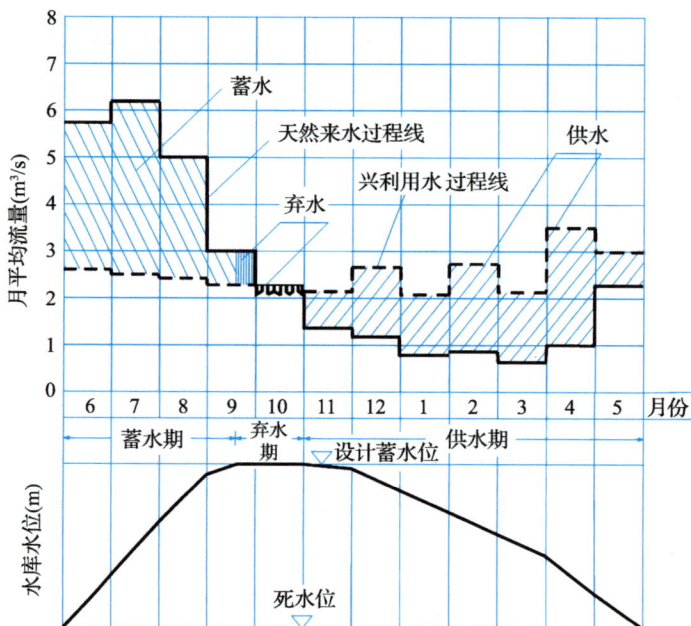

图 4.24　水库水利调剂示意图

分析径流过程线和用水过程线可知，十一月至翌年五月为供水不足期，该 7 个月不足的水量为 $2627 \times 10^4 \text{m}^3$，需在六月份及其后的丰水期中留蓄。六月至十月的盈余水量为 $2751 \times 10^4 \text{m}^3$，大于需调蓄的水量 $2627 \times 10^4 \text{m}^3$，说明该河段的径流调节是可行的。可弃水量为盈余水量与不足（需调蓄）水量之差，即弃水量为（2751－2627）×10^4＝124×$10^4 m^3$。所以九月份盈余水量209×$10^4 m^3$中存蓄水库的水量为130×$10^4 m^3$。这时，水库的兴利库容达到2627×$10^4 m^3$，多余的79×$10^4 m^3$被泄出水库作丢弃处理。同样，十月来水多于用水，但因水库已被蓄满，盈余的45×$10^4 m^3$来水被丢弃。从十一月份开始，来水量满足不了用水量，从水库中取用调蓄水量，直至翌年五月底将用完所有的蓄水，此时兴利库容等于零，六月份又开始新的一轮蓄水。计算过程见表4.11。水库年调节过程如图4.24所示，它是根据表4.11绘制的。

兴利调节库容列表计算　　　　　　　　　　表4.11

月份	来水量 ($10^4 m^3$)	用水量 ($10^4 m^3$)					水量差额 ($10^4 m^3$)		月末库容 ($10^4 m^3$)	弃水量 ($10^4 m^3$)
		灌溉	发电	给水	损失	合计	盈余	不足		
6	1520	128	495	13	58	694	826		826	
7	1645	131	508	13	59	711	934		1760	
8	1420	112	509	13	49	683	737		2497	
9	773	14	495	13	42	564	209		2627	79
10	600		510	13	32	555	45		2627	45
11	346		493	13	25	531		185	2442	
12	309	140	509	13	25	687		378	2064	
1	213		509	13	25	547		334	1730	
2	205	140	461	13	27	641		436	1294	
3	161		509	13	40	562		401	893	
4	249	379	493	13	47	932		683	210	
5	599	246	509	13	41	809		210	0	
合计	8040	1270	6000	156	470	7916	2751	2627		124

4.6.4　水库对洪水的削减

水库对洪水的削减是通过调洪库容来实现的，图4.25表示永定河官厅水库进出库流量过程线，通过对比可见，洪峰流量得以大大削减。由下述的简化调洪法可以明显地看到这一点。

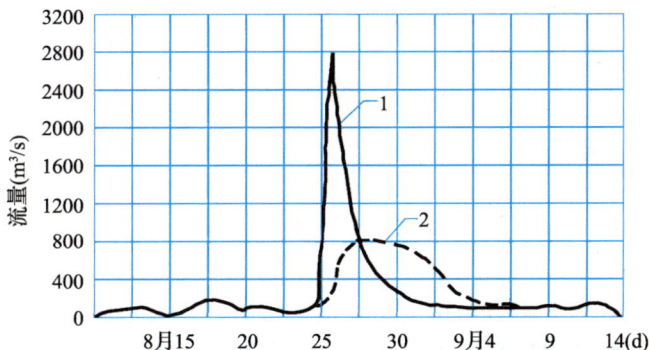

图4.25　1953年汛期官厅水库进库和出库流量过程线图
1—夹河流量过程（进库）；2—官厅流量过程（出库）

先作调洪曲线，它是根据水库库容和相应泄流量点绘而成。库容是库水位的函数（图 4.21），而泄流量根据下式计算

$$q = MBh^{3/2} \qquad (4.18)$$

式中　q——溢洪道泄流量，m^3/s；

　　　B——溢洪道堰顶宽，m；

　　　h——堰前水深，m。它也可写成库水位的函数；

　　　M——系数，取值 1.50。

因此，通过 h 可绘出库容 V' 与 q 的关系曲线，V' 是溢洪道槛顶以上的库容，如图 4.26 所示。利用这条关系曲线进行调洪的原理现叙述如下。

简化调洪法的基本假定是入库洪水开始时，库内水位恰好与溢洪道槛顶齐平。洪水开始入库，使库水位上涨后即得溢洪。将入库洪水过程概化为△ABC，如图 4.27 所示。

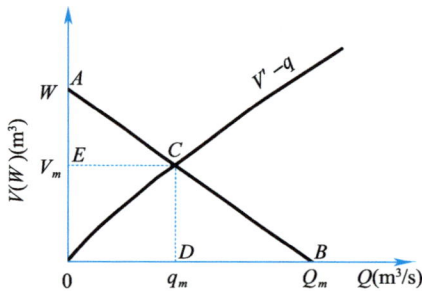

图 4.26　调洪曲线示意图　　　　图 4.27　入库洪水概化过程示意图

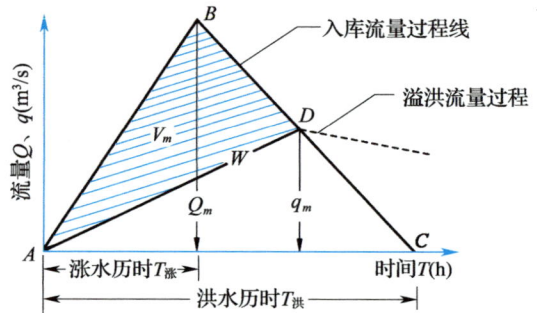

调洪库容 V_m 相当于△ABD 的面积，入库洪水总量 W 相当于△ABC 的面积，则

$$V_m = W - \frac{1}{2} q_m T_{洪}$$

式中 $T_{洪}$ 可由△ABC 知为

$$T_{洪} = 2W/Q_m$$

则得简化调洪方程

$$q_m = Q_m \left(1 - \frac{V_m}{W} \right) \qquad (4.19)$$

式中　q_m——溢洪道设计泄流量，m^3/s；

　　　Q_m——入库设计洪峰流量，m^3/s；

　　　V_m——调洪库容，m^3；

　　　W——入库设计洪水总量，m^3。

4.7* 水库水质污染与取水

近年来，水库已成为大多数城镇的主要供水水源。作为水源水库，除了要保障充足的水量供应外，还必须保证水库良好的水质状态。而水库的水文过程不仅直接影响水库水量的蓄积和调节，而且也对水库水质和取水带来重要影响，尤其是水库的水体分层、流域径流污染、入库异重流等成为影响水库水质的最重要因素。

4.7.1　水库水体分层与内源污染

（1）水体分层

水体分层是由于温度差引起的不同密度水体的分层现象，水体分层又分为正向分层和逆向分层两种。正向分层是指表层水体温度高于下层水体温度的分层，而逆向分层则相反。

正向分层是在每年的春末夏初形成的，由于强烈的太阳辐射作用，表层水温迅速升高，密度减小，而下层水体的温度相对稳定，保持在较低的水平，因而密度较大。在密度差作用下，低密度水体浮于表层，高密度水体沉于底层，阻碍了上下层水体间的对流交换。表层水体受太阳辐射和风浪等因素的影响，温度也随气温（气候）的变化而变化，因此该层称为变温层（epilimnion）。底层水体相对静止，温度稳定，称为等温层（hypolimnion）。上下两层水体间是一层温度梯度最大的过渡层，称为斜温层（thermocline）。水库水体垂向温度分层结构如图 4.28 所示。

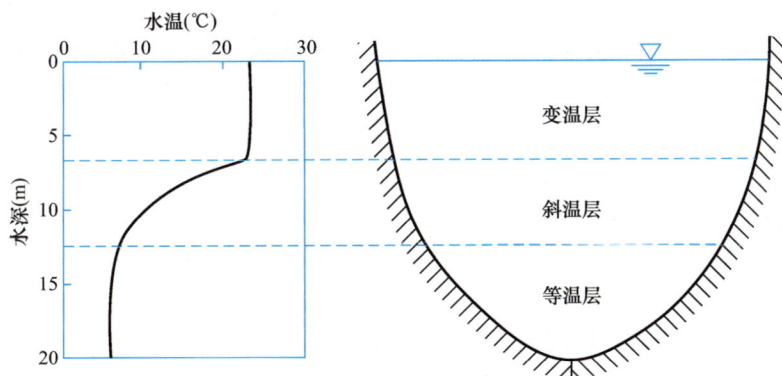

图 4.28　水库水体垂向温度分层结构示意图

逆向分层是在寒冷地区的冬季形成的，在寒流作用下，水体温度不断降低，当水温下降到 4℃ 时达到最大密度，之后，随着温度的降低密度也随之降低。低温（低于 4℃）低密度的水体停留在表层，下层水体温度在 4℃ 左右，稳定停留在底层，上下层水体间缺乏交换，形成了逆向分层。

随季节的变化，表层水体的温度逐步降低或升高。在每年的秋末，随气温降低，正向分层的表层水温降低、密度增大，当密度等于甚至超过了下层水体时，即发生上下层水体的混合，称为翻库。同样，逆向分层也会导致春季翻库，只是过程与正向分层相反。

风浪和高强度的暴雨径流会破坏水体的分层，水深越小，水体分层越容易被破坏。当水深小于 10m 时，难以形成长期稳定的分层。当水深大于 30m 时，能形成长期稳定的分层。当水深介于 10～30m 之间时，分层稳定性相对较弱，易受风力、气温等因素的影响。

（2）水库表层藻类污染

水库异重流、水体分层等水文与水力条件的改变，大大削弱了表层水体的紊动强度，水体更新速度慢、滞留时间长，加之充足的光照和 N、P 营养盐的外部输入与水库底部释放，水库表层藻类的暴发就不可避免。由于藻类的增殖过程主要是水中 N、P、CO_2 等无机物经光合作用转化为有机污染物的自然过程，因而藻类的大量繁殖成为水库有机污染物的重要来源。而且该过程会周而复始，形成恶性循环，在时间上表现为以年为周期的季节性藻类污染。受水库流域、气象条件、暴雨径流、水文过程等因素的影响，水库上层水体藻类高发导致的该种内源污染的污染程度在年际变化上会呈现出一定的差异性。

（3）水库底层内源污染

大部分水库水深较大，水体分层明显，阻碍了氧的传质。水体分层期，在水体和沉积物耗氧的双重作用下，水库底层呈现厌氧状态，促进了沉积物中无机物的还原和有机物的厌氧分解，导致沉积物中 Fe、Mn、P、氨氮、硫化物等污染物的大量释放，同时伴随着 pH 的降低和色度、臭味升高，导致底层水质的内源污染加剧。这种随季节分层产生的水库底层水体的污染呈现出以年为周期的变化特征。

4.7.2　水库径流污染

（1）水库流域的径流污染

水库流域无论是农田、牧场、草地还是森林，降雨径流尤其是汛期的暴雨径流均会冲刷携带流域表层大量的营养盐、腐殖质、矿物质等随径流输入水库，造成水库水质的污染。这种汛期的暴雨径流成为水库外源输入污染物的主要来源。暴雨径流中的污染物主要包括流域表层富含 Fe、Mn、P 等的无机矿物和 C、N、P 的有机物等。每年的汛期径流一方面会造成水库水质的周期性污染，另一方面径流携带的大量悬浮态污染物大部分会以沉积态形式蓄积库底，成为水库潜在的污染源。

（2）水库异重流

入库径流的水体密度与水库水体密度的差异导致水库异重流的形成（图4.29）。入流水体的密度主要取决于入流含沙量和水温。一般径流条件下，入流水体密度主要取决于水温，由于夏秋季水库分层期间入库径流水温低于水库表层（变温层）水温，但高于水库底层（等温层）水温，此时入库径流主要以层间流形式进入水库中部密度相同水层（斜温层），对水库分层结构以及上、下水层的水质影响相对较小。但对暴雨径流而言，由于径流携带大量泥沙和污染物，入流水体密度升高，易形成水库库底的异重流潜流；同时由于入流水温高于水库底部水温，导致底层水温升高，削弱了水体分层的稳定性，有时甚至诱导水库提前混合。另外，高负荷污染物的汇入，也加剧了底层水体的水质污染。

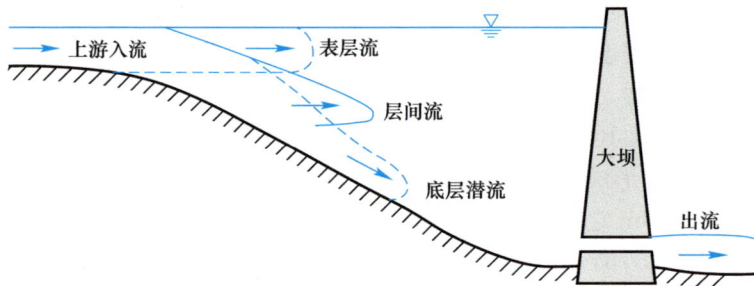

图4.29　水库异重流示意图

（3）水库泄洪与排浊蓄清

如前所述，暴雨径流会携带大量泥沙和污染物进入水库。为减少水库泥沙淤积和水质污染，应尽可能避免高污染负荷和高含沙量的洪峰径流进入主库区。采用的方法主要包括：在洪峰径流进入主库区前通过截流管渠直接排泄至水库下游河道（图4.30（a））；当不具备直接排泄条件时，可根据洪峰径流异重流潜流的高程，通过水库底部的泄洪渠道排泄至水库下游河道（图4.30（b））。而水库主要是拦蓄污染负荷和含沙量相对较低的降雨径流下的入库水量，从而最大限度地规避或削减洪峰径流对水库水质的不利影响。

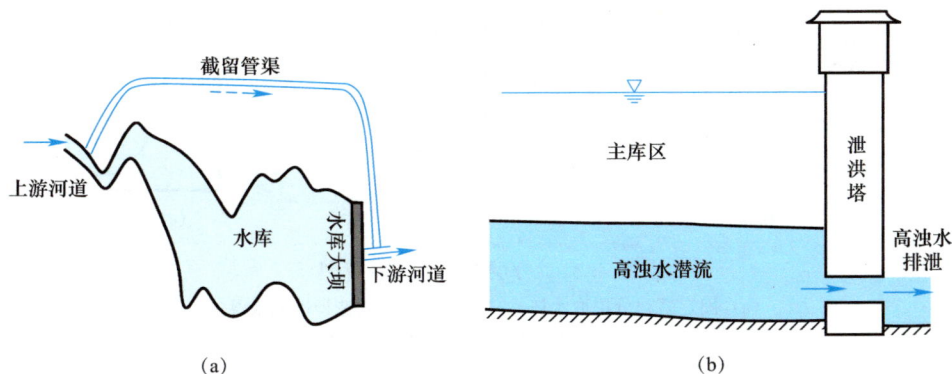

图4.30 水库排浊蓄清措施示意图
（a）上游截留管渠排泄；（b）库区高浊水潜流泄洪

4.7.3 水库选择性取水

如上所述，夏秋季是水库径流污染、藻类暴发和底层内源污染最为严重的季节；同时，夏秋季也是水库供水量和城镇用水量的高峰季节。因此，如何有效规避夏秋季水质污染对水库供水水质的冲击、保障饮用水水质安全就成为水源水库面临的重要问题。

在水库缺少水质原位控制技术措施情况下，采取水库选择性取水是有效避免或减轻暴雨径流、表层藻类繁殖及底层内源污染对水库供水水质影响的重要方法。

（1）水库汛期的选择性取水

一般情况下，汛期暴雨径流入库的异重流通常发生在水库中下层，因此选择在中上层取水是较为合理的。理论上，通过建立入库径流量、含沙量和水温间的关系，并根据水库水体分层情况，就可以预测出水库汛期暴雨径流入库异重流的潜流位置（高程），从而选择在异重流潜流层以上高程取水，以规避径流污染对水库取水水质的不利影响。

（2）水库内源污染期的选择性取水

在夏秋季非暴雨径流情况下，分层水库垂向水质污染特征主要表现为表层（上层）的藻类污染和下层（底层）的厌氧内源污染，而中层水质相对较好，此时应尽量采用水库中层取水，以减轻水库表层藻类污染和底层内源污染对水库取水水质的影响。

（3）分层取水方式

分层取水主要分为固定式取水塔和选择性取水设备两种方式。固定式取水塔一般设置上层、中层和下层多个高程的固定取水口，采用闸板控制启闭不同高程的取水口取水（图4.31（a））；固定式取水塔结构与操作简单，但调节精度受限。选择性取水设备有直线多段式（图4.31（b））、圆柱形（或半圆柱形）多段式等形式（图4.31（c）），主要是通过多级闸门门体的伸缩选择取水口高程；该种取水方式调节灵活、精度高，但结构相对复杂。

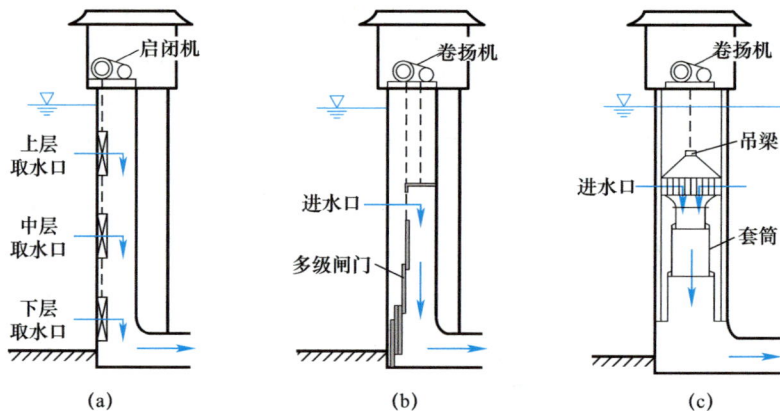

图 4.31　分层取水方式示意图
(a) 固定高程分层取水塔；(b) 直线多段式选择性取水设备；
(c) 圆柱形多段式选择性取水设备

4.8* 潮汐河口的设计水位

4.8.1 潮汐河口的水文情势

（1）潮汐现象

河流与水库、湖泊、海洋及其他河流的交汇处称为河口，而受海洋潮汐影响的河口则称为潮汐河口。在沿海一带修建给水排水工程或考虑水资源综合利用时，常需对潮汐河口的潮汐现象进行分析与计算。

海水水面一般每天升降两次，白天的一次称为潮，夜间的一次称为汐，统称为潮汐。潮汐现象的原因是太阳和月球引力作用的结果。水位上升过程称为涨潮，水位下降过程称为落潮，涨潮至最高水位称为高潮，落潮至最低水位称为低潮，在极短的时间内停止涨落则称为平潮（憩潮）。相邻高、低潮位之差称为潮差，相邻高潮位或低潮位的时距则称为潮期（如图 4.32（a）所示）。潮水位随时间的变化过程称为潮位过程线，图 4.32 为 1976 年同一天里，山东石臼所、广东汕头、海南东方（八所）三地的潮位过程线。对月球而言，地球的自转周期为 24 小时 50 分钟，称一个太阳日。在一个太阳日里有两次明显的涨落过程，两次的潮差与潮周期比较接近时，称为半日潮（如图 4.32（a）所示）；在一个太阳日里只有一次涨落过程的称为全日潮（如图 4.32（c）所示）；如果一日内有两次涨落过程，但两次的潮差及潮周期有明显的差别时称为混合潮（如图 4.32（b）所示）。

每月朔（农历初一）、望（农历十五）后一、二天的海面在一个月内高潮最高，低潮最低，潮差最大，称为大潮。上弦（农历初八）、下弦（农历二十三）后一、二天的潮汐潮差最小，称为小潮。

（2）潮流

由于潮汐影响，海水作水平方向运动的现象称为潮流。在涨落潮流交替时，水流转换方向，有一极短时间暂停流动的现象称为憩流。河流与海水相遇时会产生潮波，涨潮时，当潮流大于河水流速时，波峰向上游传播，但推进的能量逐渐减小，当潮波推进到某个距离时，河口外已开始落潮，上溯流速、流量随之减小，直到某处，潮流的上溯流速与河水的下泄流速相等，这个位置称为潮流界（图4.33）。潮流界以上，由于河水受阻壅高，潮波仍继续向上游推进，但波高迅速减小，至波高为零处，称为潮区界。潮流界和潮区界离河口的距离，取决于临近海区潮差的大小、河底的纵坡降和河流的径流量等条件。例如长江的潮波在小潮时可达离河口400km的芜湖，大潮时可影响到离河口590km的大通，而黄河的影响范围一般在10～20km。

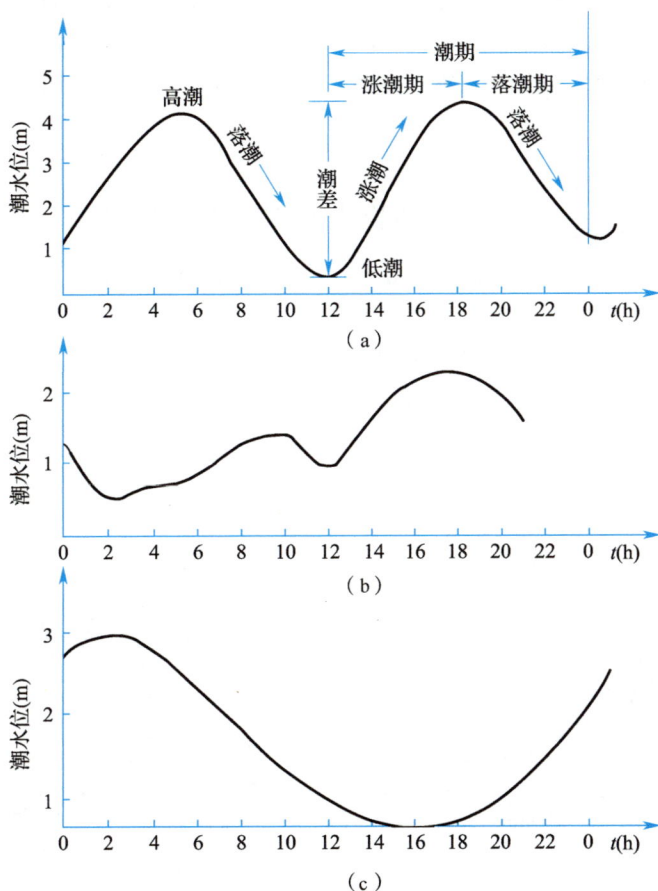

图4.32 三种潮汐类型

（a）山东石臼所潮位过程线；（b）广东汕头潮位过程线；（c）海南东方潮位过程线

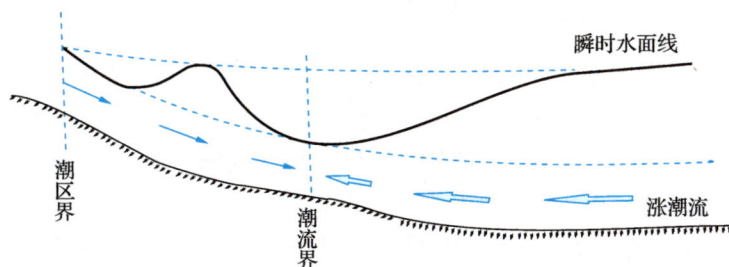

图4.33 潮流界与潮区界

一般将潮区界到河口间的一段河流称为潮水河。

（3）潮汐河口的水文情势

潮汐河口的水文情势不仅与河流的下泄流量有关，而且与沿海潮汐涨落、风向、风力、气压和河底地形等因素有关。对于宽深河口，潮水位过程线如图 4.34 所示。对于受上游来水影响较大的河口，潮水位过程线如图 4.35（a）所示，相应的上游流量过程线如图 4.35（b）所示。在潮水河中，潮流界以上到潮区界这段范围内，水位与流量的关系相对比较稳定，而潮流界以下，水位与流量的关系比较复杂，潮水位愈高时流量愈小（或呈负向流量），而潮水位愈低则流量愈大，如图 4.36 所示。前者由潮流倒灌造成。潮波是推进波，其前波短而陡，后波长而平缓，因此，涨潮历时比落潮历时短。

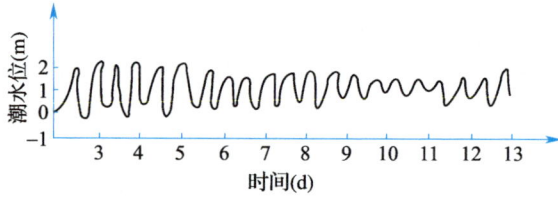

图 4.34   某站潮水位过程线

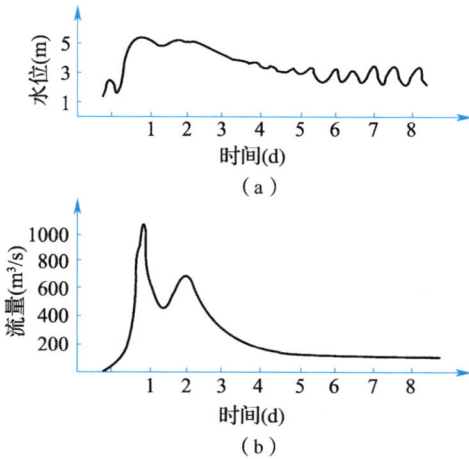

图 4.35   潮水位过程与流量过程
（a）下游站潮位过程线；（b）上游站潮位过程线

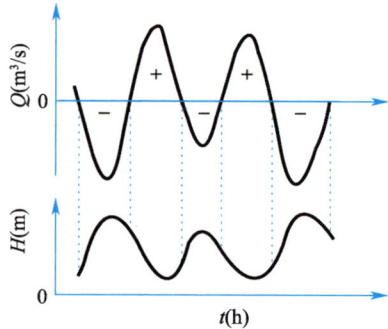

图 4.36   潮水位与潮流量过程线

4.8.2 潮汐河口的设计潮水位计算

设计潮水位是沿海城镇的防汛工程规划、设计与管理的重要数据，也是潮汐河口的各种市政、环境污染治理、给水排水、道路交通及水利等工程设施设计计算的基础资料。

潮汐河口的潮水位也具有随机性的特点。例如长江吴淞口站曾以 36 年实测最高水位系列，计算相邻两年和相隔两年最高潮水位间的相关系数，分别得 0.01 及 0.14，相关系数很小。因此，可以把潮汐河口的潮水位当作随机变量进行频率计算，以便确定设计潮水位。

概括长江口、海河口等 37 个较长系列资料，分别绘皮尔逊Ⅲ型曲线、对数正态型曲线及耿贝尔型分布曲线，经分析比较后认为用皮尔逊Ⅲ型曲线配合最佳，所以河口潮水位分析计算仍采用皮尔逊Ⅲ型分布曲线。统计参数均值 $\overline{H}$ 和变差系数 C_v 用公式（3.11）、公式（3.14）计算，偏态系数 C_s 通过适线确定。经验频率计算仍用公式（3.9）。分析计算过程同前。

复习思考题

4.1 年径流分析与计算包括哪些主要内容？工程上有何用途？

4.2 径流资料的一致性指的是什么？如何进行分项还原计算？

4.3 径流资料的代表性指的是什么？如何检验一个 n 年样本系列的代表性？

4.4 如何根据多年平均年径流深等值线图求某流域的年平均径流量？

4.5 什么是水文比拟法？怎样选择参证站？

4.6 表示径流年内分配的方式有哪几种？各表示什么内容？

4.7 已知设计年径流量 $Q_P=12\mathrm{m}^3/\mathrm{s}$，代表枯水年的年径流量年内分配见表 4.12，试确定设计年径流量的年内分配。

代表枯水年径流年内分配　　　　　　　　　　　　　　　表 4.12

月　份	1	2	3	4	5	6	7	8	9	10	11	12	年平均
月平均流量（m³/s）	5.3	5.0	5.4	8.4	12.8	19.7	23.4	17.8	13.5	7.9	6.2	5.1	10.9

4.8 试简述设计洪水的概念及其内容。

4.9 有哪两类防洪设计标准？试各举一例说明之。

4.10 试简述调查考证洪水特大值的意义及特大值的处理。

4.11 试简述连序系列与不连序系列的概念及其组成。

4.12 按年最大值法选样，得 1960 年～1980 年连续实测最大流量，全部流量总和 $\sum Q_j=4800\mathrm{m}^3/\mathrm{s}$，其中 1976 年特大流量 $Q_{1976}=1200\mathrm{m}^3/\mathrm{s}$。此外，又于文献中查得历史特大洪峰流量：1880 年为 $Q_{1880}=1000\mathrm{m}^3/\mathrm{s}$，1890 年为 $Q_{1890}=1100\mathrm{m}^3/\mathrm{s}$，试求：

（1）不连续系列平均数 $\overline{Q}_N$；

（2）各特大值重现期 $T(Q_{1976})$，$T(Q_{1880})$，$T(Q_{1890})$；

（3）连续观测资料中次大洪峰流量的重现期。

4.13 已知某站 1959 年～1978 年实测洪峰流量资料（见表 4.13），另经历史洪水调查，得 1887 年、1933 年历史洪峰流量分别为 $Q_{1887}=4100\mathrm{m}^3/\mathrm{s}$，$Q_{1933}=3400\mathrm{m}^3/\mathrm{s}$，试按此样本系列推算 $P=1\%$ 的设计洪峰流量 $Q_{1\%}$。

某站 1959 年～1978 年实测洪峰流量　　　　　　　　　表 4.13

年份	流量（m³/s）	年份	流量（m³/s）	年份	流量（m³/s）	年份	流量（m³/s）
1959	1820	1964	1400	1969	720	1974	1500
1960	1310	1965	996	1970	1360	1975	2300
1961	996	1966	1170	1971	2380	1976	5600
1962	1090	1967	2900	1972	1450	1977	2900
1963	2100	1968	1260	1973	1210	1978	1390

4.14 简述影响枯水径流的主要因素。

4.15 枯水径流的历时如何确定？枯水径流的经验频率如何计算？

4.16 简述含零枯水系列的频率分析方法。

4.17 试述选择枯水径流参证站的原则。

4.18 缺乏资料地区枯水径流估算的方法有哪些？

4.19 径流调节的目的何在？

4.20 试校核图 4.7 的调节容量（提示：春季开始于二月份，元月份属于去年冬季）。

4.21 各种库容及其特征水位有哪些？如何确定总库容？

4.22 设计年径流年内分配如题 4.7 所求结果，若年平均用水流量 $\overline{Q}=10\text{m}^3/\text{s}$，试确定给水调节库容 V（为简化计算，损失略去不计）。

4.23 简要说明水源水库一般在什么季节、什么情况下应采用选择性取水，为什么？目前水库选择性取水主要有哪几种方式？

4.24 什么是潮汐现象？什么叫高潮、低潮、潮差及潮期？

4.25 什么是潮流界？什么是潮区界？

4.26 潮汐河口的水位变化与哪些因素有关？

4.27 简述潮位频率计算的方法。

第5章　降水资料的收集与整理

5.1　降　　水

降水主要是指降雨和降雪，其他形式的降水还有露、霜、雹、霰等。降水是水文循环的重要环节，也是人类用水的基本来源。我国大部分地区属季风区，夏季风从太平洋和印度洋带来暖湿的气团，使降雨成为主要的降水形式，北方地区在冬季则以降雪为主。在城市及厂矿的雨水排除系统和防洪工程设计中，都需要收集降水资料，据以推算设计流量和设计洪水，并探索降水量在地区和时间上的分布规律。

5.1.1　降水的观测

降水量用降落在不透水平面上的雨水（或融化后的雪水）的深度来表示，该深度以"mm"计。降水量可采用器测法、雷达探测和气象卫星云图估算。器测法一般用来测量降水量，雷达探测和卫星云图用来预报降水量。

（1）器测法

器测法是观测降水量最常用的方法。观测仪器通常有两大类型：非自记雨量器和自记雨量计。非自记雨量器，简称雨量器，其上部的漏斗口呈圆形，内径20cm，其下部放储水瓶，用以收集雨水（图5.1）。量测降水量则用特制的雨量杯进行，每一小格的水量相当于降雨0.1mm，每一大格的水量相当于降雨1.0mm。使用雨量器的测站一般采用定时分段观测制，把一天24h分成几个时段进行，并按北京标准时间以8时作为日分界点。自记雨量计能自动连续地把降雨过程记录下来，其种类有翻斗式和虹吸式。虹吸式自记雨量计的内部结构如图5.2所示。从自记雨量计记录纸上，可以确定出降雨的起讫时间、雨量大小、降雨强度等的变化过程，是推求降雨强度和确定暴雨公式的重要资料。使用时，应和雨量器同时进行观测，以便核对。因为自记雨量计有时会出现较大的误差，特别是在暴雨强度很大的情况下。

降雪量一般用融化后的雪水的深度表示。雪量较大的地区，降雪时将承雨器或漏斗取下，直接用雨量筒承雪，以免雪满溢出。

（2）雷达探测

气象雷达是利用云、雨、雪等对无线电波的反射来发现目标的。用于水文方面的雷达，其有效探测范围一般在40～200km。雷达的回波可在雷达显示器上显示出来，不同形状的回波反映出不同性质的天气系统、云和降水等。根据雷达探测到的降水回波位置、移动方向、移动速度和变化趋势等资料，即可预报出探测范围内的降水强度以及开始和终止时刻。

近年来多普勒雷达技术的发展大大提高了降水的测量精度，目前雷达遥测技术基本可以达到5 min的时间分辨率和$1\sim10000km^2$的空间分辨率。

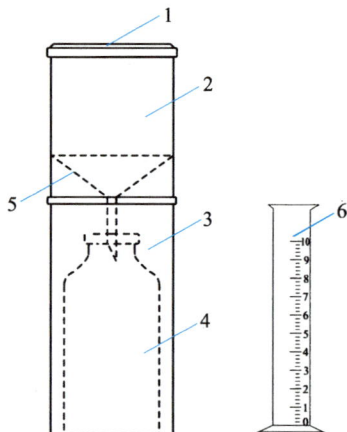

图 5.1　雨量器示意图
1—器口；2—承雨器；3—雨量筒；
4—储水器；5—漏斗；6—雨量杯

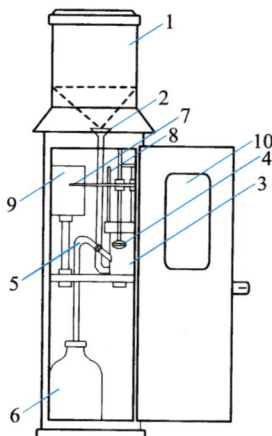

图 5.2　虹吸式自记雨量计结构图
1—承雨器；2—小漏斗；3—浮子室；4—浮子；5—虹吸管；
6—储水瓶；7—自记笔；8—笔档；9—自记钟；10—观测窗

（3）气象卫星云图

气象卫星按其运行轨道分为极轨卫星和地球静止卫星两类。地球静止卫星发回的高分辨率数字云图资料目前主要有两种：一种是可见光云图，另一种是红外云图。可见光云图的亮度反映云的反照率。反照率强的云，云图上的亮度就大，颜色较白；反照率弱的云，亮度弱，色调灰暗。红外云图能反映云顶的温度和高度，云层的温度越高，其高度就越低，发出的红外辐射越强。

用卫星资料估计降水的方法很多，目前在水文方面应用的是利用地球静止卫星短时间间隔云图图像资料，再借助模型进行估算。这种方法可引入人机交互系统，自动进行数据采集、云图识别、降雨量计算、雨区移动预测等工作。

5.1.2　降水的特征

降水的特征常用几个基本要素来表示，如降水量、降水历时、降水强度、降水面积和暴雨中心等。其中前三项称为降水三要素。降水的特征不同，它所形成洪水的特性不同。降落在某一点上的水量称为点降水量，如雨量站的观测值；降落在某一面积上的降水量称为面降水量。依据时段的长短不同，有时段降水量、日降水量、次降水量、月降水量、年降水量和多年平均降水量。依据气象标准，降水量一般分为 7 个等级，见表 5.1 和表 5.2。降水历时是指一次降水过程中从某一时刻到另一时刻经历的降水时间，而将从降水开始时刻到降水结束时刻所经历的时间称为次降水历时，一般以"min"、"h"或"d"计，视不同需要而定。降水笼罩范围的水平投影面积称为降水面积，以"km²"计。暴雨集中的较小的局部地区，称为暴雨中心。一般情况下，暴雨中心会在一次降雨过程中发生转移。

不同时段的降雨量等级划分表　　　　　　　　　　　　　　　　　　　　表 5.1

等级	微雨	小雨	中雨	大雨	暴雨	大暴雨	特大暴雨
12h 雨量（mm）	<0.1	0.1~4.9	5~14.9	15~29.9	30~69.9	70~139.9	≥140
24h 雨量（mm）	<0.1	0.1~9.9	10~24.9	25~49.9	50~99.9	100~249.9	≥250

不同时段的降雪量等级划分表　　　　　　　　表 5.2

等级	微雪	小雪	中雪	大雪	暴雪	大暴雪	特大暴雪
12h 雪量（mm）	<0.1	0.1～0.9	1～2.9	3～5.9	6～9.9	10～14.9	≥15
24h 雪量（mm）	<0.1	0.1～2.4	2.5～4.9	5～9.9	10～19.9	20～29.9	≥30

单位时间内的降水量则称为降水强度或雨率、雨强，以"mm/min"、"mm/h"或"mm/d"计。降水强度有时段平均降水强度和瞬时降水强度。在 Δt 降水历时内降水量为 ΔP 时，平均降水强度 $\bar{i}$ 可用下式计算

$$\bar{i} = \frac{\Delta P}{\Delta t} \tag{5.1}$$

瞬时降水强度 i 则按下式计算

$$i = \lim_{\Delta t \to 0} \frac{\Delta P}{\Delta t} = \frac{\mathrm{d}P}{\mathrm{d}t} \tag{5.2}$$

自记雨量计记录纸上绘出的曲线如图 5.10 所示，它是一条累积雨量曲线，纵坐标表示累积雨量 P，横坐标表示时程 t，曲线的斜率 $\mathrm{d}P/\mathrm{d}t$ 表示降雨强度。曲线最陡处，即斜率最大处，表示降雨强度最大；曲线水平延伸时，表示无雨。

5.2　降　水　分　布

根据实际观测，一次降雨在其笼罩范围内各地点的大小都不一样，表示了降雨量分布的不均匀性。这是由于复杂的气候因素和地理因素在各方面互相影响所致。因此，工程设计所需要的雨量资料都有一个空间和时间上的分布问题，现分述如下。

5.2.1　流域平均降水量

雨量站观测的降水量称点降水量，它只表示区域中某点或者某一小范围的降水情况。在水文分析时需要全区域或全流域的降水量，这就需要计算出全区域的平均降水量。区域（或流域）平均降水量的计算方法常用的有：算术平均法、加权平均法（泰森多边形法）、等雨量线法和距离平方倒数法等。在计算前首先要对区域内以及邻近区域的雨量站的降水资料认真分析，检查各点降水量的代表性和可靠性。然后针对不同的条件采用不同的计算方法。

（1）算术平均法

设 P_1，P_2，$\cdots$，P_n 为同一时期内各雨量站实测降水量（mm），n 为雨量站数，则流域平均降水量 P_F（mm）为

$$P_\mathrm{F} = \frac{1}{n}(P_1 + P_2 + \cdots + P_n) = \frac{1}{n}\sum_1^n P_i \tag{5.3}$$

此法简单，但精度较差。在流域面积不大，地形起伏较小，且雨量站分布较均匀时，可获得良好结果。

（2）加权平均法

首先把流域内各雨量站（包括流域附近的站）绘在流域地形图上，然后每三个雨

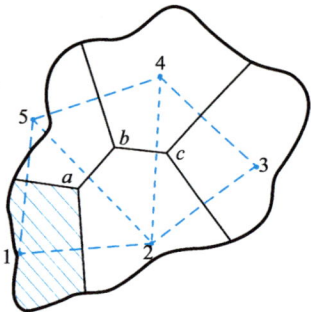

图 5.3　加权平均法示意图

量站用虚线连接起来，从而形成许多三角形，并在每个三角形各边上做垂直平分线，所有的垂直平分线可构成一个多边形网，将全流域分为 n 个多边形，每个多边形内有一个雨量站（图 5.3），因而此法也称为垂直平分法或泰森多边形法。假定每个多边形上的面雨量等于其中雨量站的雨量，其值为 P_1，P_2，…，P_n，而设 f_1，f_2，…，f_n 为流域内各雨量站所控制的多边形面积，流域总面积 $F = \sum_1^n f_i$，则流域平均降水量可由下式计算

$$P_{\mathrm{F}} = \frac{P_1 f_1 + P_2 f_2 + \cdots + P_n f_n}{\sum_1^n f_i} = \frac{\sum_1^n P_i f_i}{F} = \sum_1^n P_i \frac{f_i}{F} \tag{5.4}$$

上式中 $\dfrac{f_i}{F}$ 表示各雨量站所控制的面积占整个流域面积的百分比，通常称为该站之权重，实测雨量 P_i 与权重 $\dfrac{f_i}{F}$ 的乘积称为权雨量，流域平均降雨量则是各站权雨量之和。图 5.3 是加权平均法的示意图，阴影面积为雨量站 1 所控制的面积。

泰森多边形法比较简单，精度也较好，但该法将各雨量站权重视为定值而不适应降雨空间分布复杂多变的特点。此外，不论雨量站之间的距离有多远，中间是否有地形阻碍，该法一律假定雨量在站与站之间成线性变化也不一定符合实际情况。

【例 5.1】　浙江衢江区水文站是衢江上游的控制站（图 2.10），流域面积 $F = 5290\mathrm{km}^2$，现从 34 个雨量站中选取代表性较好的 12 个计算流域平均降雨量。站名与各站权重均列入图 5.4 中，计算见表 5.3。流域日平均降雨量为表 5.3 中各站权雨量之和，即 $P_{\mathrm{F}} = 43.7\mathrm{mm}$。如用算术平均法，则求得平均雨量为

$$\frac{\sum_1^n P_i}{12} = \frac{533.3}{12} = 44.5\mathrm{mm}，较加权平均法的结果为大。$$

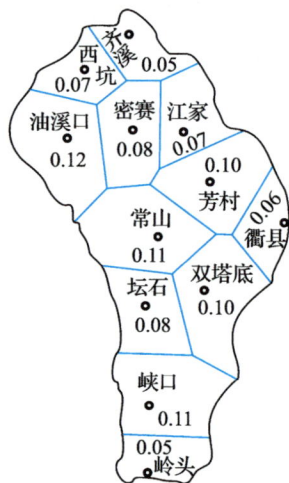

图 5.4　浙江衢江区衢江流域泰森多边形图（图中数字为各站权重）

用加权平均法计算流域日平均降水量（1972 年 5 月 23 日）mm　　表 5.3

齐 溪		密 赛		西 坑		油溪口		江 家		常 山	
雨	权雨	雨	权雨	雨	权雨	雨	权雨	雨	权雨	雨	权雨
41.7	2.09	53.5	4.28	54.1	3.79	39.6	4.75	41.7	2.92	40.0	4.4
芳 村		岭 头		峡 口		坛 石		双塔底		衢江区	
雨	权雨	雨	权雨	雨	权雨	雨	权雨	雨	权雨	雨	权雨
38.8	3.88	51.1	2.56	31.0	3.41	53.9	4.32	50.2	5.02	37.7	2.26

（3）等雨量线法

应用等雨量线法的步骤是：1）将某场雨的各站实测降水量注记在流域地形图上，用绘制等高线的方法绘制出等雨量线，如图 5.5 所示。2）用求积仪求出每相邻两条等雨量线之间的面积 f，用它乘以该面积两侧等雨量线的雨量平均值，得到该面积上的降雨总量。3）把各个面积上的降雨总量相加，用总面积 F 去除，即得流域平均降水量，其计算式为

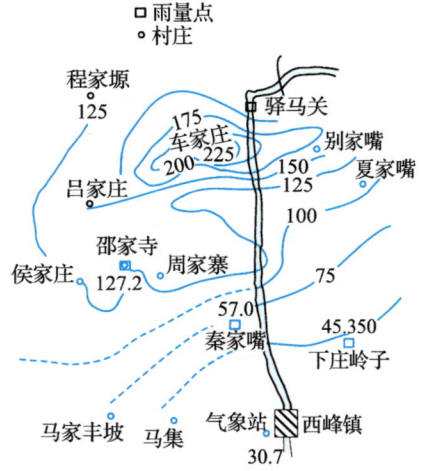

图 5.5 甘肃董志塬北部暴雨等雨量线图（1958 年 7 月 13 日）

$$P_F = \frac{\sum_1^n \frac{P_i + P_{i+1}}{2} f_i}{\sum_1^n f_i} = \frac{\sum_1^n \frac{P_i + P_{i+1}}{2} f_i}{F} \quad (5.5)$$

式中　P_F——流域平均降水量，mm；

　　　F——流域面积，km^2；

　　　f_i——两等雨量线间所包围的流域面积，km^2；

P_i，P_{i+1}——面积 f_i 两侧等雨量线之雨量值，mm。

一般说来，等雨量线法是计算区域平均降水量最完善的方法。因为它的优点正是考虑了地形变化对降水的影响，理论较充分，计算精度较高。因此，对于地形变化较大（一般是大流域），且区域内又有足够数量的雨量站，能够根据降水资料结合地形变化绘制出暴雨等雨量线图，则应采用本方法。但该法要求有足够大的雨量站网密度，且每次降雨都必须绘制等雨量线图，故该法的工作量很大，在实际应用上受到一定的限制，但一般在分析大面积的特殊暴雨洪水时要求使用等雨量线法。

【例 5.2】　甘肃泾河流域董志塬北部 1958 年 7 月 13 日下了一场暴雨，最大降雨量达 258mm，现据 10 处雨量观测值和访问到的 125 处降雨情况，绘制了等雨量线图，如图 5.5 所示。按图得出了降雨量与笼罩面积的关系，见表 5.4。按公式（5.5）可得流域日平均降水量 P_F 如下。

用等雨量线法计算流域日平均降雨量（1958 年 7 月 13 日）　　表 5.4

降雨量（mm）	258	250	225	200	175	150	125	100	75	50	30.7		
平均降雨量（mm）	254	237.5	212.5	187.5	162.5	137.5	112.5	87.5	62.5	40.35			
降雨面积（km^2）	0.1	1.2	4.79	23.97	42.83	99.63	20.25	20.05	26.66	42.05	合计	281.53	
降雨总量（mm）	25.4	285	1018	4494	6960	13699	2278	1754	1666	1697		33876.4	

$$P_F = \frac{33876.4}{281.53} = 120.3mm$$

（4）距离平方倒数法

该法将计算区域划分成许多长宽分别为 Δx 和 Δy 的矩形网格（图 5.6），网格格点处的雨量用其周围邻近雨量站按其距离平方的倒数插值求得

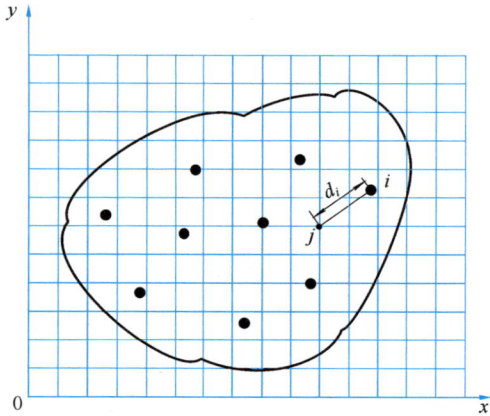

图 5.6　网格及雨量站位置

$$x_j = \frac{\sum\limits_{i=1}^{m}(p_i/d_i^2)}{\sum\limits_{i=1}^{m}(1/d_i^2)} \tag{5.6}$$

式中　x_j——第 j 个格点的雨量；

　　　　p_i——第 j 个格点周围邻近的第 i 个雨
　　　　　　量站的雨量；

　　　　d_i——第 j 个格点到其周围邻近的第 i
　　　　　　个雨量站的距离；

　　　　m——第 j 个格点周围邻近的雨量站
　　　　　　数目。

由于格点的数目足够多，而且分布均匀，因此，在使用式（5.6）求得每个格点的雨量后，就可按算数平均法计算流域的平均雨量

$$P_F = \frac{1}{n}\sum_{j=1}^{n}x_j = \frac{1}{n}\sum_{j=1}^{n}\left[\sum_{i=1}^{m}(p_i/d_i^2)\Big/\sum_{i=1}^{m}(1/d_i^2)\right] \tag{5.7}$$

式中　n——区域内格点的数目；

其余符号的意义同前述。

该法改进了站与站之间的雨量呈线性变化的假设，虽计算过程复杂，但便于计算机处理数据。若雨量不与距离的平方成反比关系，也容易改成其他幂次，这也是该法的一大特点。另外，因该法插补出每个网格格点的雨量，也为分布式流域水文模型的分布式降雨输入提供了可能性。

实践证明，对于长历时的降雨，上述方法都能得到相近的结果，随着降雨历时的减小，各法计算结果的差异就会越发显现出来。

5.2.2　多年平均最大 24h 降水量

对于缺乏自记雨量计记录的地区，各测站都有日降水量的资料，据此而求得日最大降水量的多年平均值，它是计算短历时暴雨强度的基本资料。一般而言，各省（区）的《水文手册》中都有本地区最大日降水量的均值 C_v、C_s 的等值线图或分区图。

5.2.3　我国年降水量的分布

我国年降水量大体趋势是从沿海到内陆，从南到北依次递减。等降水量线的走向大致是东北—西南向。这些特点和我国所处的地理位置有密切关系。我国西部伸入到亚欧大陆的中心，东南濒临世界最大的海洋——太平洋，大部分地区属季风区，因此，东南湿润，西北干旱。全国多年平均降水量 648mm，低于全球陆面平均降水量 800mm，也小于亚洲陆面平均降水量 740mm。降水量最大地区是我国台湾省基隆东南的火烧寮，多年平均降水量为 6489mm，年最大降水量达 8409mm；降水量最小地区位于新疆塔里木盆地东南缘的且末县，年降水量仅 9.2mm。

我国大部分地区降水的年内分配是很不均匀的。冬季，受西伯利亚干冷气团的控制，气候寒冷，雨雪较少；春暖以后，南方开始进入雨季，随后雨带不断北移；进入夏季，全

国大部分地区都处在雨季，雨量集中，是全国的防汛期；秋季，随着夏季风的迅速南撤，天气很快变凉，雨季也告结束。因此，我国降水量的季节分布特点是大部分地区降雨集中在夏季，而冬季降水量最少。除长江以南、南岭以北和台湾、新疆部分地区外，其他地区夏季的降水量都占全年总降水量的40%以上。例如，北京的夏季降水量占全年降水量的75%，拉萨的也占80%（图5.7）。

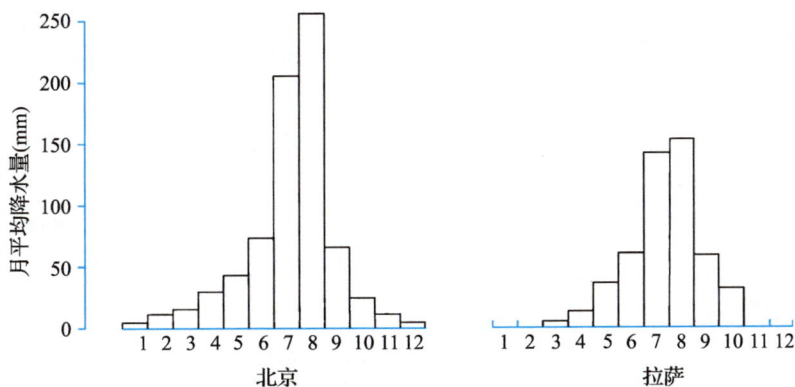

图5.7 北京与拉萨逐月平均降水量分布图

影响降水量大小及时空分布的因素主要有地理位置、气旋、台风途径及其他气象因素以及地形、森林、水体等。研究这些影响因素对掌握降水特性，判断其资料的合理性、可靠性，对不同地区不同河流的径流情势分析及降水资料的应用都具有重大作用。

另外，根据暴雨出现日期、天气气候背景、分季节分类型对全国各地暴雨的时空分布特性进行分析，可看出我国大暴雨随季风进退，在地区分布上有明显差别。

（1）4月～6月 东南季风初登大陆，大暴雨主要出现在长江以南地区，是华南前汛期暴雨和江南梅雨期暴雨出现季节。在此期间出现的大暴雨，其量级有明显的从南向北递减的趋势。

（2）7月～8月 是西南和东南季风最活跃季节。随太平洋副热带高压的北抬西伸，江南梅雨结束，是川西、华北一带大暴雨出现的季节。同时，受台风影响，东南沿海多台风暴雨。

（3）9月～11月 北方冷空气活动增强，随东北季风的暴发，雨区南撤，但东南沿海一带仍受台风侵袭和南下冷空气影响而出现大暴雨。

由此可见，虽然大暴雨或特大暴雨的出现有其偶然性，但在地区分布上仍有一定的规律性。

5.3　点雨量资料的整理

雨水排除系统所要排除的雨水，绝大部分是在较短促的时间内降落的，属暴雨性质，形成的雨水径流量比较大。据气象方面有关规定：凡日降水量达到和超过50mm的降水称为暴雨。暴雨又分为暴雨、大暴雨和特大暴雨三个等级。在自记雨量计记录纸上选出每场暴雨进行分析，绘出它的强度—历时关系曲线，这是整理点雨量资料时首先要做的工作，如【例5.3】所示。

【例5.3】 图5.8是某站记录到的一场历时120min、共降雨23.1mm的暴雨。由自记雨量累积曲线上根据规定的历时，即可从中求出各历时的最大降雨强度。表5.5为图5.8

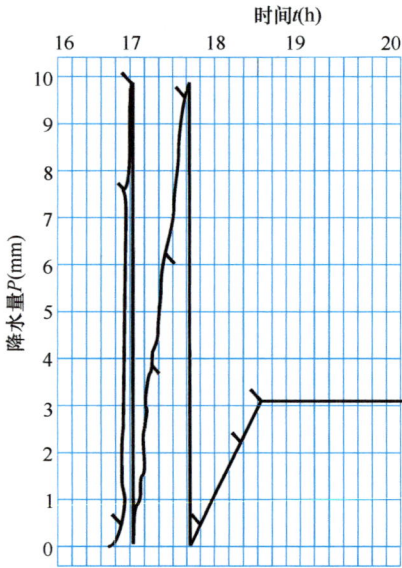

图 5.8　自记雨量计记录

分析的成果。依据现行的《室外排水设计规范》GB 50014—2006（2016 年版），对于具有 10 年以上自记雨量记录的地区，可采用年多个样法选样，降雨历时采用 5min、10min、15min、20min、30min、45min、60min、90min、120min 共九个历时进行摘录与统计。对于具有 20 年以上自记雨量记录的地区，可采用年最大值法选样，降雨历时采用 5min、10min、15min、20min、30min、45min、60min、90min、120min、150min、180min 共十一个历时进行摘录与统计。一次降雨的中途其强度低于 0.1mm/min（包括降雨停歇）的持续时间超过 120min 时，应分为两场雨统计。

　　根据表 5.5 的数据，可绘出暴雨强度—历时曲线，即相应历时内的最大平均暴雨强度—历时曲线（图 5.9），它的规律是平均暴雨强度 $\bar{i}$ 随历时的增加而递减，这是确定短历时暴雨公式的基础。

雨强—历时关系计算表　　　　　　　　　　　　　　　　　　　　表 5.5

历　时 （min）	雨　量 （mm）	降雨强度 （mm/min）	所选时段	
			起	讫
5	4.8	0.96	16：37	16：42
10	8.2	0.82	16：37	16：47
15	10.2	0.68	16：37	16：52
20	11.3	0.57	16：37	16：57
30	14.7	0.49	16：37	17：07
45	18.0	0.40	16：37	17：22
60	20.2	0.34	16：37	17：37
90	22.3	0.25	16：37	18：07
120	23.1	0.19	16：37	18：37

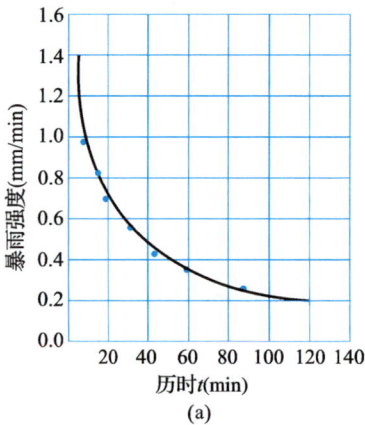

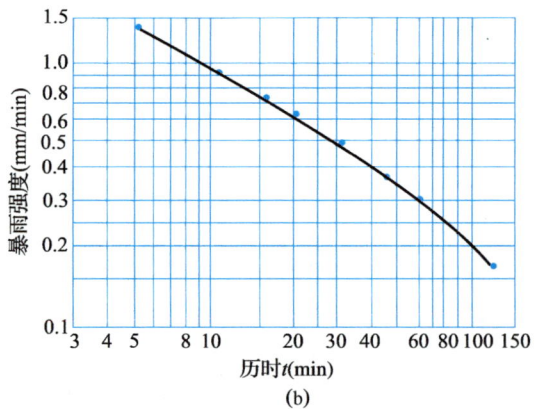

图 5.9　暴雨强度—历时关系曲线

（a）普通坐标；（b）对数坐标

由自记雨量计记录推求短历时的暴雨公式，一般要有 20 年以上的记录年数，最少也要在 10 年以上。当只有 10 年或略长于 10 年时，记录必须是连续的。通过对这些记录资料的整理统计，需要按下述方法求出各不同历时暴雨强度的重现期。

对于具有 10 年以上自记雨量记录的地区，采用年多个样法选择：在每年不同历时的暴雨强度记录表中，均按大小排列，选取排在前面的 6~8 个最大值，作为该年各不同历时的样本。然后，把历年所有选取的样本记录放在一起，不论年次地将每个历时的样本重新排队，再从中取资料年数的 3~4 倍的最大值，作为统计的基础资料。一般要求按不同历时，计算重现期为 0.25、0.33、0.5、1、2、3、5、10 等年的暴雨强度，制成暴雨强度 i、降雨历时 t 和重现期 T 的关系表（表 5.6）。资料条件较好时（资料年数≥20 年、子样点的排列比较规律），也可统计高于 10 年的重现期。进行暴雨强度统计时，应采用频率曲线加以调整。当精度要求不太高时，可采用经验频率曲线；当精度要求较高时，可采用皮尔逊Ⅲ型分布曲线或指数分布曲线等理论频率曲线。

暴雨强度 i—降雨历时 t—重现期 T 关系表 表 5.6

$T(a)$	t(min)						
	5	10	15	20	30	45	60
	i（mm/min）						
0.25	0.318	0.218	0.189	0.169	0.141	0.117	0.103
0.33	0.432	0.308	0.258	0.230	0.191	0.155	0.143
0.50	0.557	0.446	0.366	0.325	0.266	0.227	0.198
1	0.813	0.652	0.544	0.470	0.395	0.330	0.288
2	1.180	0.863	0.712	0.631	0.520	0.435	0.382
3	1.350	0.973	0.810	0.715	0.596	0.496	0.434
5	1.530	1.120	0.931	0.820	0.682	0.575	0.497
10	1.830	1.340	1.110	0.980	0.818	0.680	0.596
暴雨强度值总计$\sum i$	8	5.920	4.920	4.340	3.609	3.015	2.641
暴雨强度平均值$\bar{i}$	1	0.74	0.615	0.542	0.452	0.376	0.330

对于具有 20 年以上自记雨量记录的地区，采用年最大值法选样：按上述 11 个降雨历时时段进行摘录统计，将每年最大的降雨数据汇总为基础的统计资料。再按不同历时，计算重现期为 2 年、3 年、5 年、10 年、20 年、30 年、50 年、100 年的暴雨强度，制成暴雨强度 i、降雨历时 t 和重现期 T 的关系表。采用经验频率曲线或理论频率曲线进行趋势性拟合调整来计算暴雨强度，一般采用理论频率曲线，包括皮尔逊Ⅲ型分布曲线、耿贝尔分布曲线和指数分布曲线。

在没有自记雨量资料或自记雨量资料少于 10 年的地区，可参照采用附近气象条件相似地区的暴雨强度公式。

5.4 暴雨强度公式的推求

5.4.1 暴雨强度公式

根据表 5.6 中的数据在普通方格坐标上绘出图 5.10，它表示不同重现期的不同降雨历时与暴雨强度（i—t—T）的关系。由图 5.9 和图 5.10 可知，暴雨强度随历时的增加而递减。这种曲线基本上属幂函数类型，通常用下列公式表达：

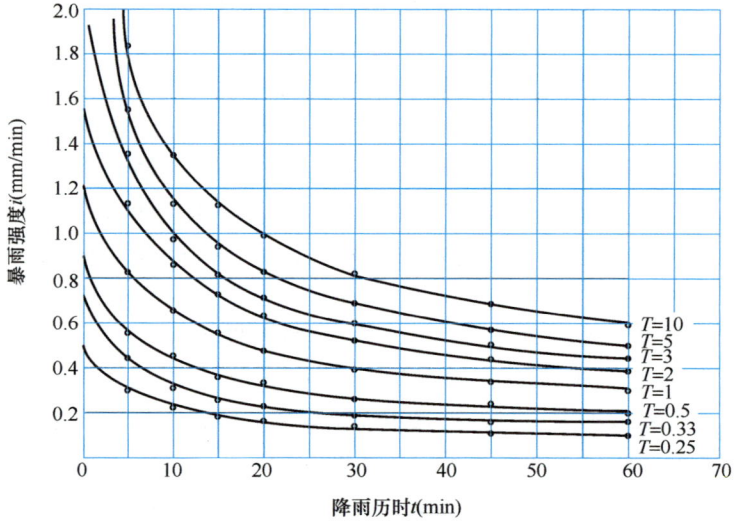

图 5.10　暴雨强度 i—降雨历时 t—重现期 T 关系曲线（普通坐标）

（1）当 i 与 t 点绘在双对数坐标纸上不呈直线关系时，则采用

$$i = \frac{A}{(t+b)^n} \tag{5.8}$$

（2）当 i 与 t 点绘在双对数坐标纸上呈直线关系时（图 5.11），则采用

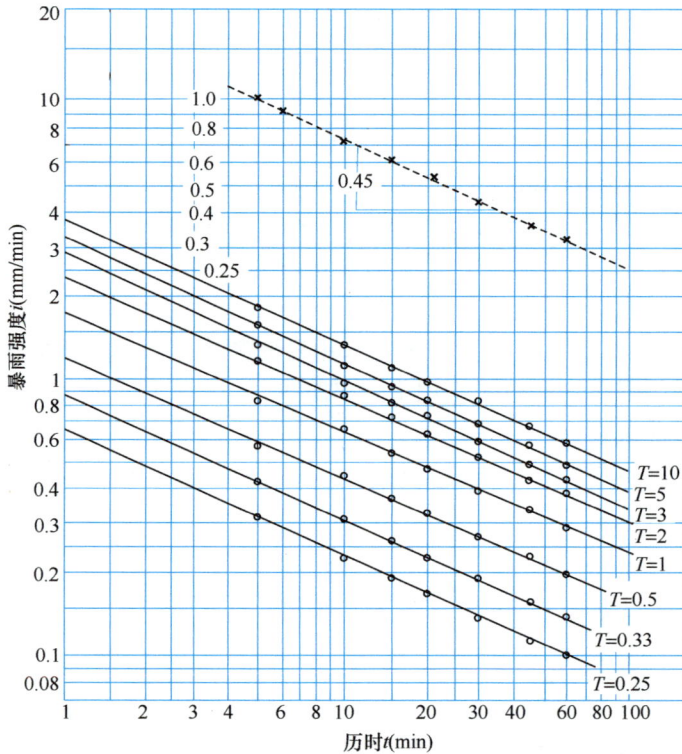

图 5.11　某地暴雨强度 i—降雨历时 t—重现期 T 关系曲线
×—平均值点据；●—表 5.6 中所列数据的点据

$$i = \frac{A}{t^n} \qquad\qquad (5.9)$$

由整理点雨量资料的要求可知，上述公式算得的强度 i 应是任意时段 t 内的最大平均暴雨强度值，式（5.9）为式（5.8）中 $b=0$ 时的特殊情况。式中 n、b、A 为暴雨的地方特性参数，也称 n 为暴雨衰减指数，b 为时间参数，A 为雨力或时雨率（单位为 "mm/min" 或 "mm/h"）。A 随重现期 T 而变。它与 T 的关系常用下列公式表达

$$A = A_1(1 + C\lg T) \qquad\qquad (5.10)$$

式（5.8）、式（5.9）及式（5.10）能够较全面地反映我国大多数地区的暴雨强度变化规律，被《室外排水设计规范》推荐为雨水量的计算公式。该规范要求最后将暴雨强度 i（单位：mm/min）换算为 q（单位：L/(s·hm²)），便于绘制全国参数等值线图。其计算公式如下：

$$q = \frac{167A_1(1 + C\lg T)}{(t + b)^n} \qquad\qquad (5.11)$$

式中　q——设计暴雨强度，L/(s·hm²)；

　　　t——降雨历时，min；

　　　T——设计重现期，a；

　A_1，C——地方性暴雨参数。

目前，我国对于具有较少降雨资料地区采用年多个样法取样，建议用图解法、解析法、图解与计算结合法等方法进行暴雨公式参数的推求；而对于具有 20 年以上较长降雨资料地区采用年最大值法取样，除了图解法、解析法、图解与计算结合法，为提高暴雨强度公式的精度，一般建议采用高斯-牛顿法进行暴雨公式参数的推求。下面首先介绍暴雨强度公式参数推求的基本原理和一种简便的图解法和解析法，然后介绍采用非线性最小二乘法进行参数估计的计算机应用程序及应用举例。

5.4.2　公式 $i = \dfrac{A}{t^n}$ 中参数的推求

如对式（5.9）两边取对数

$$\lg i = \lg A - n\lg t \qquad\qquad (5.12)$$

这表明暴雨强度曲线在双对数坐标纸上是一直线，n 为直线斜率。由式（5.10）得

$$A = A_1 + A_1 C\lg T = A_1 + B\lg T \qquad\qquad (5.13)$$

式（5.13）在单对数坐标纸上（A 为普通分格，T 为对数分格）也是一条直线，B 为斜率，$B = A_1 C$。根据上述两式成直线的特点，常用图解法或最小二乘法求公式中的参数。

（1）图解法

将从历年自记雨量计记录中整理求得的 i-t-T 资料（表5.6），以重现期 T 为参数，将 i-t 关系点绘在双对数坐标纸上，如图 5.11 所示，共有 8 组点据。对每组点据均按作回归线的方法，绘一条最能适合这组点据的直线。在绘制这些直线时，要特别注意使它们的斜率彼此相等。为了简化这一工作，可以把历时 t 相同的各组 i 值求其平均，见表 5.6 最下面一行（这一组平均点据并不具有重现期的意义），把它们点绘在图 5.11 中的上方，也按作回归线的方法，绘一条与它最相适合的直线（见图 5.11 中的一条虚线），在绘制其他

8 条直线时，可用这一条虚线作参考，使各直线都与它平行，即各直线都具有相同斜率 $n=0.45$。

由式（5.12）可知，当 $t=1\text{min}$ 时，$\lg i=\lg A$，亦即直线与纵坐标相交处的截距为 A 值。据此，即可求出对应于各不同重现期 T 的 A 值。在图 5.11 中，将各重现期的直线延长到 $t=1$ 的纵坐标处，可得表 5.7 中对应的 T—A 关系。

T—A 关系表　　　　　　　　　　　　　　　　　　　　　　　表 5.7

重现期 T	a	10	5	3	2	1	0.5	0.33	0.25
雨力 A	mm/min	3.80	3.18	2.77	2.41	1.80	1.23	0.89	0.65

把这些关系点绘在图 5.12 的半对数坐标纸上，它们有排列成直线的趋势，仍按作回归线的方法，可得一条配合较好的直线。即方程

$$A = A_1 + B\lg T$$

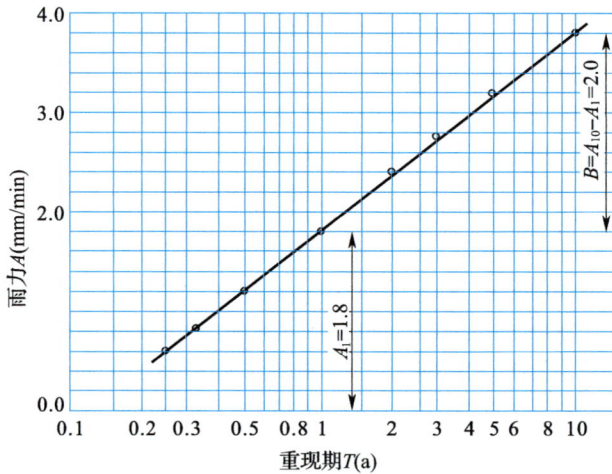

图 5.12　参数 A_1 与 B 的图解

当 $T=1$ 时　$A=A_1$，为该直线的截距，图中 $A_1=1.80$。

当 $T=10$ 时　$A_{10}=A_1+B$，即斜率 $B=A_{10}-A_1$，图中：$B=3.8-1.8=2.0$，因而 $C=\dfrac{B}{A_1}=\dfrac{2.0}{1.8}=1.11$，由此得

$$A = 1.8(1+1.11\lg T)$$

最后，由图解法求得某地的暴雨公式为

$$i = \frac{1.8(1+1.11\lg T)}{t^{0.45}} \tag{5.14}$$

（2）最小二乘法

用图解法求暴雨公式中的参数，完全由目估定线，个人的工作经验对成果好坏起一定作用。当点据比较散乱时，可按最小二乘法原理求各参数值。

此处将每一重现期的暴雨强度 i 与降雨历时 t 看作一组观测系列，每组有 m_1 对 (i, t) 值，由式（5.12）知

$$\lg i - (\lg A - n\lg t) \neq 0$$

根据最小二乘法原理，若所求得的参数为最佳值时，则可使观测值 i 与其匹配直线之间的误差平方和 M（即上式之差的平方和）为最小。

设
$$\sum[\lg i - (\lg A - n\lg t)]^2 = M$$

令 $\dfrac{\partial M}{\partial n} = 0$ 得

$$\sum(\lg i \cdot \lg t) - \sum(\lg A \cdot \lg t) + n\sum\lg^2 t = 0$$

对某一重现期 T 而言，$\lg A$ 为常数，所以

$$\sum(\lg i \cdot \lg t) - \lg A \quad \sum\lg t + n \quad \sum\lg^2 t = 0 \tag{5.15}$$

又令 $\dfrac{\partial M}{\partial(\lg A)} = 0$ 得

$$\sum\lg i - \sum\lg A + n\sum\lg t = 0$$

或
$$\sum\lg i - m_1\lg A + n\sum\lg t = 0 \tag{5.16}$$

式中　m_1——降雨历时的总项数。

联立解式（5.16）与式（5.16），可得到式（5.17）与式（5.18）。即

$$n = \frac{\sum\lg i \cdot \sum\lg t - m_1\sum(\lg i \cdot \lg t)}{m_1\sum\lg^2 t - (\sum\lg t)^2} \tag{5.17}$$

此式所得只属于某一重现期 T 的暴雨衰减指数 n_T。对应于不同重现期，可得多个略有差异的 n_T 值。为统一在一个暴雨公式中，应取其平均值作为计算值，

即
$$\bar{n} = \frac{\sum\limits_1^{m_2} n_T}{m_2}$$

因此得

$$\lg A = \frac{1}{m_1}(\sum\lg i + \bar{n}\sum\lg t) \tag{5.18}$$

最后，为了求得参数 A_1 及 B 值，对式

$$A = A_1 + B\lg T$$

运用最小二乘法，得

$$A_1 = \frac{\sum\lg^2 T \cdot \sum A - \sum\lg T \cdot \sum A \cdot \lg T}{m_2\sum\lg^2 T - (\sum\lg T)^2} \tag{5.19}$$

$$B = \frac{\sum A - m_2 A_1}{\sum\lg T} \tag{5.20}$$

式中　m_2——重现期的总项数。

【例 5.4】　仍以表 5.6 为例，说明最小二乘法的应用，计算步骤如下：

1）求暴雨衰减指数 n

现以表 5.6 中 $T=10a$ 的 $i-t$ 对应值为例，应用式（5.17），计算见表 5.8。

$$n = \frac{\sum\lg i \cdot \sum\lg t - m_1\sum(\lg i \cdot \lg t)}{m_1\sum\lg^2 t - (\sum\lg t)^2}$$

$$= \frac{-0.0535 \times 9.0846 - 7 \times (-0.4530)}{7 \times 12.6413 - (9.0846)^2} = 0.451$$

n、A 值计算表 表 5.8

序　号	历时 t (min)	$\lg t$	$(\lg t)^2$	降雨强度 i (min)	$\lg i$	$\lg i \cdot \lg t$
1	5	0.6990	0.4886	1.83	0.2624	0.1834
2	10	1.0000	1.0000	1.34	0.1271	0.1271
3	15	1.1761	1.3832	1.11	0.0453	0.0533
4	20	1.3010	1.6926	0.98	−0.0088	−0.0114
5	30	1.4771	2.1818	0.818	−0.0872	−0.1288
6	45	1.6532	2.7331	0.68	−0.1675	−0.2769
7	60	1.7782	3.1620	0.596	−0.2248	−0.3997
总　计		9.0846	12.6413		−0.0535	−0.4530

对表 5.6 中其他不同重现期的 n 值，用同样方法依次求得为：0.445，0.452，0.445，0.428，0.418，0.462，0.454，从而求得平均值 $\bar{n}=0.445$。

2）求不同重现期的雨力 A

现仍以表 5.6 中 $T=10$ 年的对应值为例，应用式（5.16），代入 $\bar{n}$ 和表 5.8 中相应数值得

$$\lg A = \frac{1}{m_1}\left(\sum \lg i + \bar{n} \sum \lg t\right) = \frac{1}{7}(-0.0535 + 0.445 \times 9.0846) = 0.5699$$

$$A = 3.714$$

同样，可求得其他重现期的 A 值，列于表 5.9 中。

T-A　关系表 表 5.9

重现期 T(a)	10	5	3	2	1	0.5	0.33	0.25
雨力 A(mm/min)	3.71	3.11	2.71	2.38	1.78	1.21	0.87	0.63

3）求参数 A、B 和 C 值

计算过程列于表 5.10，计算如下

$$A_1 = \frac{\sum \lg^2 T \cdot \sum A - \sum \lg T \cdot \sum A \lg T}{m_2 \sum \lg^2 T - \left(\sum \lg T\right)^2}$$

$$= \frac{2.4920 \times 16.40 - 1.0925 \times 6.7308}{8 \times 2.4920 - 1.0925^2} = 1.788$$

$$B = \frac{\sum A - m_2 A_1}{\sum \lg T} = \frac{16.40 - 8 \times 1.788}{1.0925} = 1.918$$

$$C = \frac{B}{A_1} = \frac{1.918}{1.788} = 1.07$$

由此得

$$A = 1.79 \times (1 + 1.07 \lg T)$$

A、B 值计算用表 表 5.10

序　号	重现期 T(a)	$\lg T$	$\lg^2 T$	雨力 A(mm/min)	$A \lg T$
1	10	1.0000	1.0000	3.71	3.7100
2	5	0.6990	0.4889	3.11	2.1739

序　号	重现期 T(a)	lg$T$	lg^2T	雨力 A(mm/min)	Alg$T$
3	3	0.4771	0.2276	2.71	1.2929
4	2	0.3010	0.0906	2.38	0.7164
5	1	0.0000	0.0000	1.78	0.0000
6	0.5	−0.3010	0.0906	1.21	−0.3642
7	0.33	−0.4815	0.2318	0.87	−0.4189
8	0.25	−0.6021	0.3625	0.63	−0.3793
总　计		1.0925	2.4920	16.40	6.7308

4）求得暴雨公式

总结以上计算，用最小二乘法得出某地的暴雨公式为

$$i = \frac{1.79(1+1.07\lg T)}{t^{0.445}} \tag{5.21}$$

上式与用图解法得出的公式（5.14）比较，相差甚微。图解法因其简便，成果也足够精确，在实际中常被采用。

5.4.3　公式 $i = \frac{A}{(t+b)^n}$ 中参数的推求

当 i 与 t 点绘在双对数坐标纸上是一条曲线时，可用试摆法使之形成直线。试摆法就是对某一重现期的曲线，保持其纵坐标 lg$i$ 不变，而在各个历时 t 上，试加相同的 b 值，使横坐标 lg$t$ 变成 lg$(t+b)$，若各点连线变成一直线时，则试加之值就是所求 b 值。因此，不同的重现期 T，都有各自合适的 b 值。

对式（5.8）两边取对数得

$$\lg i = \lg A - n\lg(t+b) \tag{5.22}$$

当 $t+b=1$ 时，lg$i$=lg$A$，纵坐标上的截距 i 值就是 A，同时

$$n = \frac{\lg A - \lg i}{\lg(t+b)} \tag{5.23}$$

由此式即可求出参数 n。将初步求得的 A、b、n 值列表计算，从中求得 n 的第一次平均值，再调整 b 和 A，求出 b 的平均值和 n 的第二次平均值，最后求得 A_1、B 和 C。

【例5.5】　以表5.11中的 i-t-T 关系值，用试摆法求解暴雨公式中的各参数值。

【解】　根据上述方法（求解过程略），求得 $A_1=21.4$，$C=0.55$，$n=0.81$，$b=14$；所求暴雨强度公式为

$$i = \frac{21.4(1+0.55\lg T)}{(t+14)^{0.81}} \tag{5.24}$$

i-t-T 关系表　　　　表5.11

序号	重现期 T (a)	t(min)						
		5	10	15	20	30	45	60
		i(mm/min)						
1	1	2.04	1.61	1.34	1.21	0.98	0.785	0.654
2	2	2.39	1.88	1.59	1.44	1.15	0.952	0.802
3	3	2.53	2.03	1.74	1.56	1.26	1.04	0.875
4	5	2.75	2.18	1.86	1.72	1.37	1.12	0.960
5	10	3.04	2.42	2.06	1.90	1.53	1.29	1.09

5.4.4* 公式 $i=\dfrac{A_1(1+C\lg T)}{(t+b)^n}$ 中参数的非线性最小二乘估计

对于暴雨强度公式

$$i=\frac{A_1(1+C\lg T)}{(t+b)^n} \tag{5.25}$$

若采用手算法对公式中的参数 A_1，C，n，b 进行求解，由上述示例可知其运算工作量大、步骤繁杂，计算速度、精度都受到限制。而对于像式（5.25）这样的非线性的已知关系式，其参数可直接采用非线性最小二乘的高斯—牛顿法或修正的高斯—牛顿法——麦夸尔特（Marqurlt）法进行求解。

（1）变量及数组说明

1）变量

T：指示变量。$T=1$ 表示使用一般的高斯—牛顿法，$T=2$ 表示使用麦夸尔特法；

N：观测数据的组数；

P：变量的个数；对式（5.25），$P=2$（重现期 T，降雨历时 t）；

M：待定参数的个数；对式（5.25），$M=4(A_1,C,n,b)$；

MP：最高迭代次数；

EE：迭代的精度；

FA：指示变量：FA＝0 表示迭代过程顺利结束；FA＝－1 表示已达到最高迭代次数 MP；FA＝－2 表示 d＝100，W＝0，无法继续迭代，可能是由于 EE 过小引起的；FA＝－3 表示迭代过程中方程组的系数矩阵出现主对角元素为 0，可能是两参数线性相关或偏导值过小引起的。

2）数组

X（N，P+1）：存放自变量 T，t 和函数 i 的 N 组观测值；

X（N，1）：重现期 T 的 N 组观测值；

X（N，2）：降雨历时 t 的 N 组观测值；

X（N，3）：暴雨强度 i 的 N 组观测值；

B0（M）：存放 M 个参数的初始值；

B（M）：存放 M 个参数的近似值；

B（1）：待估参数 A_1；

B（2）：待估参数 C；

B（3）：待估参数 n；

B（4）：待估参数 b。

（2）计算程序及说明

1　REM 暴雨强度公式中参数的非线性最小二乘估计

2　PRINT "请输入 T，N，P，M，MP，EE:"　　2：键盘输入 T，N，P，M，MP，EE 值。

3　INPUT T，N，P，M，MP，EE

4　DIM X（N，P+1），EI（N），EI1（N），　　4—5：数组说明语句。
　　Y1（N），B（M），B0（M）

5　DIM G（M+1），H（M+1），A（M，
　　M+1），A0（M，M+1），GG（M），Y（N）

6　OPEN "RAIN. DAT" FOR INPUT AS #1

7　FOR I=1TO N　　　　　　　　　　　7—12：读入原始数据。

8　FOR J=1TO P+1

9　INPUT#1, X（I, J）

10　NEXT J

11　NEXT I

12　IF EOF（1）THEN CLOSE#1

13　PRINT "请输入所求未知数 A1，　　　13—18：键盘输入参数 B(1)
　　C，N，B 的初始值："　　　　　　　　　—B（4）(A1, C, N, B)
　　　　　　　　　　　　　　　　　　　　的初始值。

14　FOR I=1TO M

16　INPUT B（I）

18　NEXT I

24　MM=0

25　GOSUB200　　　　　　　　　　　　25：由参数初值转向 200 句子程序
　　　　　　　　　　　　　　　　　　　　入口，计算残差平方和。

30　N0=0　　　　　　　　　　　　　　30：迭代次数赋初值为 0。

32　FA=0　　　　　　　　　　　　　　32：指示变量 FA=0，表示计算
　　　　　　　　　　　　　　　　　　　　顺利结束。

34　IF TT=1 THEN 37　　　　　　　　　34—37：T=1 时，阻尼因子取 0；

35　DD=.01

36　GOTO 40　　　　　　　　　　　　　T=2 时，DD 取初值 0.01。

37　DD=0

40　N0=N0+1　　　　　　　　　　　　40—44：把第 N0+1 轮迭代过程，
　　　　　　　　　　　　　　　　　　　　　　把 N0 对应残差平方和 Q
　　　　　　　　　　　　　　　　　　　　　　赋值 Q0，参数值 B(I) 赋
　　　　　　　　　　　　　　　　　　　　　　值 B0(I)。

41　Q0=Q

42　FOR I=1 TO M

43　B0（I）=B（I）

44　NEXT I

45　GOSUB 250　　　　　　　　　　　　45：转至第 250 句子程序入口，计
　　　　　　　　　　　　　　　　　　　　算方程组的系数。

50　FOR I=1 TO M　　　　　　　　　　50—65：方程组系数 a_{II} 标准化。
　　　　　　　　　　　　　　　　　　　　　　当 $a_{II} \leqslant 0$ 时表示两参数
　　　　　　　　　　　　　　　　　　　　　　线性相关或偏导数值过
　　　　　　　　　　　　　　　　　　　　　　小，转至并执行 160，

162，164 句，让 FA＝
－3。当 Q0＜10^{-9} 时，
迭代顺利结束。

51　IF A (I, I) ＜＝0 THEN 160

52　H (I) ＝1/SQR (A (I, I))

53　NEXT I

55　IF Q0＜1E－09 THEN 165

56　H (5) ＝1/SQR (Q0)

60　FOR I＝1 TO M

61　FOR J＝1 TO M＋1

62　A (I, J) ＝A (I, J) ＊H (I) ＊H (J)

64　NEXT J

65　NEXT I

70　IF DD ＜.000001 THEN 72

71　DD＝DD/10

72　W＝1

73　D01＝DD

75　 FOR I＝1 TO M　　　　　　　　75—79：矩阵 A 元素赋予矩阵
　　　　　　　　　　　　　　　　　　　　A0。

76　FOR J＝1 TO M＋1

77　A0 (I, J) ＝A (I, J)

78　NEXT J

79　NEXT I

80　FOR I＝1 TO M　　　　　　　　80—82：计算方程组系数矩阵的对
　　　　　　　　　　　　　　　　　　　　角元素。

81　A0 (I, I) ＝1＋DD

82　NEXT I

85　FOR II＝1 TO M　　　　　　　　85—88：解方程组。对矩阵 A0 的
　　　　　　　　　　　　　　　　　　　　主对角元素作消去代换
　　　　　　　　　　　　　　　　　　　　（程序 300 句），方程组
　　　　　　　　　　　　　　　　　　　　解存于 A0 最后一列。

86　DX＝II

87　GOSUB 300

88　NEXT II

94　AA＝1/H (M＋1)　　　　　　　94—98：标准化后方程组的解存
　　　　　　　　　　　　　　　　　　　　放在 A0 的最后一列，
　　　　　　　　　　　　　　　　　　　　原方程组的解存 GG 中，
　　　　　　　　　　　　　　　　　　　　计算并打印参数的值。

95　FOR I＝1 TO M

96　GG（I）＝A0（I，M＋1）＊H（I）＊AA

97　B（I）＝B0（I）＋GG（I）

98　NEXT I

102　GOSUB 200 　　　　　　　　102：由计算所得 B（I）转至 200
　　　　　　　　　　　　　　　　　　句子程序入口，求 Q 值。

105　IF D01＜DD THEN 115 　　　105：阻尼因子 DD 增大（见下 132
　　　　　　　　　　　　　　　　　　句）时，转至 115 句考察 Q
　　　　　　　　　　　　　　　　　　值是否减小。

106　FOR I＝1 TO M 　　　　　　106—110：当 DD 没有增大时，考
　　　　　　　　　　　　　　　　　　察迭代结果是否满足
　　　　　　　　　　　　　　　　　　精度要求，若满足，
　　　　　　　　　　　　　　　　　　迭代顺利结束，否则
　　　　　　　　　　　　　　　　　　转至 115 句，考察 Q
　　　　　　　　　　　　　　　　　　值是否减小。

107　IF ABS（GG（I）／（ABS（B（I）
　　　＋.001）＜＝EE THEN 109

108　GOTO 115

109　NEXT I

110　GOTO 165

115　IF Q0＜＝Q THEN 125 　　　115：若 Q≤Q0，则迭代结束，否
　　　　　　　　　　　　　　　　　　则转 125 句。

117　IF N0＜MP THEN 40 　　　　117：若迭代次数≥MP，转 164
　　　　　　　　　　　　　　　　　　句，让 FA＝−1，否则转
　　　　　　　　　　　　　　　　　　向 40 句，进行下一轮
　　　　　　　　　　　　　　　　　　迭代。

119　GOTO 164

125　IF TT＜＞1 THEN 130 　　　125—129：T＝1 时，若 N0≥
　　　　　　　　　　　　　　　　　　MP，转 164 句，使
　　　　　　　　　　　　　　　　　　FA＝−1，否则转
　　　　　　　　　　　　　　　　　　至 40 句，继续迭
　　　　　　　　　　　　　　　　　　代；T≠1 时，转至
　　　　　　　　　　　　　　　　　　130 句。

127　IF N0＜MP THEN 40

129　GOTO 164

130　IF DD＞＝20 THEN 140 　　　130—140：DD＜20 时，10DD⇒
　　　　　　　　　　　　　　　　　　DD，转 75 句重解方
　　　　　　　　　　　　　　　　　　程求 B（I）；DD≥20
　　　　　　　　　　　　　　　　　　（即 DD＝100）时，不
　　　　　　　　　　　　　　　　　　再增大 DD，转至 140

句,使 W/4⇒W。

132　DD＝DD＊10

134　GOTO 75

140　W＝W/4

142　IF W＞1E—20 THEN 152　　　　　　142：W＝0（W≤10^{-20}）时,无法
　　　　　　　　　　　　　　　　　　　　　　　　继续迭代,转至 162 句,使
　　　　　　　　　　　　　　　　　　　　　　　　FA＝—2,否则转至 152 句。

144　GOTO 162

152　GOSUB 200

155　IF Q＜Q0 THEN 40

156　GOTO 140

160　FA＝—1

162　FA＝FA—1

164　FA＝FA—1

165　MM＝1

166　GOSUB 200

170　PRINT♯2,"FA＝"；FA

171　END

300　REM SUB FS　　　　　　　　　　　300：消去变换子程序。

301　A0（DX，DX）＝1/A0（DX，DX）

302　FOR I＝1 TO M

303　FOR J＝1 TO M+1

304　IF（I＝DX）OR（J＝DX）THEN 306

305　A0（I，J）＝A0（I，J）—A0（I，DX）＊
　　　A0（DX，DX）＊A0（DX，J）

306　NEXT J

307　NEXT I

308　FOR I＝1 TO M

309　IF I＝DX THEN 313

310　A0（DX，I）＝A0（DX，I）＊A0（DX，DX）

311　A0（I，DX）＝—A0（I，DX）＊A0（DX，DX）

313　NEXT I

314　A0（DX，M+1）＝A0（DX，M+1）＊A0（DX，DX）

315　RETURN

200　REM SUB JSH—Q　　　　　　　　200：计算残差平方和子程序。

202　Q＝0　　　　　　　　　　　　　　202—215：计算并打印 Q,

203　Q1＝0　　　　　　　　　　　　　　　　　Q1,其中 Q1 由式

205　FOR II＝1 TO N　　　　　　　　　　　　　（5.24）计算值与

206　AB＝B（1）＊（1+B（2）＊　　　　　　　　实测值的残差平

LOG (X (II, 1)) /LOG (10))

208 Y (II) ＝AB/EXP (B (3) ＊

LOG (X (II, 2) ＋B (4)))

209 AB1＝21.4 ＊ (1＋.55 ＊ LOG

(X (II, 1)) /LOG (10))

210 Y1 (II) ＝AB1/EXP (.81 ＊ LOG

(X (II, 2) ＋14))

211 EI (II) ＝X (II, 3) －Y (II)

212 Q＝Q＋EI (II)^2

213 EI1 (II) ＝X (II, 3) －Y1 (II)

214 Q1＝Q1＋EI1 (II)^2

215 NEXT II

216 IF MM＜.5 THEN 230

217 OPEN "RAIN. RES" FOR
OUTPUT AS＃2

219 PRINT＃2, "＊＊N0＝"; N0; "＊＊"

220 PRINT＃2, "A1＝"; B (1); "C＝";
B (2); "N＝"; B (3); "B＝"; B (4)

221 PRINT＃2, "……DD＝"; DD; "Q＝";
Q; "Q1＝"; Q1 "……"

222 FOR I＝1 TO N

223 PRINT "Y (＂; I;")" ＝"; Y (I);

224 IF (I/3) ＝INT (I/3) THEN PRINT

225 NEXT I

226 PRINT

230 RETURN

250 REM SUB JBH—A

251 FOR I＝1 TO M

252 FOR J＝1 TO M＋1

253 A (I, J) ＝0

254 NEXT J

255 NEXT I

260 FOR V＝1 TO N

方和，计算结果
与 Q 作一比较

已知：

$$i = \frac{A_1(1 + C \lg T)}{(t + b)^n}$$

$$Q = \sum_{I=1}^{N} [i_I - \dot{i}_I]^2$$

$$i_1 = \frac{21.4(1 + 0.55 \lg T)}{(t + 14)^{0.81}}$$

$$Q_I = \sum_{I=1}^{N} [i_{1I} - \dot{i}_{1I}]^2$$

其中：i_I (i_{1I}) 是雨强 i (i_1)
的第 I 次观测值；$\dot{i}_I$
$(\dot{i}_{1I})$ 是 i_1 (i_1) 的第 I
次估计值

216—230：迭代顺利结束时，
打印4个参数估
计值、残差平方
和 Q，Q_1 和 N 个
雨强 i 的估计值 $\dot{i}_I$
（I＝1，2，…，N）。

计算方程组系数的子程序

251—255：给数组 A (M, M＋1)
赋初值 0。

260—275：计算方程组的系数。公式

为

261　A1＝1＋B(2)＊LOG(X(V,1))/LOG(10)

$$Q_{Ij} = \sum \frac{\partial i}{\partial b_I} \cdot \frac{\partial i}{\partial b_J}$$

262　A2＝EXP(B(3)＊LOG(X(V,2)＋B(4)))

常数项

263　G(1)＝A1/A2

$$a_{Ii} = \sum \frac{\partial i}{\partial b_I}(i_I - \hat{i}_I)$$

264　G(2)＝B(1)＊LOG(X(V,1))/LOG(10)/A2

由 $i = \dfrac{A_1(1+C\lg T)}{(t+b)^n}$

265　G(3)＝−B(1)＊G(1)＊LOG(X(V,2)＋B(4))

或 $i = \dfrac{b_1(1+b_2\lg T)}{(t+b_4)^{b3}}$

266　G(4)＝−B(3)＊B(1)＊G(1)/(X(V,2)＋B(4))

得

267　G(5)＝EI(V)

$$\frac{\partial i}{\partial b_1} = \frac{1+b_2\ln T/\ln 10}{(t+b_4)^{b3}}$$

270　FOR I＝1 TO M

$$\frac{\partial i}{\partial b_2} = \frac{b_1\ln T/\ln 10}{(t+b_4)^{b3}}$$

271　FOR J＝1 TO M+1

$$\frac{\partial i}{\partial b_3} = -b_1\ln(t+b_4)\frac{\partial i}{\partial b_1}$$

272　A(I,J)＝A(I,J)＋G(I)＊G(J)

$$\frac{\partial i}{\partial b_4} = \frac{-b_1 b_3}{(t+b_4)} \cdot \frac{\partial i}{\partial b_1}$$

273　NEXT J
274　NEXT I
275　NEXT V
280　RETURN

由每组观测值计算各偏导数值分别存放在 G(1)～G(1) 中，G(5) 存放残差 EI，利用 G(I) 可求得方程组的系数矩阵 A 的元素。

（3）计算程序应用

由表 5.11 中的已知数值，应用以上程序求解暴雨公式中的参数，并与式（5.24）的结果进行比较。由表 5.11 中的数值形成的数据文件 RAIN.DAT 的数据格式为：

1，5，2.04，	1，10，1.61	1，15，1.34，	1，20，1.21
1，30，0.98，	1，45，0.785，	1，60，0.654	
2，5，2.39，	2，10，1.88，	2，15，1.59，	2，20，1.44，
2，30，1.15	2，45，.952，	2，60，0.802	
3，5，2.53，	3，10，2.03，	3，15，1.74，	3，20，1.56，
3，30，1.26	3，45，1.04，	3，60，.875	
5，5，2.75，	5，10，2.18，	5，15，1.86，	5，20，1.72，
5，30，1.37	5，45，1.12，	5，60，.960	
10，5，3.04，	10，10，2.42，	10，15，2.06，	10，20，1.90
10，30，1.53	10，45，1.29，	10，60，1.09	

运行程序后，屏幕提示用键盘输入 T，N，P，M，MP，EE 的值：

2，35，2，4，50，0.00001↙

击回车键后，计算机自行打开并调用数据文件 RAIN.DAT。然后，屏幕继续提示键

入参数 $A1$，C，n，b 的初始值：

2 ↙
1 ↙
1 ↙
1 ↙

运算完成后，计算机打开并将结果写入结果文件 RAIN. RES。调出文件 RAIN. RES，该例运算结果为：

＊＊＊＊＊＊＊＊＊＊＊N0＝10＊＊＊＊＊＊＊＊＊＊＊

$A1＝7.925613 \quad C＝0.5194879 \quad n＝0.5771134 \quad b＝5.672008$

——————— DD＝9.999999E－07————————

$Q＝2.700257E－02 \quad Q1＝8.207276E－02$

FA＝0

——————————————————————————

以上结果表明，经 10 次迭代（N0＝10）后计算顺利结束（FA＝0）。所求暴雨强度公式为

$$i = \frac{7.926(1+0.52\lg T)}{(t+5.672)^{0.577}} \tag{5.26}$$

比较式（5.26）和式（5.24）可见，两式的参数值有一定差别，但从它们的残差平方和 Q，$Q1$ 的值来看，式（5.26）的计算精度比式（5.24）要高出 3 倍。

5.4.5 利用等值线图求暴雨强度

计算小流域暴雨洪峰流量的推理公式将在下章叙述，其设计暴雨量是根据暴雨公式来决定的。水文研究所分析了我国八个城市的较长期的暴雨实测资料，认为全国各地区可以采用式（5.9）作为统一形式，即

$$i = \frac{A}{t^n}$$

在各地刊印的《水文手册》中，一般都有暴雨公式参数 A 及 n 的等值线图，只要知道工程所在地点，就可在等值线图上查得 A 及 n 值，代入式（5.9）得出暴雨强度 i 值来。

对于暴雨公式（5.8）所代表的那种在双对数坐标纸上呈现曲线形式的情况，在用于小流域暴雨计算时，常将它概化为不同斜率的两条直线，分属长、短历时，其转折点的时间 t_0 常定为 1h（图 5.13）。这样，就可以把式（5.8）概化为式（5.9）的形式，使计算简化。这样的暴雨公式就有两个斜率，短历时直线的斜率 n_1 与长历时直线的斜率 n_2，一般 $n_2 > n_1$。有的地方也编制了 $t_0＝1.0h$ 的 A_1、n_1、n_2 等直线图以供查用。图 5.14 和图 5.15 为某一地区的这种等值线图；使用时先由图查出 $\overline{P}_{24}$、C_{v24} 值，按设计频率 P 便可计算出 $R_{24,P}$，即

$$P_{24,P} = K_P \overline{P}_{24} \tag{5.27}$$

K_p 由 C_v 及 C_s/C_v 之比值从附录 4 表中查得，代入式（5.27），便可计算出所需的 A 值，此时 $t＝24h$。

$$A = \frac{P_{24,P}}{24^{1-n}} \tag{5.28}$$

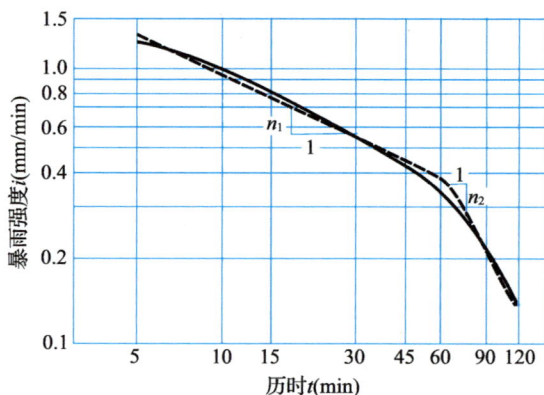

图 5.13 简化的暴雨强度—历时关系曲线
（双对数坐标）

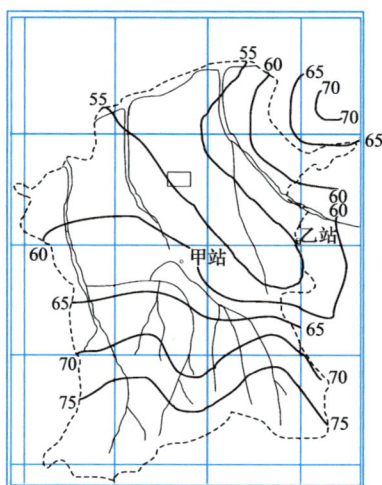

图 5.14 多年平均最大 24h 暴雨量
等值线图（单位：mm）

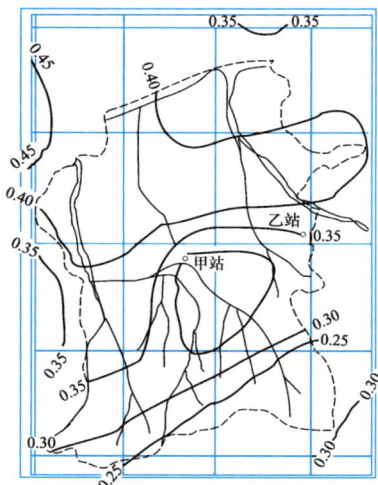

图 5.15 多年平均最大 24h 暴雨量变差
系数 C_v 等值线图

现举例如下：

【例 5.6】 试求图 5.14 中甲站之重现期为 10 年的暴雨雨力 A 值。

【解】 由图 5.14 及图 5.15 查得甲站之 $\overline{P}_{24}=61.9\text{mm}$，$C_{v,24}=0.30$，而该地之 $n=0.75$，$C_s=3.5C_v$，从附录 4 查得 $K_p=1.40$。

由式 (5.27) 及式 (5.28) 得

$$A = \frac{K_p \overline{P}_{24}}{24^{1-n}} = \frac{1.4 \times 61.9}{24^{1-0.75}} = 39.2\text{mm/h}$$

5.5* 可能最大降水（PMP）简介

可能最大降水是指在现代气候及地理条件下设计地区（或流域）可能发生的最大降水，简称 PMP。具体说，在现代气候及地理条件下，设计地区一定历时的降水，从物理成因上分析，应该有一个上限（极值），这个上限目前还不能确切地求得，但随着科学技

146

术的发展和水文气象资料的完善与积累，可以求得更为接近于它的近似值。经由水文气象法求得的这种近似上限降水，包括降水总量及其时空分布，就是可能最大降水。

降水从物理成因上说有一个上限，不可能无限地加大，这点与现行的频率计算方法不同。因为频率计算中采用的线型，其上端是无限的。另外，因为气候在历史上是不断变迁着的，地理地形条件与降水关系又十分密切，估算最大可能降水是为了在某一指定地区进行工程设计。所以要强调这是在现代气候条件下，在某一特定地区（或流域）的最大可能降水。降水历时不同，其成因也可能不同。如短历时的暴雨，往往是雷阵雨，而长历时的暴雨往往是气旋雨，所以也要指明是属于某历时的最大可能降水。

一般来说，现行推算可能最大降水的水文气象法就是将实测暴雨（典型暴雨）或暴雨模式加以放大（极大化）的方法。

典型暴雨是指能够反映设计流域特大暴雨特征并对工程威胁最大的特大暴雨。典型暴雨又可分为当地暴雨、移置暴雨和组合暴雨三类。若设计流域暴雨资料充分，则可从中选出一个时空分布能引起较严重后果的特大暴雨作为典型暴雨。如果缺少这种时空分布的大暴雨资料，则可将邻近流域实测的特大暴雨移置过来，加以必要的校正而作为设计流域典型暴雨。在缺少能引起较严重后果的时空分布的大暴雨资料情况下，也可将两场或两场以上的暴雨，按天气学原理合理地组合地来，以此作为典型暴雨。

暴雨模式是指能够反映设计流域特大暴雨主要特征的理论模式。此模式把暴雨天气系统的三度空间结构适当概化，从而使影响降水的主要物理参数，能够用一个暴雨物理方程式表示出来。现有的理论模式可概括为上滑模式（气流沿斜面作上滑运动，适用于地形雨与气旋雨）与对流模式（气流作垂直上升运动，适用于对流雨和台风雨）两类。

极大化是把影响降水的主要因子加以放大。降水必须具备大气中的水汽和大气动力两个条件。在推算可能最大降水的水文气象法上，水汽条件（也称水汽因子）常用可降水表示；动力条件（也称动力因子）主要用水平风速或垂直上升速度表示。所谓可降水（也称水当量）是指大地上垂直空气柱中的全部水汽，在气柱底面上全部凝结后所相当的水层深度。现有的放大方法可概括为两大类：一类是结合物理成因分析方法和统计方法，探求水汽、动力因子的近似物理上限或最大值，并加以可能的组合而放大，这种方法是半理论半经验的方法，使用较广。另一类是用动力气象等理论，按能量转换（平衡）原理来放大，目前采用较少。推算可能最大降水的目的是求出可能最大洪水（简称PMF），用于水库防洪安全的校核。水电部于1975年召开的水库防汛安全会议，曾作出"关于复核水库防洪安全的几点规定"，其中指出："大、中型水库和重要的小型水库（指下游有重要城镇、密集居民点、铁路干线或其他具有重要政治经济意义设施的小水库），应以可能最大暴雨和洪水作为保坝标准进行复核"。在电力行业标准《水电枢纽工程等级划分及设计安全标准》DL 5180—2003和住房城乡建设部颁发的《防洪标准》GB 50201—2014等有关章节中均规定：土坝、堆石坝及其泄水建筑物一旦失事将对下游造成特别重大的灾害时，一级建筑物的校核防洪标准应采用可能最大洪水（PMF）或重现期为10000年的洪水。从水库取水的给水工程也需要考虑这一问题，对最大可能降水的基本概念应有所了解。1987年，我国第一张《可能最大暴雨等值线图》经审定已供各地试用，从此，对特大暴雨洪水的分析估算进入了一个新阶段。

复习思考题

5.1　什么是降水三要素？如何观测降水量？

5.2　计算流域平均降水量常用哪些方法？其计算公式和适用条件为何？

5.3　试将图 5.10 按表 5.5 的内容对照整理分析一下。

5.4　试用程序框图扼要说明图解法求暴雨强度公式 $i=\dfrac{A_1+B\lg T}{t^n}$ 中参数（A_1、B 及 n）的步骤。

5.5　某城市根据自记雨量计记录资料，经过计算整理得出表 5.12。试用图解法推求暴雨公式 $i=\dfrac{A_1+B\lg T}{t^n}$ 中的 A_1、B 及 n。然后，再利用非线性最小二乘估计程序（需稍加改动）进行求解，并将结果与手算法加以比较。

i-t-T 关系　　　　　　　　　　　表 5.12

序号	重现期 T(a)	降雨历时 t(min)						
		5	10	15	20	30	45	60
		i(mm/min)						
1	10	3.30	2.51	1.85	1.57	1.30	1.15	1.01
2	5	2.92	2.00	1.65	1.40	1.15	1.00	0.86
3	3	2.61	1.81	1.45	1.30	1.05	0.88	0.76
4	2	2.40	1.65	1.35	1.22	0.95	0.80	0.68
5	1	1.85	1.35	1.18	0.98	0.80	0.63	0.54
6	0.5	1.44	1.10	0.87	0.79	0.65	0.48	0.40
7	0.33	1.15	0.92	0.72	0.61	0.51	0.38	0.32
8	0.25	1.00	0.70	0.58	0.50	0.40	0.32	0.26

5.6　根据图 5.14 及图 5.15，试求乙站之重现期为 100 年的暴雨雨力 A 与暴雨强度 i。已知当地暴雨地方参数：$n=0.75$，$b=0$，而 $C_s=3.5C_v$。

第6章 小流域暴雨洪峰流量的计算

6.1 小流域暴雨洪水计算的特点

小流域面积上的排水建筑物，有城市厂矿中排除雨水的管渠；厂矿周围地区的排洪渠道；铁路和公路的桥梁和涵洞；立体交叉道路的排水管渠；广大农村中众多的小型水库的溢洪道等。在设计时，需要求得该排水面积上一定暴雨所产生的相应于设计频率的最大流量，以便按照这个流量确定管渠或桥涵的大小。因此，水文学上常常作为一个专门的问题进行研究。

小流域面积的范围，当地形平坦时，可以大至 $300 \sim 500 \mathrm{km}^2$；当地形复杂时，有时限制在 $10 \sim 30 \mathrm{km}^2$ 以内。这主要决定于计算公式在推求过程中所依据的条件，在使用时需要特别加以注意。

与大、中流域相比，小流域设计洪水的计算具有以下特点：

（1）在小流域上修建的工程数量很多，而水文站很少，往往缺乏暴雨和流量资料，特别是流量资料。

（2）小流域面积小，自然地理条件趋于单一，拟定计算方法时，允许作适当的简化，即允许作出一些概化的假定。例如假定短历时的设计暴雨时空分布均匀。

（3）小型工程的数量较多，分布面广，计算方法应力求简便，使广大基层水文工作者易于掌握和应用。

中华人民共和国成立以来，由于各项建设事业蓬勃发展的需要，推算小流域暴雨洪峰流量的方法得到了不断的完善，并取得了许多可喜的成果。目前我国各地区对计算小流域暴雨洪水的公式有：推理公式法、经验公式法、综合单位线法及水文模型等方法。本章主要介绍推理公式法和经验公式法。

（1）推理公式

推理公式也称半理论半经验公式，着重推求设计洪峰流量，也兼顾时段洪量及洪水过程线的推求。它以暴雨形成洪水的成因分析为基础，考虑影响洪峰流量的主要因素，建立理论模式，并利用实测资料求得公式中的参数。其计算成果具有较好的精度，是国内外使用最广泛的一种方法。

（2）地区经验公式

此法只推求设计洪峰流量，它是建立在某地区和邻近地区的实测洪水和调查洪水资料的基础之上，探求地区暴雨洪水经验性的规律，在使用时有一定的局限性。

在具体应用中采用哪一种方法应根据工程规模与当地条件决定。若有可能，多用几种方法计算，并通过综合分析比较，最后确定出设计洪峰流量。

推导计算公式时，考虑到形成洪峰流量的因素很多，各因素间的关系也很错综复杂，因而必须从小流域暴雨洪峰流量形成的主要矛盾和计算时应考虑的主要因素出发，重点分析以下三个方面的问题：1）暴雨强度；2）暴雨损失；3）流域汇流。其中用实测暴雨资料推算暴雨强度的问题已在上章作了必要的叙述，本章将在讨论后两个问题的基础上着重介绍推求暴雨洪峰流量的计算方法。

6.2　设计净雨量的推求

6.2.1　暴雨损失及分类

暴雨损失指降雨过程中由于植物截留、蒸散发、填洼和下渗而损失的水量。暴雨量扣除损失量即得净雨量，也就是地表径流量，这就是推求暴雨损失的意义。

降雨发生后，部分雨水首先被植物的叶茎拦截，称植物截留。其截留量对一次降雨影响不大，即使在草类茂密、灌木丛生的地区，一次较大降雨中的截留损失也很难超过10mm。降雨期间的蒸散发量是指本次降雨落到地面然后蒸散发或在洼地蓄水体表面上蒸发的那部分水量。由于降雨时空气湿度大，这部分蒸散发损失很小，可以忽略不计。雨水被地面凹坑或洼地拦蓄的现象叫填洼，在一般地形下，一次降雨约损失 3～5mm，但如果地形特殊或有大量的人工蓄水工程（塘堰、小水库、梯田、稻田蓄水等），填洼量则将大为增加，必须另行考虑。雨水从地面渗入土壤中的现象叫做下渗，一次降雨的损失，主要表现为下渗损失。

6.2.2　下渗

下渗是指降落到地面的雨水从地表深入土壤内的运动过程。下渗不仅直接决定地表径流量的大小，同时也影响土壤水分的增长，以及地下水与地下径流的形成，是径流形成的一个重要影响因素。

（1）下渗的物理过程

当降雨持续不断地落在干燥土层表面时，雨水将渗入土壤，渗入土中的水分，在分子力、毛管力和重力的作用下发生运动。按水分所受的力和运动特征，下渗可分为三个阶段：

1）渗润阶段

下渗的水分主要受分子力的作用，被土壤颗粒吸收。若土壤十分干燥，这一阶段十分明显。当土壤含水量达到最大分子持水量时分子力不再起作用，这一阶段结束。

2）渗漏阶段

下渗水分主要在毛管力、重力作用下，沿土壤孔隙向下作不稳定流动，并逐步充填土壤孔隙直至饱和，此时毛管力消失。

3）渗透阶段

当土壤孔隙充满水达到饱和时，水分在重力作用下呈稳定流动。

一般将前两个阶段统称渗漏阶段。渗漏属于非饱和水流运动，而渗透则属于饱和水流的稳定运动。在实际下渗过程中，这两个阶段并无明显分界，各阶段是相互交错进行的。

（2）下渗曲线与下渗量累积曲线

单位时间内渗入单位面积土壤中的水量称为下渗率或下渗强度，记为 f，以"mm/

min"或"mm/h"计。在一定下垫面条件下,有充分供水时的下渗率则称为下渗能力。通常用下渗率或下渗能力随时间的变化过程来定量描述土壤下渗规律,如图 6.1 所示,下渗能力随时间的变化过程线简称下渗曲线,该曲线上 f_0 为初始下渗率。下渗最初阶段,下渗的水分被土壤颗粒吸收以及充填土壤孔隙,下渗率很大。随时间的增长,下渗水量越来越多,土壤含水量也逐渐增大,下渗率逐渐递减。当土壤孔隙充满水,下渗趋于稳定,此时的下渗率称为稳渗率,记为 f_c。图 6.1 中的实线表示在充分供水的条件下两种不同粒径土壤的下渗曲线(称下渗率过程线,也叫下渗容量曲线),从图中可以看出土壤下渗率由大到小的变化过程。在充分供水的试验条件下,初始的下渗率 f_0 和土质有关,也与土壤的干湿状况有关。对于干燥土壤,f_0 一般可以达到 70~80mm/h 以上。稳渗率 f_c 只与土质有关,与降雨开始时的土壤含水量无关,如黄黏土的 $f_c=1.0\sim1.3$mm/h,而细砂则可达到 7~8mm/h。

上述的下渗规律可用数学模式来描述,如 R. E. 霍顿公式:

$$f = f_c + (f_0 - f_c)e^{\beta t} \tag{6.1}$$

式中 f——t 时刻的下渗能力,mm/min 或 mm/h;

f_0——初始下渗率,mm/min 或 mm/h;

f_c——稳渗率,mm/min 或 mm/h;

β——递减指数。

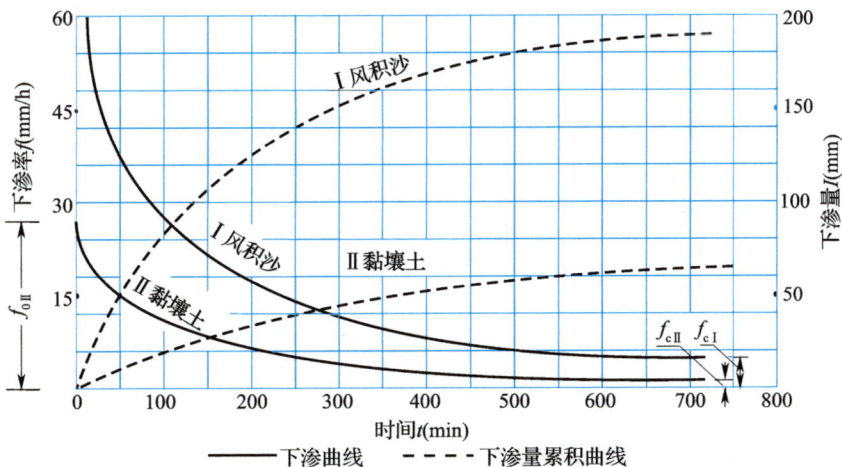

图 6.1 土壤的下渗曲线与下渗量累积曲线

实际工作中,只需通过实验定出上述 f_0、f_c、β 的值,便可按公式求得某处的下渗能力曲线。但必须指出:流域各处的下渗能力将随着土壤地质条件和土壤含水量的不同而有较大的变化。为反映这一实际,可用实测降雨径流资料反推流域平均下渗能力曲线来近似代表,或用下渗能力地区分布函数描述。

除下渗曲线外,还可用下渗量累积曲线来表示下渗量在降雨过程中的变化。此曲线的纵坐标为自降雨开始至某时刻 t 为止的这一时段内的下渗总量(mm),它随时间而递增,如图 6.1 中的虚线所示。下渗曲线和下渗量累积曲线之间,是微分和积分的关系。下渗量累积曲线上任一点的切线斜率表示该时刻的下渗率,t 时段内下渗曲线下面所包围的面积则表示该时段内的下渗量。

6.2.3　设计净雨量的推求

由前述可知，暴雨降落地面后，由于土壤入渗、洼地填蓄、植物截流及蒸散发等因素，损失了一部分雨量，而未损失的部分，即为净雨量。设计净雨量是由设计暴雨推求得来，通常将该过程称为产流计算。推求设计净雨量的方法有：径流系数法、相关法、水量平衡法和分阶段扣除损失法。不同流域可根据所具有的资料和条件采用相应的计算方法。这里只对常用的分阶段扣除损失法作以介绍。

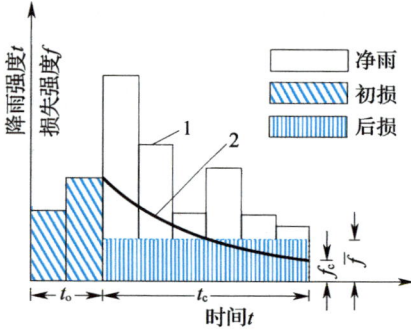

图 6.2　一次降雨过程初期损失、
后期损失示意图

1—降雨过程；2—损失过程；t_o—初损历时（h）；t_c—净雨历时或产流历时（h）；
$\overline{f}$—后损的平均下渗率（mm/h）；
f_c—稳渗率（mm/h）

分阶段扣除损失法也称初损后损法，是下渗曲线法的一种简化方法。它把实际的下渗过程简化为初期损失和后期损失两个阶段，如图 6.2 所示。产流以前的总损失水量称为初损量，记为 I_o，包括蒸散发、填洼、植物截流及产流前下渗的水量；后损量是流域产流以后下渗的水量，后损阶段的下渗率为平均下渗率 $\overline{f}$，后损历时以 t_c 表示，二者乘积即为后损量。暴雨扣除损失后的流域净雨总量与流域出口断面的地表径流总量是相等的，于是一次暴雨经过扣除损失后的设计净雨量以净雨深 R（mm）表示，按水量平衡方程可用下式计算

$$R = P - I_o - \overline{f}\, t_c \tag{6.2}$$

式中　P——一次暴雨的总降雨量，mm；

　　　I_o——初损量，mm；

　　　$\overline{f}$——后损的平均下渗率，mm/h；

　　　t_c——净雨历时或产流历时，h（或 min）。

6.3　流　域　汇　流

6.3.1　暴雨洪水形成过程

暴雨洪水的形成过程与径流形成过程是一样的，现用图 6.3（c）流域上一点 C 记录到的雨强变化过程（图 6.3（a））说明如下：在这次降雨过程中，当降雨强度扣除截留等损失后，其强度小于当时当地的土壤下渗率时，全部降雨都消耗于损失，此时尚未产生地表径流，这种情况一直延续到 t_3' 以后。当降雨强度逐渐增加，土壤由于雨水不断下渗，其下渗率逐渐降低，到 t_3' 时，降雨强度恰等于当时当地的下渗率。从强度方面看，地面应该开始产生径流。但由于此时尚未满足土壤的总吸水量，因此实际产生径流的时刻不是 t_3' 而是稍后的时刻 t_3。此后，在广大流域面积上普遍开始产生径流，其水量不断增加，逐渐汇入河网，同时，主河槽不断汇集各地的径流及沿途补充的降雨，并且水量由于沿途下渗与蒸发不断损失，最后流经出口断面，形成图 6.3（b）中的地面（洪水）径流过程。

在这次降雨趋于停止时，降雨强度逐渐减小到稳渗率的程度，地表径流逐渐消失，此即

净雨终止的时刻 t_2。但河槽集流过程并未停止，它包括雨水由坡面汇入河网，直到全部流经出口断面时为止的整个过程，它的延续时间最长，比净雨历时和坡地漫流历时都要长得多，一直到 t_4 时刻为止，由这次暴雨产生的洪水过程才算终止。由 t_2 到 t_4 这段时间称为流域最大汇流时间，以 τ 表示，即流域最远点 A 的净雨流到出口断面 B 所经历的时间（图 6.3 (b)、(c)）。

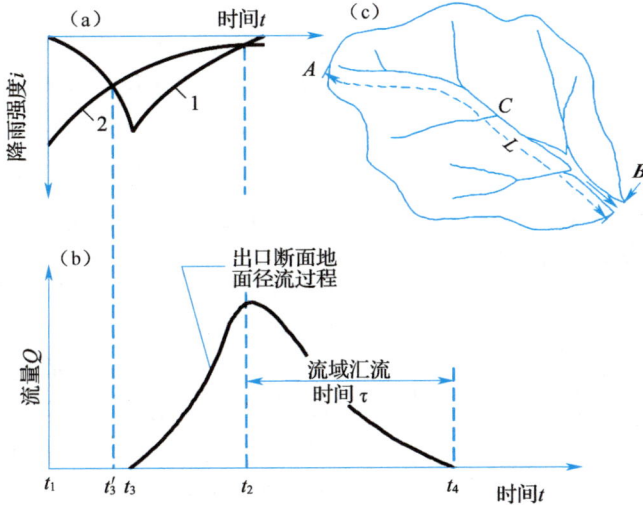

图 6.3　流域径流形成过程示意

(a) 暴雨扣损过程；(b) 洪水径流过程；(c) 流域平面图

1—降雨过程；2—下渗过程；t_1—降雨开始；t_2—净雨终止；t_3—径流开始；t_4—径流终止

上述由净雨过程演变为出口断面的洪水流量过程，属于水力学中复杂的明渠不稳定流计算范畴，目前在水文分析计算中均经过适当的简化，采用近似方法求解。常用的方法有等流时线法、单位线法、瞬时单位线法和地貌单位线法等。下面介绍的暴雨洪峰流量的推理公式，是对流域汇流采用等流时线原理加以处理，现说明如下。

6.3.2　等流时线原理

地表径流的汇集过程，包括坡地漫流和河槽集流两个相继发生的阶段，在分析计算时常常作为一个整体来处理，统称为流域汇流过程。

设某流域在单位时间 Δt 内有均匀净降雨量 $R(mm)$，它向出口断面汇集的情况如下（参看图 6.4）：最靠近出口断面处面积 f_1 上的净降雨总量 f_1R 最先流到，其次是稍远面积 f_2 上的 f_2R 流到，然后依次上溯到距离出口断面最远、汇流时间最长、靠近流域末端面积 f_4 上的水量 f_4R 最后流到。

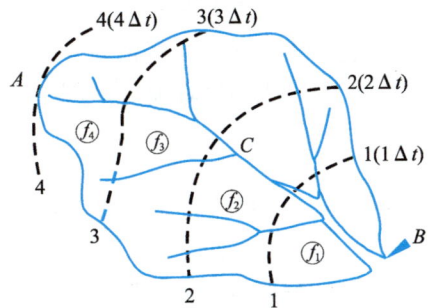

图 6.4　流域等流时线示意图

设想划分这些面积的界线具有这样的特性，即落在线上的净降雨通过坡地和河槽流到出口断面所需的汇流时间都相等，并称之为等流时线。由等流时线与流域分水线所构成的面积叫做等流时面积，亦称共时径流面积，以 f_i 表示，如图 6.4 所示。各等流时线到出口断面的汇流时间依次为 Δt，$2\Delta t$，$3\Delta t$，而该流域的最大

汇流时间为 $\tau=4\Delta t$。

因此，只要知道各时段顺序出流的共时径流面积 f_1，f_2，…，f_4，就能计算出口断面处的流量过程：$Q_1=f_1 R/\Delta t$，$Q_2=f_2 R/\Delta t$，…，$Q_4=f_4 R/\Delta t$，如将求得的各个流量点绘于各 Δt 时段末，连接这些纵坐标值就成为出口断面的径流过程线（参看图 6.6（a））。

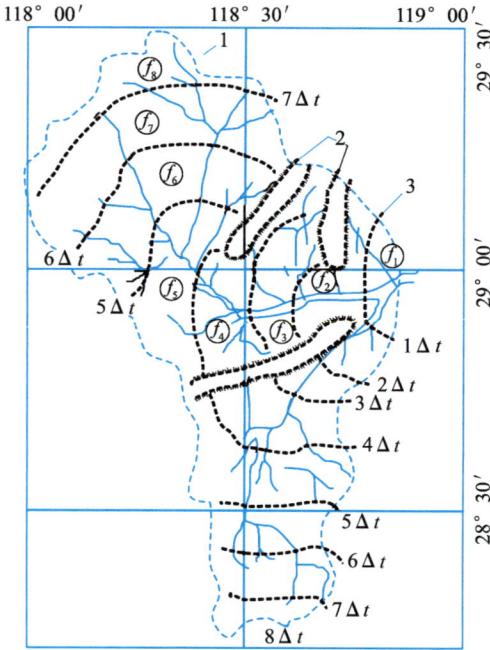

由于降雨、汇流等自然现象的复杂性，在流域上等流时线的位置不会是固定不变的。随着汇流速度的变化，等流时线的位置必然会发生变动，因而，计算中位置不变的等流时线只是相当于流域平均汇流速度时的等值线。

流域平均汇流速度可按 $V=\dfrac{L}{\tau}$ 计算，式中 L 为主河槽长度，可从流域地形图上量得；τ 为流域最大汇流时间，均如图 6.3 所示，$\tau=t_4-t_2$。t_4 是最后一股地面水流到出口断面的时刻，而净雨终止时刻 t_2，对径流而言则是最后一股地面水在坡地上开始向出口断面流出的时刻。如全流域面积上同时均匀降雨，则流域最远处产生的净雨应该是最后流出出口断面的那一股水。

图 6.5 是等流时线图的实际例子，主河槽长度被分为 8 份，并考虑了流域内局部水岭的影响。

图 6.5　浙江省衢江区衢江流域等流时线图
1—流域分水线；2—局部分水岭；3—等流时线

6.3.3　不同净雨历时情况下的径流过程

如图 6.4 所示的流域上，其地表径流过程，根据净雨历时 t_c 与流域汇流时间 τ 的相互关系，可分为以下三种情况。

（1）净雨历时小于流域汇流时间（$t_c<\tau$）

设一次均匀降雨的历时 $t_c=\Delta t$(h)；净雨深为 R(mm)；净雨强度 $i=R/\Delta t$(mm/h)。它在出口断面 B 形成的地表径流，按上述等流时线原理可绘成如图 6.6（a）所示的地表径流过程线。Q_3 是洪峰流量，它是由最大共时径流面积 f_3 上的全部净降雨汇集而成，为部分汇流形成的洪峰流量，即

$$Q_3=K\cdot\frac{R}{\Delta t}\cdot f_3=K\bar{i}f_3$$

式中　K——单位换算系数，当流量 Q 以"m^3/s"计，R 以"mm"计，f 以"km^2"计，如 Δt 以"h"计时，则 $K=0.278$；如 Δt 以 min 计时，则 $K=16.7$。

（2）净雨历时等于流域汇流时间（$t_c=\tau$）

设图 6.4 所示的流域上有一次非均匀降雨，如把净雨历时分成四个相等的时段，即 $t_c=4\Delta t$，$\tau=4\Delta t$，净雨量依次为 R_1，R_2，R_3 和 R_4，则出口断面的地表径流过程见表 6.1。

$t_c = \tau$ 时出口断面的径流过程　　　　　表 6.1

净雨过程	流域出口断面径流出现的时序	流量过程线的横坐标 t	流量过程线的纵坐标 Q	产生径流的流域部位及其流量值			
				f_1	f_2	f_3	f_4
	第一时段开始	0	0	0			
R_1	第一时段末	Δt	Q_1	$K\dfrac{R_1 f_1}{\Delta t}$	0		
R_2	第二时段末	$2\Delta t$	Q_2	$K\dfrac{R_2 f_1}{\Delta t}$	$K\dfrac{R_1 f_2}{\Delta t}$	0	
R_3	第三时段末	$3\Delta t$	Q_3	$K\dfrac{R_3 f_1}{\Delta t}$	$K\dfrac{R_2 f_2}{\Delta t}$	$K\dfrac{R_1 f_3}{\Delta t}$	0
R_4	第四时段末	$4\Delta t$	Q_4	$K\dfrac{R_4 f_1}{\Delta t}$	$K\dfrac{R_3 f_2}{\Delta t}$	$K\dfrac{R_2 f_3}{\Delta t}$	$K\dfrac{R_1 f_4}{\Delta t}$
0	第五时段末	$5\Delta t$	Q_5	0	$K\dfrac{R_4 f_2}{\Delta t}$	$K\dfrac{R_3 f_3}{\Delta t}$	$K\dfrac{R_2 f_4}{\Delta t}$
	第六时段末	$6\Delta t$	Q_6		0	$K\dfrac{R_4 f_3}{\Delta t}$	$K\dfrac{R_3 f_4}{\Delta t}$
	第七时段末	$7\Delta t$	Q_7			0	$K\dfrac{R_4 f_4}{\Delta t}$
	第八时段末	$8\Delta t$	Q_8				0

洪峰流量出现于第四时段末（$t_c = 4\Delta t$），由全部流域面积 F 上的部分净降雨汇集而成，为全面汇流产生的洪峰流量 Q_m

$$Q_m = Q_4 = K \cdot \left(\frac{R_4 f_1}{\Delta t} + \frac{R_3 f_2}{\Delta t} + \frac{R_2 f_3}{\Delta t} + \frac{R_1 f_4}{\Delta t} \right)$$

若全流域自始至终均匀净降雨，即 $R_1 = R_2 = R_3 = R_4 = R$，且 $F = f_1 + f_2 + f_3 + f_4$，则上式可改写为

$$Q_m = K \cdot \frac{R}{\Delta t} \cdot F = K \bar{i} F$$

按均匀净降雨绘制其过程线如图 6.6（b）所示。

（3）净雨历时大于流域汇流时间（$t_c > \tau$）

设一次均匀净降雨历时 $t_c = 5\Delta t$，洪峰流量 Q_m 由全部流域面积 F 上的部分净降雨汇集而成，Q_m 的数值与 $t_c = \tau$ 时求得的洪峰流量相同，只是它多延续了一个 $t_c - \tau = \Delta t$ 的时刻，因而使图 6.6（c）的过程线呈梯形形状。

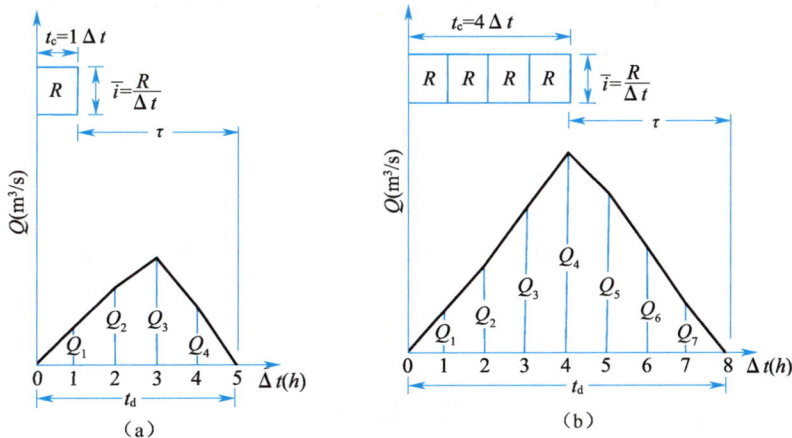

图 6.6　不同净雨历时情况下的径流过程（一）

（a）$t_c < \tau$ 的部分汇流情况；（b）$t_c = \tau$ 的全面汇流情况

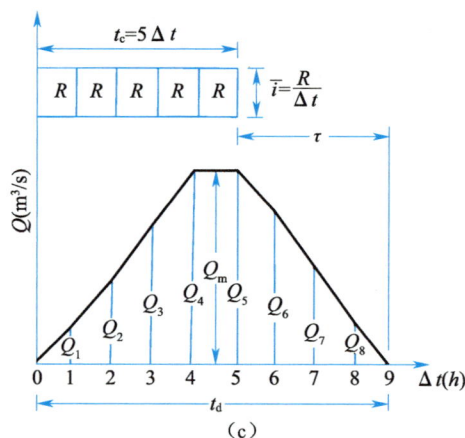

图 6.6　不同净雨历时情况下的径流过程（二）

（c）$t_c > \tau$ 的全面汇流情况

按上述不同历时求得的径流过程线，往往与地表径流实测过程线不尽相符，这是由于用等流时线原理计算汇流过程的假定引起的，其主要假定是用不随时间地点而变的平均汇流速度 V 来代替因时因地而变的实际汇流速度。此外，它也没有考虑坡地漫流与河槽调蓄等问题。因此，苏联 A・B・奥几叶夫斯基建议用实测径流过程线对按等流时线原理推得的过程线进行一次综合的误差改正，以达到提高计算精度的目的。

6.3.4　暴雨洪峰流量公式

从以上不同净雨历时推得的地表径流过程可以得出两个重要的结论：第一，当 $t_c < \tau$ 时，属于部分汇流产生洪峰流量，其值应为

$$Q_m = K \bar{i} f_m \tag{6.3}$$

式中 f_m 为最大共时径流面积。因此，在部分汇流情况下，最大洪峰流量的大小与出现时间都与流域形状有密切关系。第二，当 $t_c \geqslant \tau$ 时，属于全面汇流产生洪峰流量，洪峰流量值为

$$Q_m = K \bar{i} F \tag{6.4}$$

此外，总的地表径流历时 t_d，则不论是哪种情况，都等于净雨历时与流域汇流时间之和，即

$$t_d = t_c + \tau$$

6.4　暴雨洪峰流量的推理公式

推理公式又称"合理化"公式。用推理公式求小流域设计洪峰流量是全世界各地区广泛采用的一种方法，发展至今已有 100 多年的历史。它是一种由暴雨推求洪水流量的方法。这类方法认为流域出口断面处形成的最大流量，是降落在流域上的暴雨经过产流与汇流两个阶段演变的结果。由于对暴雨、产流、汇流的处理方式不同，形成了不同形式的推理公式。但归纳起来，不外乎是净雨强度和汇流面积的乘积形式，见式（6.3）与式（6.4），这一点已在理论推导与实验中得到证明。随着生产实践的不断发展和科研工作的逐渐深入，现行推理公式在理论上和计算精度上都有了很大的提高。

如图 6.3 (c) 所示，净雨沿 L 从 A 汇流到 B 的时间为 τ（h），当净雨历时 $t_c = \tau$ 时，按等流时线原理，可得洪峰流量如式（6.4）所示

$$Q_m = K \bar{i} F \tag{6.4}$$

式中 $\bar{i}$ 为净雨平均强度，按 τ 时段内最大的平均暴雨强度考虑，用洪峰径流系数扣除损失则 $\bar{i} = \Psi i_\tau$，式中 i_τ 为历时 τ 的暴雨平均强度，引入暴雨公式（5.9），且 $K = 0.278$，则式（6.4）可写

$$Q_m = 0.278 \Psi \frac{A}{\tau^n} F \, (m^3/s) \tag{6.5}$$

式中　A——设计频率暴雨雨力，mm/h；

　　　τ——流域汇流时间，h；

　　　n——暴雨强度衰减指数；

　　　Ψ——洪峰流量径流系数；

　　　F——流域面积，km^2。

式（6.5）为 1958 年水利水电科学研究院水文研究所提出的推理公式（以下简称水科院水文所公式），作为我国自己的一种计算方法，受到广泛的重视。

此法把洪峰流量的形成分为两种情况（$t_c < \tau$ 与 $t_c \geq \tau$），这是对推理公式理论的一个发展。在计算参数时采用了实测资料的综合分析成果，使该公式有一定的实用价值。

近年来，随着生产的不断发展，水利和铁路以及一些科学研究部门对小流域洪峰流量的研究逐渐深入。1970 年由铁道部第一勘测设计院、中国科学院地理研究所、铁道部研究院西南研究所三单位合作成立的小流域暴雨径流研究组，进一步考虑了洪峰流量形成中汇流面积的分配和流域的调蓄作用，提出了计算洪峰流量的简化公式（以下简称铁一院两所公式），表达式如下：

$$Q_m = \left[\frac{k_1 \Psi P}{(xP_1)^n} \right]^{\frac{1}{1-ny}} = (C_1 C_2)^z \tag{6.6}$$

式中　C_1—— $k_1 \Psi$，称为产流因素；

　　　C_2—— $\dfrac{P}{(xP_1)^n}$，称为汇流因素；

　　　Z—— $\dfrac{1}{1-ny}$，是暴雨衰减指数（n）和汇流指数（y）的函数，其他符号意义见后。此公式计算比较简单，使用方便。

6.4.1　水科院水文所公式

（1）洪峰流量 Q_m 的基本计算公式

式（6.5）是水科院水文所推求设计频率洪峰流量的基本算式。适用的流域范围：在多雨地区，视地形条件一般为 $300 \sim 500 km^2$ 以下；在干旱地区为 $100 \sim 200 km^2$ 以下，但不能应用于岩溶、泥石流及各种人为措施影响严重的地区。

（2）洪峰流量公式中参数的定量方法

1）Ψ 值的计算

由于影响因素复杂和地区不同，直接求洪峰流量径流系数 Ψ 值，不容易得到满意的结果。目前都采用间接的方法，即用扣除平均损失强度（平均下渗强度）的方法解决。平

均下渗强度指产流期间内损失强度的平均值，这里用 $\bar{f}$ 表示。水文所根据暴雨公式 $i=A/t^n$ 的数学性质把设计暴雨强度变化过程概化成图 6.7 的形式，并认为当瞬时暴雨强度 $i=\bar{f}$ 时，是产生与不产生净雨的分界点，由此，可决定最大产流历时 t_c。

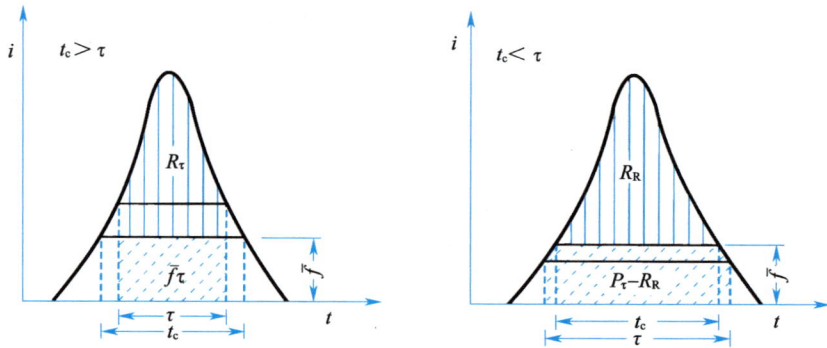

图 6.7　设计暴雨过程及最大产流历时 t_c 示意图

因历时为 t 的暴雨平均强度为

$$\bar{i}_t = \frac{A}{t^n} = At^{-n} \tag{6.7}$$

则时段 t 内的总降雨量

$$P_t = \bar{i}_t t = At^{1-n} \tag{6.8}$$

而历时为 t 的瞬时暴雨强度，可对上式微分求得

$$i = \frac{\mathrm{d}P_t}{\mathrm{d}t} = \frac{\mathrm{d}}{\mathrm{d}t}(At^{1-n}) = (1-n)At^{-n} = (1-n)\bar{i}_t$$

参看图 6.7，当 $i=\bar{f}$ 时，$t=t_c$（产流历时），上式成为

$$\bar{f} = (1-n)At^{-n} \tag{6.9}$$

或

$$\bar{f} = (1-n)\bar{i}_{t_c} \tag{6.10}$$

将式（6.9）移项后得

$$t_c = \left[(1-n)\frac{A}{\bar{f}}\right]^{\frac{1}{n}} \tag{6.11}$$

在图 6.7 中，R_τ、R_R 分别表示不同历时情况产生洪峰的总净雨量。

当 $t_c > \tau$ 时，属于全流域面积汇流情况。此时，τ 时段的总降雨量 $P_\tau=A\tau^{1-n}$，而损失量为 $\bar{f}\tau$，于是 τ 时段内的总净雨量 $R_\tau=P_\tau-\bar{f}\tau$，则

$$\Psi = \frac{R_\tau}{P_\tau} = \frac{P_\tau - \bar{f}\tau}{P_\tau} = 1 - \frac{\bar{f}\tau}{A\tau^{1-n}} = 1 - \frac{\bar{f}}{A}\tau^n \tag{6.12}$$

当 $t_c < \tau$ 时，属于部分流域面积汇流情况。此时，τ 时段的总降雨量仍为 P_τ，而损失量则为 $P_\tau-R_R$，其中 R_R 是本次降雨 $t=t_c$ 时所产生的总净雨量。即

$$R_R = P_{t_c} - \bar{f}t_c = \bar{i}_{t_c}t_c - \bar{f}t_c = (\bar{i}_{t_c} - \bar{f})t_c$$

将式（6.10）代入得

$$R_R = [\bar{i}_{t_c} - (1-n)\bar{i}_{t_c}]t_c = n\bar{i}_{t_c} \cdot t_c$$

将式（6.7）代入，此时，$t=t_c$，$\bar{i}_t=\bar{f}_{t_c}$

$$R_R = nAt_c^{-n}t_c = nAt_c^{1-n} \tag{6.13}$$

于是
$$\Psi = \frac{R_R}{P_\tau} = \frac{nAt_c^{1-n}}{A\tau^{1-n}} = n\left(\frac{t_c}{\tau}\right)^{1-n} \tag{6.14}$$

式（6.12）及式（6.14）表示径流系数 Ψ 与集流时间 τ，以及与 n、A、$\overline{f}$ 等的关系，反映了气象、地质与地形等因素的影响，表明了不同自然条件下各流域 Ψ 值随 τ 值的变化规律。

2) $\overline{f}$ 值的计算

用式（6.11）求 t_c 及用式（6.12）求 Ψ，都需要先定出损失参数 $\overline{f}$ 值。$\overline{f}$ 在推理公式中是综合反映流域产流过程中损失的参数。它不仅与土壤的透水性能、地区的植被情况和前期土壤含水量有关，而且与降雨的大小和时程分配的特征有关。因此，不同地区其数值不同，且变化较大。

由于 $\overline{f}$ 值不易确定，水文所主张利用当地暴雨洪水实测资料进行分析，如无实测资料，可查有关图表。

将式（6.11）代入式（6.13）得

$$R_R = nA\left[(1-n)\frac{A}{\overline{f}}\right]^{\frac{1-n}{n}}$$

移项化简后可得
$$\overline{f} = (1-n)n^{\frac{n}{1-n}}\left(\frac{A}{R_R^n}\right)^{\frac{1}{1-n}} \tag{6.15}$$

其中 R_R 为主雨峰产生的净雨量（图 6.7）。推求 R_R 可通过设计暴雨量与地区的单峰暴雨洪水的暴雨径流相关关系确定。例如《湖南省小型水库水文手册》在利用式（6.15）确定 $\overline{f}$ 时，R_R 就是利用 24h 设计暴雨量，从 24h 综合暴雨径流相关图中查得的。

为了简化计算步骤和提高成果的精度，各省水文总站在综合分析了大量的暴雨洪水资料以后，都提出了决定 $\overline{f}$ 值的简便方法。如福建省在综合时，认为全省各地的 $\overline{f}_设$ 都相差不多，建议全省采用相同的 $\overline{f}_设 = 3.5\text{mm/h}$。江西省在进行综合时，把全省分成为四个区，每区采用一个相同的 $\overline{f}_设$，全省 $\overline{f}_设$ 的范围为 $1.0\sim2.0\text{mm/h}$。

在未进行参数综合分析地区，水文所根据我国的暴雨情况，以 24h 暴雨量 P_{24} 近似地代表一次单峰降雨过程进行分析，给出了各区的 24h 径流系数 α 值（表 6.2），资料来自湖南、浙江、辽宁等地区，因而式（6.15）中的 R_R 在无资料地区可按下式决定。

$$R_R = \alpha P_{24} \tag{6.16}$$

降雨历时等于 24h 的径流系数 α 值　　　　　　　　　　表 6.2

地　区	P_{24} (mm)	土　　壤		
		黏土类	壤土类	沙壤土类
山　区	100～200	0.65～0.8	0.55～0.7	0.4～0.6
	200～300	0.8～0.85	0.7～0.75	0.6～0.7
	300～400	0.85～0.9	0.75～0.8	0.7～0.75
	400～500	0.9～0.95	0.8～0.85	0.75～0.8
	500 以上	0.95 以上	0.85 以上	0.8 以上
丘陵区	100～200	0.6～0.75	0.3～0.55	0.15～0.35
	200～300	0.75～0.8	0.55～0.65	0.35～0.5
	300～400	0.8～0.85	0.65～0.7	0.5～0.6
	400～500	0.85～0.9	0.7～0.75	0.6～0.7
	500 以上	0.9 以上	0.75 以上	0.7 以上

为应用方便，已将式（6.15）制成计算图，$\overline{f}$ 值一般根据 A/R_R^n 及 n 值由图查得，见图 6.8。

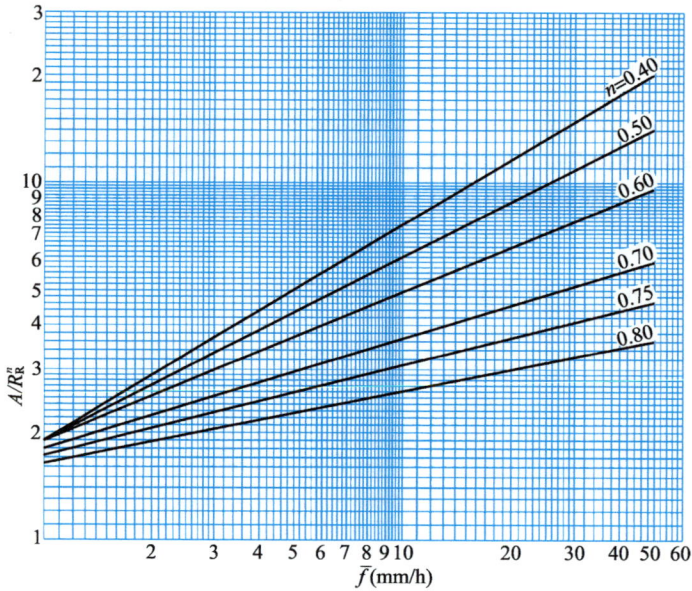

图 6.8　入渗率 $\overline{f}$ 值图

在产流历时 $t_c > 24h$ 的情况下，$\overline{f}$ 值无须用图 6.8 查算，而按下式确定。

$$\overline{f} = (1-\alpha)\frac{P_{24}}{24} \tag{6.17}$$

3）τ 值的计算

最大流量计算公式（6.5）中的流域汇流时间 τ，不但与流域最远流程的汇流长度 L 有关，而且与沿流程的水力条件（如流量大小及流域比降等）有关，情况极为复杂。水文所采用平均流域汇流速度 V 来概括描述径流在坡面和河槽内的运动，则 τ 可表示为

$$\tau = 0.278\frac{L}{V} \tag{6.18}$$

式中　τ——流域汇流时间，h；

　　　V——流域平均汇流速度，m/s；

　　　L——流域汇流长度，km；

　0.278——单位换算系数。

关于流域平均汇流速度 V，目前多采用下列近似的半经验公式表达：

$$V = mS^\sigma Q_m^\lambda \tag{6.19}$$

式中　m——汇流参数；

　　　S——沿最远流程的河道平均比降；

　　Q_m——待定的洪峰流量，m^3/s；

　σ, λ——经验指数。

λ 和 σ 与出口断面形状有关，如为抛物线形断面，则 $\sigma = 1/3$，$\lambda = 1/3$；如为矩形断面，则 $\sigma = 1/3$，$\lambda = 2/5$。对于一般山区性河道，都把出口断面近似地概化为三角形，采

用 $\sigma=1/3$，$\lambda=1/4$，连同式（6.19）一起代入式（6.18）得

$$\tau=\frac{0.278L}{mS^{1/3}Q_{\mathrm{m}}^{1/4}}\tag{6.20}$$

再将上式代入式（6.5），即联立求解 Q_{m} 得

$$Q_{\mathrm{m}}=\left[(0.278)^{1-n}\Psi AF\left(\frac{mS^{1/3}}{L}\right)^{n}\right]^{\frac{4}{4-n}}\tag{6.21}$$

代入式（6.20）可得

$$\tau=\frac{0.278^{\frac{3}{4-n}}}{\left(\frac{mS^{1/3}}{L}\right)^{\frac{4}{4-n}}(\Psi AF)^{\frac{1}{4-n}}}\tag{6.22}$$

若令

$$\tau_0=\frac{0.278^{\frac{3}{4-n}}}{\left(\frac{mS^{1/3}}{L}\right)^{\frac{4}{4-n}}(AF)^{\frac{1}{4-n}}}\tag{6.23}$$

则流域汇流时间

$$\tau=\tau_0\Psi^{-\frac{1}{4-n}}\tag{6.24}$$

从计算洪峰流量的基本公式和上述推导中，可以看出 Ψ 和 τ 是求解 Q_{m} 时需要确定的两个未知数，其中 Ψ 还是 τ 的函数，因此可用式（6.24）和式（6.12）、式（6.14）联立求解。

当 $\tau<t_{\mathrm{c}}$ 时
$$\left.\begin{array}{l}\Psi=1-\dfrac{\bar{f}}{A}\tau^{n}\\[2mm]\tau=\tau_0\Psi^{-\frac{1}{4-n}}\end{array}\right\}\tag{A}$$

当 $\tau>t_{\mathrm{c}}$ 时
$$\left.\begin{array}{l}\Psi=n\left(\dfrac{t_{\mathrm{c}}}{\tau}\right)^{1-n}\\[2mm]\tau=\tau_0\Psi^{-\frac{1}{4-n}}\end{array}\right\}\tag{B}$$

当已知流域地形、土壤和气象资料时，即可用上述式（A）或（B）求解 Ψ 和 τ。其中联立方程组（B）可以直接化为将已知量与未知量分开的计算式，即

$$\Psi=\left[n\left(\frac{t_{\mathrm{c}}}{\tau_0}\right)^{1-n}\right]^{\frac{4-n}{3}}\tag{6.25}$$

将上式代入式（6.5）即得 $\tau>t_{\mathrm{c}}$ 时的洪峰流量计算公式

$$Q_{\mathrm{m}}=0.278AF\left[\frac{nt_{\mathrm{c}}^{1-n}}{\tau_0^{4-n}}\right]^{\frac{4}{3}}\tag{6.26}$$

t_{c} 可按式（6.11）求解，当径流系数 $\Psi=1$ 时的洪峰流量汇流时间 τ_0，一般由式（6.23）计算或根据 AF，$\frac{mS^{1/3}}{L}$ 及 n 值，由图6.9汇流时间 τ_0 图查得。

但联立方程组（A）不能化为已知量与未知量分开的计算式。在实际计算时，由于洪峰流量及汇流时间都是未知量，无法事先直接判别它是属于全面汇流还是部分汇流情况，即不能事先确定应使用方程组（A）还是方程组（B）。因此，水文所将式（6.12）与式（6.14）绘制在同一张计算图6.10上，这样在使用时就不必事先判明 t_{c} 与 τ 何者为大，而由图6.9及图6.10直接求出所需的 Ψ 和 τ 值。

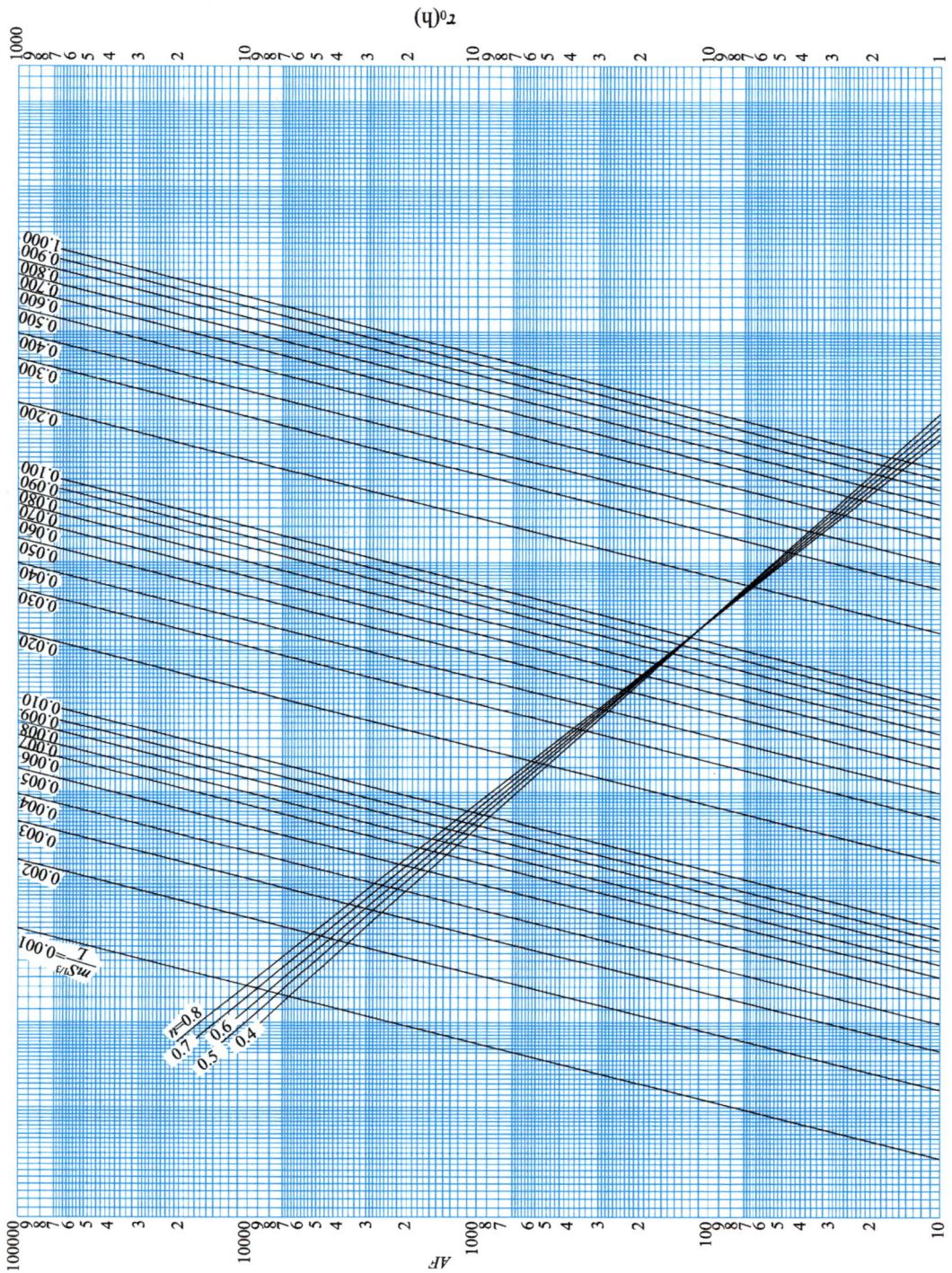

图6.9 汇流时间 τ_0 图

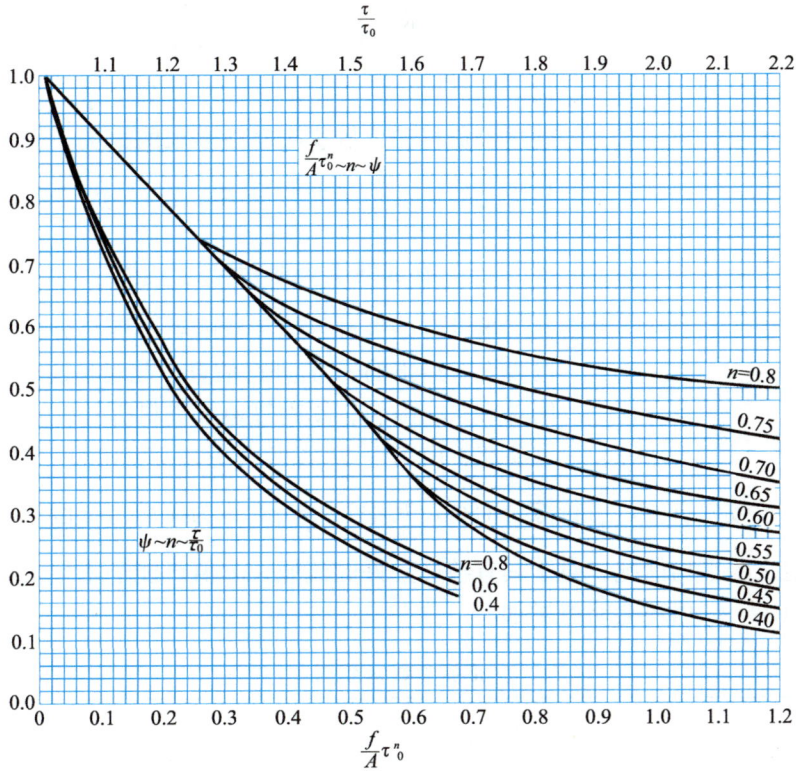

图 6.10 Ψ、τ 曲线图

4）m 值的计算

公式（6.19）中的汇流参数 m，相当于单位流量和比降为 1 时的流域汇流速度，由式（6.20）可得出

$$m = \frac{0.278 L}{S^{1/3} Q_m^{1/4} \tau}$$ (6.27)

它与山坡及河槽的糙率及流域的长度和比降有关，可以利用实测暴雨洪水对应观测资料求得。

因流域汇流时间 τ 不同，利用暴雨资料确定 m 值时，必须区分为全面汇流或部分汇流两种情况。

a. $\tau > t_c$ 时为部分汇流。此时，将式（6.14）代入最大洪峰流量公式（6.5）即得

$$\tau = 0.278 \frac{R_R F}{Q_m}$$ (6.28)

因式中等号右方都可以由实测洪量与洪峰资料中获得，故可直接算出 τ 值。

b. $\tau \leqslant t_c$ 时为全面汇流。此时，将式（6.12）代入式（6.5）即得

$$\tau = 0.278 \frac{R_\tau F}{Q_m}$$ (6.29)

因式中等号右方的 R_τ 为 τ 的函数，是降雨历时等于汇流历时 τ 时的净雨量，无法直接测得，故不能直接由式（6.29）求 τ，须进行适当转换。

$$\begin{cases} \dfrac{R_\tau}{\tau} = \dfrac{Q_m}{0.278F} \\ \dfrac{R_\tau}{t} = f(t) \end{cases}$$ (6.30)

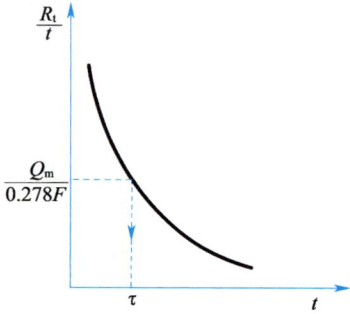

图 6.11 由 $\dfrac{R_t}{t}$-τ 关系
曲线解 τ 值

其中，$\dfrac{R_t}{\tau}$ 为 τ 历时的产流强度，而 Q_m 及 F 为实测资料中的已知量。产流强度与历时的关系，可以通过实测暴雨过程资料和分析这次暴雨洪水的损失，先求得产流强度与历时的关系 $\dfrac{R_t}{t}$-t 曲线（图 6.11），然后根据公式（6.30）求出 $\dfrac{R_t}{\tau}$，在曲线上查取相应的 τ 值。

当没有条件进行地区暴雨洪水资料分析的时候，可以按表 6.3 给出的 m 值进行估算。此表是按照上述方法，利用对广东、山西、湖南等地区资料所分析的 m 值，并补充了浙江、山东等 11 省区面积在 100km² 以下的一些小流域和特小流域的参数分析值，进行综合而得，其中 $\theta=\dfrac{L}{S^{1/3}}$，称为流域特征因素。表中数据只能代表一般地区的平均情况，对于具有特殊条件的流域，m 值可能还未包括在表中；径流较小的干旱地区，m 值还会略有增加。

汇流参数 m 值表   表 6.3

类别	雨洪特征、河道特性、土壤植被	流域特征因素 θ		
		1～10	10～30	30～90
I	雨量丰沛的湿润的山区，植被条件优良，森林覆盖度可高达 70% 以上，多为深山原始森林区，枯枝落叶层厚，壤中流较丰富，河床呈山区形大卵石、大砾石河槽，有跌水，洪水多呈缓落型	0.20～0.30	0.30～0.35	0.35～0.40
II	南方、东北湿润山丘，植被条件良好，以灌木林、竹林为主的石山区，或森林覆盖度达 40%～50%，或流域内以水稻田或优良的草皮为主，河床多砾石、卵石，两岸滩地杂草丛生，大洪水多为尖瘦型，中小洪水多为矮胖型	0.30～0.40	0.40～0.50	0.50～0.60
III	南、北方地理景观过渡区，植被条件一般，以稀疏林、针叶林、幼林为主的土石山区或流域内耕地较多	0.60～0.70	0.70～0.80	0.80～0.95
IV	北方半干旱地区，植被条件差，以荒草坡、梯田或少量的稀疏林为主的土石山区，旱作物较多，河道呈宽浅型，间歇性水流，洪水陡涨陡落	1.0～1.3	1.3～1.6	1.6～1.8

湖南省根据该省 16 个小面积测站 76 次洪水分析资料中的 m 值，综合出流域面积 F 与 m 的关系，见表 6.4，供该省无资料地区选用。

湖南省 F-m 关系表   表 6.4

流域面积 F(km²)	<1	1～20	20～100	100～150
汇流参数 m	0.4	0.6	0.8	1.1

在用推理公式推求小流域设计洪水时，应该使用本地区所建立的这种 m 值的定量关系。

5）流域特征参数 F，L，S 的确定

F 代表出口断面以上的流域面积。利用 1/50000～1/100000 的地形图或其他适当比例尺的地形图直接量取。如地形图精度不高或分水线不清楚时，要进行现场查勘及测量，以确定分水线的确切位置，流域面积的单位以"km^2"计。

S 为沿 L 的坡地和河槽平均比降。可在地形图上量取自分水岭至出口断面的河槽纵断面图。如无地形图时，可直接沿河槽作高程测量，取得河槽纵断面图。根据纵断面图中沿程比降变化的特征点高程，用下式计算

$$S = \frac{(Z_0+Z_1)L_1+(Z_1+Z_2)L_2+\cdots+(Z_{n-1}+Z_n)L_n-2Z_0L}{L^2} \tag{6.31}$$

式中 Z_0，Z_1，$\cdots$，Z_n——自出口断面起沿流程各特征地面点高程；

L_1，L_2，$\cdots$，L_n——各特征点间的距离。

参看图 6.12。

（3）设计洪峰流量 Q_m 的计算

应用水科院水文所方法计算 Q_m，需要具备下列几项基本资料：

流域地形图和流域情况说明，作为确定流域特征值和选用参数时的参考；

流域暴雨统计资料，或暴雨参数等值线图及频率查算表，用以确定暴雨参数；

本地区对参数 m、$\overline{f}$ 进行综合分析的成果。如果缺少这部分资料而工程要求的精度允许时，可以利用表 6.2 和表 6.3 查算径流系数 α 和汇流参数 m 值。

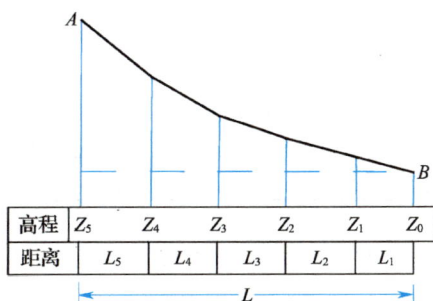

图 6.12 沿 L 长度的河槽纵断面图
（A 为分水岭，B 为出口断面）

具体计算以湖南省某水库推求百年一遇设计流量为例，说明其步骤及所用格式如下。

1）确定流域特征值 F，L，S。由 1/50000 地形图算得，列入表 6.5。

表 6.5

$F(km^2)$	$L(km)$	S	$S^{1/3}$
34.6	9.25	0.0362	0.331

2）由暴雨资料确定 $\overline{P}_{24}$、C_{v24}、n_1、n_2 等，并根据公式（5.27）和公式（5.28）计算设计频率 $P=1\%$ 的最大雨力 A。由该暴雨等值线图查得 $\overline{P}_{24}$、C_{v24}，并设 $\tau>1h$，取 $n=n_2$ 列入表 6.6。

表 6.6

$\overline{P}_{24}(mm)$	C_{v24}	K_p	$P_{24,1\%}(mm)$	n	$A(mm/h)$
100	0.4	2.31	231	0.70	89.2

表中：

按公式（5.27）计算

$$P_{24,1\%} = K_P \cdot \overline{P}_{24} = 2.31 \times 100 = 231 \tag{mm}$$

A 按公式（5.28）计算

$$A = \frac{P_{24,1\%}}{24^{1-n}} = \frac{231}{24^{1-0.7}} = 89.2 \qquad \text{(mm/h)}$$

3）根据流域条件确定 $\overline{f}$ 及 m，应用已知的 A 和 n_2，由地区综合的暴雨径流关系图上确定 R_R。湖南省有湘水流域的 $P - P_a - t_{24} - R_R$ 相关图，并适用于该省各地，由该图查得 $R_R = 197\text{mm}$。当没有地区综合的暴雨径流关系时，可由表 6.2 确定 α 值，再用式（6.16）计算得 R_R。对于山区黏土类地表情况及 $P_{24} = 231\text{mm}$ 时，α 可选为 0.85。则 $R_R = \alpha P_{24} = 0.85 \times 231 = 196.7\text{mm}$，与由地区相关图查得的结果十分接近。由图 6.8 可查得 $\overline{f} = 1.90\text{mm/h}$，计算过程列为表 6.7。同理，汇流参数 m 值可应用湖南省的地区综合成果表 6.4，由流域面积 34.6km^2 查得 $m = 0.8$。此外，因 $\theta = \frac{L}{S^{1/3}} = \frac{9.25}{0.33} \approx 28$，则利用表 6.3 也可查得 m 值，对植被条件一般的土石山区（Ⅲ类地区），$m = 0.7 \sim 0.8$。两者基本相同。计算结果见表 6.7。

表 6.7

α	h_R	h_R^n	A/h_R^n	$\overline{f}$(mm/h)	θ	m
0.85	197	40	2.23	1.90	28	0.8

4）计算 $\dfrac{mS^{1/3}}{L}$ 和 AF，由图 6.9 查得 τ_0 值，也可以用公式（6.23）计算。

先计算

$$\frac{mS^{1/3}}{L} = \frac{0.8 \times 0.331}{9.25} = 0.0286$$

及

$$AF = 89.2 \times 34.6 = 3086$$

再据式（6.23）计算 τ_0 得

$$\tau_0 = \frac{0.278^{\frac{3}{4-0.7}}}{0.0286^{\frac{4}{4-0.7}} \times 3086^{\frac{1}{4-0.7}}} = 2.03\text{h}$$

与图 6.9 查出的十分接近。

5）计算 $\dfrac{\overline{f}}{A}\tau_0^n$，由图 6.10 查 Ψ 及 $\dfrac{\tau}{\tau_0}$ 值，并算出 τ 值。见表 6.8，$\tau = 2.05\text{h}$，即 $\tau > 1\text{h}$，故设 $n = n_2$ 是正确的。

6）将已算得的 Ψ、τ 代入公式（6.5）计算洪峰流量 Q_m，以上三项计算列入表 6.8。

表 6.8

$\dfrac{mS^{1/3}}{L}$	AF	τ_0(mm)	τ_0^n	$\dfrac{\overline{f}}{A}\tau_0^n$	Ψ	τ/τ_0	τ(h)	τ^n	Q_m(m^3/s)
0.0286	3086	2.03	1.64	0.0349	0.97	1.01	2.05	1.65	504

依据上表数据，用式（6.5）得 Q_m

$$Q_m = 0.278 \frac{\Psi A}{\tau^n} F = 0.278 \times \frac{0.97 \times 89.2}{1.65} \times 34.6 = 504\text{m}^3/\text{s}$$

τ_0 与 τ 的指数 n 在一般情况下首先用 $n = n_2$ 计算，若求出的 $\tau < 1\text{h}$，再改用 $n = n_1$ 计算最大流量。但对特小流域（如 F 仅为几个 km^2），也可以一开始就令 $n = n_1$ 来计算，此时若

算出的 $\tau > 1h$，再改用 $n = n_2$ 计算。

6.4.2 铁一院两所公式

（1）洪峰流量的物理模型和计算公式

铁一院两所（铁道部第一勘测设计院，中国科学院地理研究所、铁道部科学研究院西南研究所）研究组通过多次水文模型的专门试验表明：即使是规则的矩形流域，其共时径流面积与汇流时间之间也并非线性关系，共时径流面积增长速率并非常数。同时，净雨强度也随时间而变。通过理论分析与实验证明，洪峰流量发生的规律是：净雨强度和最大共时径流面积的乘积为最大时才能形成洪峰。可用图 6.13（a）的曲线表示净雨强度 i_1 随时间变化的关系，是一非线性的减函数。图 6.13（b）的曲线表示流域最大共时径流面积 f 随时间变化的关系，是一非线性的增函数。图 6.13（c）表示各对应时刻净雨与共时径流面积相乘形成流量的规律（该曲线不是流量过程线）。各时刻净雨和共时径流面积对应乘积所表示的流量 $i_1 f$，它沿时间坐标由小到大，到某时刻出现了流量的最大值。它的出现并不在 $t = \tau$ 的时候（即不在 $f = F$ 的时候），而是在某一特定时间，这个时间称为形成洪峰时间，或称造峰历时，并以 t_Q 表示。与其相应的（在 f-t 曲线上的）共时径流面积，就是形成洪峰最大共时径流面积，或称造峰面积。因此，洪峰流量 Q_m 的基本计算模式应表示如下

$$Q_m = [i_1 f]_{max} = [i_1 f]_t = t_Q \tag{6.32}$$

式中 i_1，f——均为时间 t 的函数。

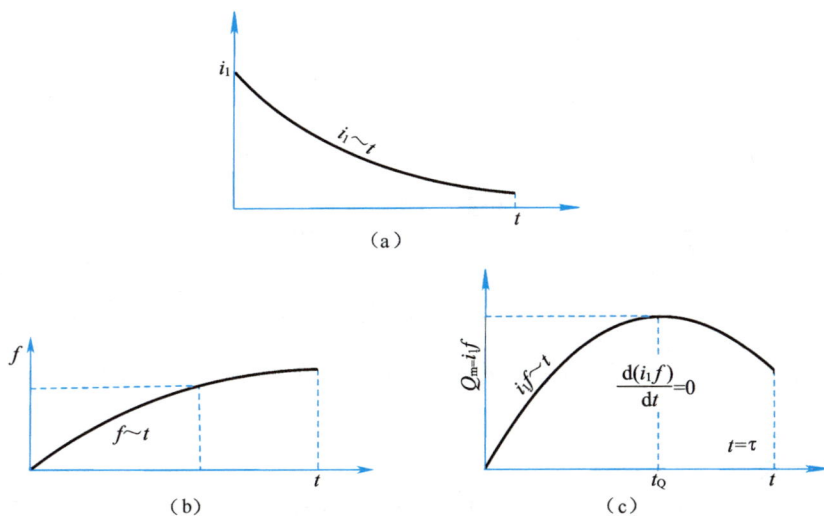

图 6.13 最大流量形成示意图

据此原理推导，得洪峰流量 Q_m 的计算公式为

$$Q_m = 0.278 \frac{\Psi A}{t_Q^n} PF \tag{6.33}$$

$$t_Q = P_1 \tau \tag{6.34}$$

令

$$k_1 = 0.278 AF \tag{6.35}$$

则
$$\begin{cases} Q_{\mathrm{m}} = k_1 \Psi P t_{\mathrm{Q}}^{-n} \\ t_{\mathrm{Q}} = P_1 \tau \end{cases} \tag{6.36}$$

式中　Ψ——洪峰流量径流系数；

　　　P——造峰面积系数；

　　　t_{Q}——造峰历时，h；

　　　P_1——造峰历时系数；

　　　A，F，n，τ 同公式（6.5）。

这就是铁一院两所的暴雨洪峰流量计算公式。适用于西北地区各省、区以及流域面积小于 $100\mathrm{km}^2$ 的小流域。

（2）洪峰流量公式中参数的定量方法

1）暴雨点面（雨量）折减系数 η

暴雨公式 $i = A/t^n$，是雨量站所在地点的暴雨强度，应用于较大流域（$F > 10\mathrm{km}^2$）时，特别在西北地区暴雨笼罩面积甚小且不均匀分布程度较大的情况下，暴雨洪峰流量计算必须采用流域面积平均暴雨强度，这可以通过雨量折减系数把点雨量换算成面雨量来达到折减系数 η 按下式计算

$$\eta = \frac{\overline{P}_{\mathrm{F}}}{P_0} \tag{6.37}$$

式中　$\overline{P}_{\mathrm{F}}$——面平均降雨量，mm；

　　　P_0——点最大暴雨量，mm。

经用等雨量线法对实际暴雨进行点面关系的分析后，得出一般地区小流域的点面雨量折减系数公式如下：

$$\eta = \frac{1}{1 + 0.016 F^{0.6}} \tag{6.38}$$

按照上式计算的 η 值见表 6.9。

雨量折减系数 η 值　　　　　　　　　　　　表 6.9

$F(\mathrm{km}^2)$	3	5	7	10	15	20	30	40	50	60	70	80	90	100
η	0.97	0.96	0.95	0.94	0.92	0.91	0.89	0.87	0.86	0.84	0.83	0.82	0.81	0.80

注：1. 当 F 为中间值时，η 可内插求出；

　　2. 本表适用范围为 $10 \sim 300\mathrm{km}^2$ 的流域。对新疆、青海境内部分干旱地区，对台风雨及黄梅雨的情况，η 值应予调整。

2）暴雨损失

考虑到暴雨损失不仅受流域土壤、地质、植被等条件及土壤前期含水量的影响，而且还受暴雨强度大小的影响，在产流期内，暴雨强度 i 大的损失强度 $\overline{f}$ 也大，它们之间存在着如下关系：

$$\overline{f} = R \overline{i}^{r_1} \tag{6.39}$$

式中　$\overline{f}$——流域产流期内平均损失强度，mm/h，不包括初期损失值；

　　　$\overline{i}$——流域产流期内平均暴雨强度，mm/h；

　　　r_1——损失指数；

　　　R——损失系数。

净雨量为暴雨量扣除损失以后的余水量，其强度即净雨强度 i_1

$$i_1 = \bar{i} - \bar{f} \tag{6.40}$$

式中各种强度的时间单位均以"h"计。径流系数 Ψ 为净雨强度与暴雨强度的比值。

$$\Psi = \frac{i_1}{\bar{i}} = 1 - \frac{\bar{f}}{\bar{i}} \tag{6.41}$$

将式（6.39）代入得

$$\Psi = 1 - \frac{R\,\bar{i}^{r_1}}{\bar{i}} = 1 - R\,\bar{i}^{r_1-1} \tag{6.42}$$

代入暴雨公式（6.7），则

$$\Psi = 1 - RA^{r_1-1}t^{n(1-r_1)} \tag{6.43}$$

上式反映了径流系数的有关影响因素，其中只有暴雨历时 t 是变数。设计条件下，t 应为形成洪峰的汇流时间 t_Q，而 t_Q 与流域面积 F 有密切的关系。因此，利用上式将其中的 t 按土壤类别、地形等级和汇水面积的不同情况确定一个数值，并将 n 值固定制成径流系数 Ψ 值表 6.10，以供查用（其中土壤类别见表 6.11）。

3）河槽汇流因子 K_1 与山坡汇流因子 K_2

流域汇流过程，按其水力特性的不同，可分为坡面汇流和河槽汇流两个阶段。在小流域汇流过程中，坡面汇流所占的比例很大，是一个不可忽视的因素。因此，坡面和河槽两部分的汇流应分别计算。

由水文模型试验证知：流域汇流时间 τ 基本上等于河槽汇流时间 τ_1 和坡面汇流时间 τ_2 的代数和

$$\tau = \tau_1 + \tau_2 \tag{6.44}$$

河槽汇流速度 V_1 按以下半经验公式计算

$$V_1 = A_1 S_1^{0.35} Q_m^{0.30} \tag{6.45}$$

而

$$\tau_1 = 0.278\frac{L_1}{V_1} = \frac{0.278\,L_1}{A_1\,S_1^{0.35}\,Q_m^{0.30}} \tag{6.46}$$

式中　τ_1——主河槽内洪水汇流时间，h；

　　　L_1——主河槽长度，km；

　　　V_1——河槽内洪水平均汇流速度，m/s；

　　　S_1——流域出口断面附近河槽平均坡度，‰；

　　　Q_m——需要计算的设计洪峰流量，m^3/s；

　0.278——单位换算系数；

　　　A_1——主河槽流速系数，按表 6.12 查取，若 m_1 或 α 超过表列数值范围时，可按下式计算。

$$A_1 = 0.0526\,m_1^{0.705}\frac{\alpha^{0.175}}{(\alpha+0.5)^{0.47}} \tag{6.47}$$

式中　m_1——河槽糙率系数，计算流速时，取沿程平均糙率；

　　　α——河槽扩散系数，是计算河段水深等于 1m 时的河槽宽度的一半。

坡面汇流速度 V_2 按以下经验公式计算

$$V_2 = A_2 S_2^{1/3} L_2^{1/2} Q_m^{1/2} F^{-1/2} \tag{6.48}$$

经流系数值 ψ 表　$\psi = 1 - R A_1^{r_1 - 1} t^{n(1-r_1)}$

表 6.10

土类	前期土壤水分	R	r_1	t(h)	高低山	丘陵	平坦	$n=0.4$（用于 0.25~0.55）A(mm/h)					$n=0.7$（用于 0.55~0.85）A(mm/h)					前期土壤水分对 ψ 值改正数	
					F(km²)	F(km²)	F(km²)	20	40	70	100	200	20	40	70	100	200	湿润	干旱
Ⅱ	中等	0.93	0.63	0.1	0.01~1.0			0.78	0.83	0.86	0.88	0.91	0.87	0.87	0.90	0.91	0.93	1.08	0.92
				0.2	1.01~5.0	0.01~1.0		0.76	0.81	0.85	0.87	0.90	0.80	0.84	0.87	0.89	0.91		
				0.4	5.01~20	1.01~5.0	0.01~1.0	0.73	0.79	0.83	0.85	0.89	0.76	0.81	0.85	0.87	0.90		
				0.6	20.01~50	5.01~20	1.01~5.0	0.72	0.78	0.82	0.84	0.88	0.73	0.79	0.83	0.85	0.89		
				0.8	50.01~100	20.01~50	5.01~20	0.70	0.77	0.81	0.83	0.87	0.71	0.78	0.82	0.84	0.88		
				1.0		50.01~100	20.01~50	0.69	0.76	0.81	0.83	0.87	0.69	0.76	0.81	0.83	0.87		
				2.5			50.01~100	0.65	0.73	0.78	0.81	0.85	0.61	0.70	0.76	0.79	0.83		
Ⅲ	中等	1.02	0.69	0.1	0.01~1.0			0.70	0.76	0.80	0.82	0.85	0.76	0.80	0.83	0.85	0.88	1.12	0.87
				0.2	1.01~5.0	0.01~1.0		0.67	0.73	0.78	0.80	0.84	0.72	0.77	0.81	0.83	0.86		
				0.4	5.01~20	1.01~5.0	0.01~1.0	0.64	0.71	0.76	0.78	0.82	0.67	0.73	0.78	0.80	0.84		
				0.8	20.01~50	5.01~20	1.01~5.0	0.61	0.68	0.73	0.76	0.81	0.62	0.69	0.74	0.77	0.81		
				1.0	50.01~100	20.01~50	5.01~20	0.60	0.67	0.73	0.76	0.80	0.60	0.68	0.73	0.76	0.80		
				1.5		50.01~100	20.01~50	0.58	0.66	0.71	0.74	0.79	0.56	0.65	0.70	0.73	0.78		
				3.0			50.01~100	0.54	0.63	0.69	0.72	0.77	0.49	0.59	0.65	0.69	0.75		
Ⅳ	中等	1.10	0.76	0.1	0.01~1.0			0.57	0.64	0.68	0.71	0.75	0.64	0.69	0.73	0.75	0.79	1.25	0.80
				0.2	1.01~5.0	0.01~1.0		0.54	0.61	0.66	0.69	0.74	0.59	0.65	0.70	0.72	0.77		
				0.4	5.01~20	1.01~5.0	0.01~1.0	0.51	0.58	0.64	0.67	0.72	0.54	0.61	0.66	0.69	0.74		
				0.8	20.01~50	5.01~20	1.01~5.0	0.48	0.56	0.61	0.64	0.70	0.48	0.56	0.62	0.65	0.70		
				1.0	50.01~100	20.01~50	5.01~20	0.46	0.55	0.60	0.64	0.69	0.46	0.55	0.60	0.64	0.69		
				1.5		50.01~100	20.01~50	0.44	0.53	0.59	0.62	0.68	0.43	0.51	0.58	0.61	0.67		
				3.0			50.01~100	0.40	0.50	0.56	0.60	0.66	0.36	0.45	0.52	0.56	0.63		

续表

土类	前期土壤水分	R	r_1	t(h)	F(km²) 高低山	丘陵	平坦	n=0.4（用于0.25~0.55）A(mm/h) 20	40	70	100	200	n=0.7（用于0.55~0.85）A(mm/h) 20	40	70	100	200	前期土壤水分对ψ值改正系数 湿润	干旱
V	中等	1.18	0.83	0.1	0.01~1.0			0.39	0.46	0.51	0.54	0.59	0.46	0.52	0.56	0.59	0.64		
				0.2	1.01~5.0	0.01~1.0		0.36	0.44	0.49	0.52	0.57	0.41	0.48	0.53	0.56	0.60		
				0.4	5.01~20	1.01~5.0	0.01~1.0	0.33	0.41	0.46	0.49	0.55	0.36	0.44	0.49	0.52	0.57		
				0.8	20.01~50	5.01~20	1.01~5.0	0.30	0.38	0.44	0.47	0.53	0.31	0.39	0.44	0.48	0.53	1.4	0.7
				1.0	50.01~100	20.01~50	5.01~20	0.29	0.37	0.43	0.46	0.52	0.29	0.37	0.43	0.46	0.52		
				2.0		50.01~100	20.01~50	0.26	0.34	0.40	0.44	0.50	0.23	0.32	0.38	0.41	0.48		
				3.5			50.01~100	0.23	0.31	0.38	0.41	0.48	0.18	0.27	0.34	0.37	0.44		
VI	中等	1.25	0.9	0.1	0.01~1.0			0.16	0.21	0.26	0.28	0.33	0.21	0.26	0.30	0.33	0.37		
				0.2	1.01~5.0	0.01~1.0		0.13	0.19	0.23	0.26	0.31	0.17	0.23	0.27	0.30	0.34		
				0.4	5.01~20	1.01~5.0	0.01~1.0	0.11	0.17	0.21	0.24	0.29	0.13	0.19	0.23	0.26	0.31		
				0.8	20.01~50	5.01~20	1.01~5.0	0.08	0.14	0.19	0.22	0.27	0.09	0.15	0.20	0.22	0.28	1.60	0.60
				1.5	50.01~100	20.01~50	5.01~20	0.06	0.12	0.17	0.20	0.25	0.05	0.11	0.16	0.19	0.24		
				3.0		50.01~100	20.01~50	0.03	0.10	0.15	0.18	0.23	①	0.06	0.12	0.15	0.21		
				4.0			50.01~100	0.02	0.09	0.14	0.17	0.22	①	0.05	0.10	0.13	0.19		

① 为不产流。

表 6.11

土壤类别表

土类	II	III	IV	V	VI
特征	黏土地下水位较高（在 0.3～0.5m）盐碱土地面；土壤瘠薄的岩石、轻微风化的岩石地区	植被差的砂质黏土地面；戈壁滩；植被较差的土石山区的山间草地	植被差的黏质砂土地面；风化严重土层厚的土石山区；草滩密的山丘区或草地；人工幼林区；土层较薄、中等密度的黄土塬地区	植被差的一般砂土地面；有大面积厚森林茂密山区，有水土保持措施、治理较好的土质山区	无植被松散的沙土地面；茂密并有枯枝落叶层的原始森林
地区举例	燕山，太行山区，岭北坡山区	陕北黄土高原丘陵山区，峨眉径流站站丘陵区及山东崂山等地	峨眉径流站高山区，湖南龙潭及郑坡桥径流站；广州径流站	广东北江部分地区；土层较厚郁闭度 70% 以上的森林地区	东北原始森林区及西北沙漠边缘地区

表 6.12

河槽流速系数 A_1 值表

A_1 （m_1 \ α）	1	2	3	4	5	7	10	15	20	30	50	主河槽形态特征
5	0.135	0.120	0.110	0.102	0.097	0.089	0.081	0.072	0.067	0.059	0.051	丛林郁闭度占 75% 以上的河沟，有大量漂石堵塞的山区型弯曲大的河床；草丛密生的河滩
7	0.172	0.152	0.140	0.131	0.124	0.113	0.103	0.092	0.085	0.076	0.065	丛林郁闭度占 60% 以上的河沟；有较多漂石堵塞的山区型弯曲河沟；有杂草、死水的沼泽型河沟；平坦地区的梯田漫滩地
10	0.220	0.195	0.180	0.167	0.158	0.145	0.132	0.118	0.109	0.097	0.084	植物覆盖度 50% 以上，有漂石堵塞的河床；河床弯曲有漂石及跌水的山区型河槽；山丘区的冲田滩地
15	0.293	0.259	0.239	0.222	0.210	0.193	0.175	0.157	0.145	0.129	0.112	植物覆盖度 50% 以下，有少量堵塞物的河床
20	0.358	0.318	0.292	0.272	0.257	0.236	0.214	0.192	0.177	0.158	0.137	弯曲或生长杂草的河床
25	0.420	0.372	0.342	0.318	0.301	0.276	0.251	0.225	0.207	0.185	0.166	杂草稀疏、较为平坦、顺直的河床
30	0.479	0.424	0.390	0.363	0.344	0.315	0.286	0.257	0.236	0.211	0.181	平坦通畅顺直的河床

而
$$\tau_2 = 0.278 \frac{L_2}{V_2} = 0.278 \frac{L_2^{0.5} F^{0.5}}{A_2 S_2^{1/3} Q_m^{0.5}} \quad (6.49)$$

式中　τ_2——坡面平均汇流时间，h；

　　　L_2——坡面平均长度，km；

　　　V_2——坡面平均汇流速度，m/s；

　　　F——流域面积，km²；

　　　S_2——坡面平均坡度，‰；

　　A_2——坡面流速系数，主要反映坡面糙率对流速的影响，根据实际情况由表 6.13
查得。0.278 及 Q_m 与上式相同。

坡度流速系数 A₂ 值表　表 6.13

类别	地表特征	举　例	变化范围	一般情况
路面	平整夯实的土、石质路面	沥青或混凝土路面	0.05～0.08	0.07
光坡	无草的土、石质地面；水土流失严重成许多冲沟的坡地	陕北黄土高原水土流失严重地区	0.035～0.05	0.045
疏草地	种有旱作物、植被较差的坡地；稀疏草地。戈壁滩。对于坡地平顺、植被较差、水土流失明显的坡地，卵石较少的戈壁滩，取较大值。对土层薄有大片基岩外露，植被覆盖差、有些小坑洼的坡面取较小值	新疆戈壁滩；青海胶结砾沙土地区；植被较差的北方坡地及疏草地，山西太原径流站	0.02～0.035	0.025
荒草坡、疏林地、梯田	覆盖度为 50% 左右的中等密草地，郁闭度为 30% 左右的稀疏林地。对无树木的北方旱作物坡耕地取较大值。对疏林内有中密草丛、带田埂的梯地或水田者取较小值	拉萨、林周地区，秦岭北坡山区、四川峨眉径流站保宁丘陵区；山东发成站，湖北小川站，浙江南雁站，福建造水站等	0.01～0.02	0.015
一般树林及平坦区水田	树林郁闭度占 50% 左右，林下有中密草丛、灌木丛生较密的草丛；地形较平坦、治理较好的大片水田流域。对中等密度的幼林，丘陵（水）田取较大值。对郁闭度 50% 以上的成林、地形平坦、简易蓄水工程（如冬水田、小堰等）较多的大片水田地区取较小值	陕西黄龙森林区，四川峨眉径流站伏虎山区和十里山平坦区，浙江白溪站，湖南宝盖洞及龙潭站，山东崂山站，广东广州站和新政站，湖北铁炉坳等	0.005～0.01	0.007
森林密草	森林郁闭度 70% 以上，林下并有草被或落叶层；茂密的草灌丛林。对原始森林及林下有大量枯枝落叶层者取较小值	东北原始森林，海南茂密草灌丛林地区等	0.003～0.005	0.004

将式（6.46）和式（6.49）代入式（6.44），即得流域汇流时间 τ 的计算式

$$\tau = 0.278 \left(\frac{L_1}{A_1 J_1^{0.35} Q_m^{0.30}} + \frac{L_2^{0.5} F^{0.5}}{A_2 J_2^{1/3} Q_m^{0.5}} \right) \quad (6.50)$$

若令
$$K_1 = 0.278 \frac{L_1}{A_1 S_1^{0.35}} \quad (6.51a)$$

$$K_2 = 0.278 \frac{L_2^{0.5} F^{0.5}}{A_2 S_2^{1/3}} \quad (6.51b)$$

则流域汇流时间为

$$\tau = \frac{K_1}{Q_m^{0.30}} + \frac{K_2}{Q_m^{0.50}} \tag{6.51}$$

式中　K_1，K_2——河槽汇流因子和山坡汇流因子。

K_1，K_2 反映了流域河槽和坡面的水流运动条件（如调蓄能力及流域形状等）对流域汇流的影响。

4）造峰历时系数 P_1 与造峰面积系数 P

流域共时径流面积 f 的分配和相应汇流时间 t 的分配，经过理论推演与大型水文模型室内试验证明，它们之间的关系是一种抛物线形的关系，其方程如下：

$$1 - \frac{f}{F} = \left(1 - \frac{t}{\tau}\right)^r \tag{6.52}$$

对于洪峰流量的形成而言，上式就是最大共时径流面积分配曲线的方程式，其中 r 值是一个综合性指数，它反映流域汇流运动的条件，其中包括流域形状与调蓄作用等的影响，对各种不同自然情况下的小流域实测资料进行分析后得出

$$r = 2.1(K_1 + K_2)^{-0.06} \tag{6.53}$$

式中 K_1 及 K_2 为汇流特征值，用式（6.51a，b）计算，r 的平均值一般在 15～25 之间。

将式（6.52）移项　　　$\dfrac{f}{F} = 1 - \left(1 - \dfrac{t}{\tau}\right)^r$

在形成洪峰的条件下，汇流时间 $t = t_Q$，相应共时径流面积 $f = f_Q$，则上式成为

$$\frac{f_Q}{F} = 1 - \left(1 - \frac{t_Q}{\tau}\right)^r \tag{6.54}$$

式中　$\dfrac{f_Q}{F}$——形成洪峰共时径流面积与流域面积的比值，称为形成洪峰共时径流面积系数，简称造峰面积系数，用 P 表示

$$P = \frac{f_Q}{F} \tag{6.55}$$

$\dfrac{t_Q}{\tau}$——形成洪峰汇流时间与流域汇流时间的比值，称为形成洪峰历时系数，简称造峰历时系数，用 P_1 表示

$$P_1 = \frac{t_Q}{\tau} \tag{6.56}$$

据此，式（6.54）可化为

$$P = 1 - (1 - P_1)^r \tag{6.57}$$

按照 $Q_m = [i_1 f]_{max}$ 的条件，经过推演，可以得出 P_1 与暴雨衰减指数 n 和流域综合性指数 r 值具有下列函数关系

$$nC_n = \frac{rP_1(1 - P_1)^{r-1}}{1 - (1 - P_1)^r} \tag{6.58}$$

令

$$nC_n = n' \tag{6.59}$$

其中

$$C_n = \frac{1 - r_1 k_2}{1 - k_2} \tag{6.60}$$

而

$$k_2 = RA^{r_1 - 1} \tag{6.61}$$

式中 r_1——损失指数；

　　R——损失系数。

不同 r_1 及 k_2 时的 C_n 值可由表 6.14 查得。为了计算方便，已将式（6.58）制成曲线图以供使用。用图 6.14 可直接由 n' 与 r 值查出 P_1 值。已知 P_1 值，可由式（6.57）计算 P 值，或由图 6.15 查出 P 值。

C_n 值表　　　　　　　　　　　表 6.14

k_2 ＼ r_1	0.60	0.65	0.70	0.75	0.80	0.85	0.90
0.10	1.04	1.04	1.03	1.03	1.02	1.02	1.01
0.12	1.05	1.05	1.04	1.03	1.03	1.02	1.01
0.14	1.07	1.06	1.05	1.04	1.03	1.03	1.02
0.16	1.08	1.07	1.06	1.05	1.04	1.03	1.02
0.18	1.09	1.08	1.07	1.06	1.04	1.03	1.02
0.20	1.10	1.09	1.08	1.06	1.05	1.04	1.03
0.22	1.11	1.10	1.09	1.07	1.06	1.04	1.03
0.24	1.13	1.11	1.10	1.08	1.06	1.05	1.03
0.26	1.14	1.12	1.11	1.09	1.07	1.05	1.04
0.28	1.16	1.14	1.12	1.10	1.08	1.06	1.04
0.30	1.17	1.15	1.13	1.11	1.09	1.06	1.04
0.32	1.19	1.17	1.14	1.12	1.09	1.07	1.05
0.34	1.21	1.18	1.16	1.13	1.10	1.08	1.05
0.36	1.23	1.20	1.17	1.14	1.11	1.08	1.06
0.38	1.25	1.21	1.18	1.15	1.12	1.09	1.06
0.40	1.27	1.23	1.20	1.17	1.13	1.10	1.07
0.42	1.29	1.25	1.22	1.18	1.14	1.11	1.07
0.44	1.31	1.27	1.24	1.20	1.16	1.12	1.08
0.46	1.34	1.30	1.26	1.21	1.17	1.13	1.08
0.48	1.37	1.32	1.28	1.23	1.18	1.14	1.09
0.50	1.40	1.35	1.30	1.25	1.20	1.15	1.10

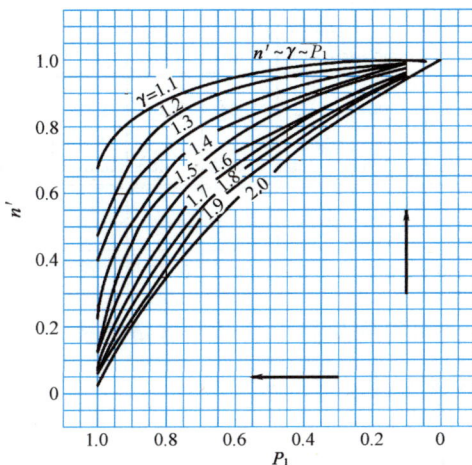

图 6.14　P_1 值

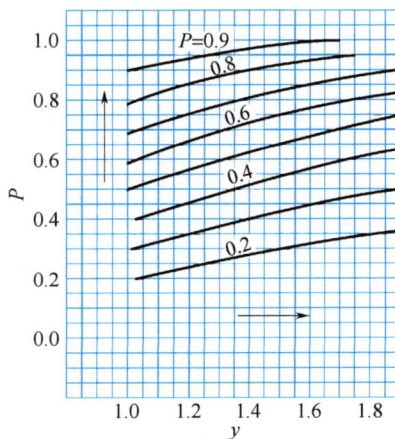

图 6.15　$P=1-(1-P_1)^r$

（3）设计洪峰流量计算的简化方法

计算设计洪峰流量的基本公式为（式（6.33）和式（6.34））

$$\begin{cases} Q_m = 0.278\Psi \dfrac{A}{t_Q^n} PF \\ t_Q = P_1\ \tau \end{cases}$$

把式（6.51）代入式（6.34）得

$$t_Q = P_1\ \tau = P_1\left[\frac{K_1}{Q_m^{0.30}} + \frac{K_2}{Q_m^{0.50}}\right] \tag{6.62}$$

上式括号内的流域汇流时间 τ，可以用下面的近似公式代替

$$\frac{K_1}{Q_m^{0.30}} + \frac{K_2}{Q_m^{0.50}} = \frac{x}{Q_m^y} \tag{6.63}$$

用 $Q_m=3$ 及 300 代入上式并联立解出 x，y 值为

$$x \approx K_1 + 0.95K_2 \tag{6.64}$$

$$y = 0.5 - 0.5\lg \frac{3.129\dfrac{K_1}{K_2}+1}{1.246\dfrac{K_1}{K_2}+1} \tag{6.65}$$

式（6.65）比较复杂，制成表 6.15 后，就可直接由 K_1/K_2 查出 y 值来。

将式（6.63）代入式（6.62）得

$$t_Q = P_1\frac{x}{Q_m^y} \tag{6.66}$$

y 值表　　　　　　　　　　　　　　　　　　　　　　表 6.15

$\frac{K_1}{K_2}$	0.16	0.07	0.08	0.09	0.10	0.12	0.14	0.16	0.18	0.20	0.22	0.24	0.26	0.28
y	0.479	0.475	0.472	0.469	0.466	0.461	0.456	0.452	0.447	0.443	0.439	0.436	0.432	0.429
$\frac{K_1}{K_2}$	0.30	0.32	0.34	0.36	0.38	0.40	0.42	0.44	0.46	0.48	0.50	0.52	0.54	0.56
y	0.426	0.423	0.420	0.417	0.414	0.412	0.410	0.407	0.405	0.403	0.401	0.399	0.397	0.396
$\frac{K_1}{K_2}$	0.58	0.60	0.62	0.64	0.66	0.68	0.70	0.72	0.74	0.76	0.78	0.80	0.82	0.84
y	0.394	0.392	0.391	0.389	0.388	0.386	0.385	0.383	0.382	0.381	0.380	0.378	0.377	0.376
$\frac{K_1}{K_2}$	0.86	0.88	0.90	0.92	0.94	0.96	0.98	1.00	1.02	1.04	1.06	1.08	1.10	1.12
y	0.375	0.374	0.373	0.372	0.371	0.370	0.369	0.368	0.368	0.367	0.366	0.365	0.364	0.363
$\frac{K_1}{K_2}$	1.14	1.16	1.18	1.20	1.25	1.30	1.35	1.40	1.45	1.50	1.55	1.60	1.65	1.70
y	0.363	0.362	0.361	0.360	0.359	0.357	0.356	0.354	0.353	0.352	0.351	0.350	0.348	0.347

联立求解方程（6.33）和方程（6.66），便可得到化简后的洪峰流量公式

$$Q_m = \left[\frac{0.278\,\Psi APF}{(xP_1)^n}\right]^{\frac{1}{1-ny}} \tag{6.67a}$$

或

$$Q_m = \left[\frac{k_1\,\Psi P}{(xP_1)^n}\right]^{\frac{1}{1-ny}} \tag{6.67b}$$

或 $$Q_m = [C_1 C_2]^Z \tag{6.67}$$

式中　C_1——产流因素，$C_1 = k_1 \Psi = 0.278 \Psi AF$；

　　　C_2——汇流因素，$C_2 = \dfrac{P}{(xP_1)^n}$；

　　　Z——由暴雨与汇流因素决定的一个指数，一般在 1.1～1.5 之间变化。

用公式（6.67）计算流量时，因为暴雨强度公式（5.7）中的 n 值分为 n_1 与 n_2，而 t_0 的分界一般固定为 1.0h，所以代入流量公式中的 n_1 或 n_2 应与计算时间 t_Q 相适应。是否如此，可用公式（6.66）来检验，即

$$t_Q = P_1 x Q_m^{-y}$$

在实际计算中，对于较小流域一般先用短历时的 n_1，较大流域则先用长历时的 n_2。

综上所述，整个计算只要有流域地形图及现场踏勘资料，利用编制好的各个参数图表便可进行。所以特别适用于研究不够或基本没有进行过研究的地区。现举例说明用其推求小流域设计洪峰流量的步骤。

（4）算例

我国西北地区某小河，流域面积 $F = 10\text{km}^2$，主河槽长度 $L_1 = 6.36\text{km}$，其平均坡度 $S_1 = 28.3‰$，山坡平均长度 $L_2 = 0.628\text{km}$，其平均坡度 $S_2 = 315‰$，河槽流速系数 $A_1 = 0.222(m_1 = 15；\alpha = 4)$，山坡流速系数 $A_2 = 0.03$，土壤类别为Ⅲ类，$R = 1.02$，$r_1 = 0.69$，暴雨公式采用 $i = A/t^n$ 形式，频率为 1% 的点雨力为 $A_点 = 69\text{mm/h}$，$n_1 = 0.60$，$n_2 = 0.75$，$t_0 = 1.0\text{h}$。要求计算其百年一遇的设计洪峰流量。

【解】

对于较小流域，首先假设 $t_Q < t_0$，应用 $n = n_1 = 0.60$ 计算洪峰流量。

（1）计算暴雨雨力　$A = \eta A_点$，查表 6.9，由 $F = 10\text{km}^2$ 得 $\eta = 0.94$

$$A = 0.94 \times 69 = 65\text{mm/h}$$

（2）计算 K_1，K_2 与 x，y，r 值

$$K_1 = \frac{0.278 L_1}{A_1 S_1^{0.35}} = \frac{0.278 \times 6.36}{0.222 \times 28.3^{0.35}} = 2.47$$

$$K_2 = \frac{0.278 L_2^{0.5} F^{0.5}}{A_2 S_2^{1/3}} = \frac{0.278 \times 0.628^{0.5} \times 10^{0.5}}{0.03 \times 315^{1/3}} = 3.41$$

由 $\dfrac{K_1}{K_2} = \dfrac{2.47}{3.41} = 0.72$ 查表 6.15 得 $y = 0.383$。按公式（6.64）得

$$x = K_1 + 0.95 K_2 = 2.47 + 0.95 \times 3.41 = 5.71$$

由式（6.53）得

$$r = 2.1(K_1 + K_2)^{-0.06} = 2.1 \times (2.47 + 3.41)^{-0.06} = 1.89$$

（3）计算 k_1 及 k_2

由式（6.35）及（6.61）求 k_1 及 k_2

$$k_1 = 0.278 AF = 0.278 \times 65 \times 10 = 181$$

$$k_2 = RA^{r_1 - 1} = 1.02 \times 65^{0.69-1} = 0.28$$

（4）由表 6.14 查得 $C_n = 1.12$，按式（6.59）得

$$n' = n C_n = 0.6 \times 1.12 = 0.672$$

（5）据 $n' = 0.672$，$r = 1.89$，查图 6.14 求出 $P_1 = 0.53$。按式（6.57）

$$P = 1 - (1 - P_1)^r = 1 - (1 - 0.53)^{1.89} = 0.76$$

（6）根据流域面积 $F = 10\text{km}^2$，暴雨雨力 $A = 65\text{mm/h}$ 和地形等级（低山），$n = 0.60$，由表 6.10 查得径流系数 $\Psi = 0.78$。

（7）按式（6.67b）计算 Q_m

$$Q_m = \left[\frac{k_1 \Psi P}{(x P_1)^n}\right]^{\frac{1}{1-ny}} = \left[\frac{181 \times 0.78 \times 0.76}{(5.71 \times 0.53)^{0.6}}\right]^{\frac{1}{1-0.6\times0.383}} = 183\text{m}^3/\text{s}$$

（8）按式（6.65）计算造峰历时 t_Q

$$t_Q = P_1 x Q_m^{-y} = 0.53 \times 5.71 \times 183^{-0.383} = 0.412\text{h}$$

$t_Q < t_0$，与假设相符，且与径流系数 Ψ 表中 $t_Q = 0.4$ 相接近，$Q_m = 183\text{m}^3/\text{s}$ 即为所求。如果计算出的 $t_Q > t_0$，需要用 n_2 代入重新计算 Q_m。

6.5　地区性经验公式及水文手册的应用

小流域的洪峰流量还可以采用地区性的经验公式进行估算，这类公式计算简单，使用方便，但地域性较强。如果公式的制定采用了足够数量并具有一定代表性的可靠资料，则计算成果可有相当高的精度。这里只介绍其一般形式，各省（区）及各地区《水文手册》中都有这些公式及使用方法，计算时可结合当地手册进行。

6.5.1　以流域面积 F 为参数的地区经验公式

各省（区）用的最普遍的经验公式的形式为

$$Q_m = KF^n \tag{6.68}$$

式中　Q_m——设计洪峰流量，m^3/s；

F——流域面积，km^2；

K，n——随地区及频率而变化的系数和指数。例如湖南省把全省分为十大区，每区 n 值为常数，K 值与频率有关。又例如某地将其所属地区分为山地与川原沟壑两区，n 与 K 值均随频率而不同，见表 6.16。

某地参数 K 与 n 值表　　　　表 6.16

区域	项目	频率（%）					使用范围（km²）
		0.5	1.0	2.0	5.0	10.0	
山地	K	28.6	22.0	17.0	10.7	6.58	3～2000
	n	0.601	0.621	0.635	0.672	0.707	
川原沟壑	K	70.1	49.9	32.5	13.5	3.20	5～200
	n	0.244	0.258	0.281	0.344	0.506	

6.5.2　包含降雨参数的地区经验公式

很多地区由于资料条件的限制，有长系列资料的小流域测站较少，不宜于确定上述形式的经验公式，转而在公式中引入降雨参数，按地形、地貌等自然地理因素分区。在使用公式时，采用一定频率的设计雨量，就可得到相应频率的设计洪水。如适用于流域面积 100km^2 以内的水利电力科学研究院经验公式为

$$Q_{\text{m}} = KAF^{2/3}\,(\text{m}^3/\text{s}) \tag{6.69}$$

式中　A——暴雨雨力，mm/h，可从《水文手册》A 等值线图中查得，或按公式（5.28）
　　　　计算；

　　　　K——洪峰流量参数，按自然地理分区给出，见表 6.17。

洪峰流量参数 K 值表　　　　表 6.17

汇水区	项　目			
	$S(\text{‰})$	Ψ	$V(\text{m/s})$	K
石山区	>15	0.80	2.2~2.0	0.60~0.55
丘陵区	>5	0.75	2.0~1.5	0.50~0.40
黄土丘陵区	>5	0.70	2.0~1.5	0.47~0.37
平原坡水区	>1	0.65	1.5~1.0	0.40~0.30

6.5.3　水文手册的应用

各地区水文手册一般包括自然地理及气候条件、降水量、径流量、蒸散发量、暴雨、洪水、泥沙、水化学和冰情等项目的特征值或分布情况，进行短缺资料情况下的水文计算时可以查阅使用。但因手册中所提供的数值仍比较粗略，更缺少小河流的径流资料，因此对于重要的给水排水工程，仍然需要进行详细的实地勘察和计算工作。

水文资料的搜集除借助于水文手册外，还有各省（区）自己刊布的逐年水文资料汇编。如需要当年尚未整理与刊布的水文资料，可直接向各地水利部门或水文站搜集。一般在水文部门刊布的"水文年鉴"中只有蒸散发与降水两项气象资料，如需要详细的气象资料，可向当地气象台站了解收集。

<h2 style="text-align:center">复 习 思 考 题</h2>

6.1　为什么要计算降雨损失？降雨主要有哪些损失？一次降雨的净雨深如何计算？

6.2　如图 6.16 所示，设 $f_1 = 0.5\text{km}^2$，$f_2 = 15\text{km}^2$，$f_3 = 10\text{km}^2$，流域汇流历时 $\tau = 3\text{h}$，净雨历时 $t_{\text{c}} = 4\text{h}$，净雨深依次为：$R_1 = 30\text{mm}$，$R_2 = 20\text{mm}$，$R_3 = R_4 = 10\text{mm}$。试求流域出口 B 的最大流量及流量过程线。

6.3　什么是流域最大汇流时间？什么是产流历时？什么是降雨历时？三者有何异同？

6.4　用水科院水文所公式推算暴雨洪峰流量需要哪些资料？简要说明其计算步骤。

6.5　我国南方某丘陵地区一小河，流域面积 $F = 18.6\text{km}^2$，主河槽长度 $L = 5.5\text{km}$，河槽纵比降 $S = 0.0083$。属植被一般的土石山区，流域内耕地较多，间有稀疏幼林，土质为壤土。24h 平均降雨量 $\overline{P}_{24} = 100\text{mm}$，$C_{\text{v},24} = 0.5$，$C_{\text{s},24} = 3.5 C_{\text{v},24}$，$n = 0.70$，试用水科院水文所公式求设计频率为 $P = 1\%$ 的洪峰流量 Q_{m}。

图 6.16　流域等流时线示意图

6.6　用铁一院两所公式推算暴雨洪峰流量有何特点？简要说明其计算步骤。

6.7　已知某小河流域面积 $F = 39\text{km}^2$，地处丘陵区，植被中等，河床弯曲，多冲田滩地。主河槽长度 $L_1 = 32\text{km}$，平均坡度 $S_1 = 165\text{‰}$；山坡平均长度 $L_2 = 0.2\text{km}$，平均坡度 $S_2 = 673\text{‰}$；河槽流速系数 $A_1 = 0.167$（$m_1 = 10$，$\alpha = 4$），山坡流速系数 $A_2 = 0.015$。土壤类别为Ⅲ类，其 $R = 1.02$，$r_1 = 0.69$；暴

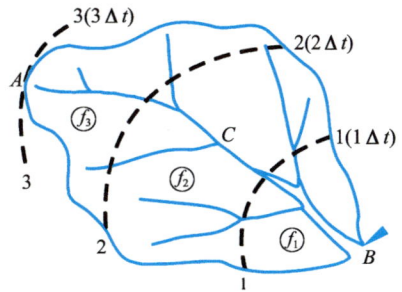

雨公式采用 $i=At^{-n}$ 形式。频率为 1% 的点雨力 $A_{点}=74\mathrm{mm/h}$，$n_1=0.42$，$n_2=0.70$，长短历时暴雨强度衰减指数转折点时间 $t_0=1\mathrm{h}$。试用铁一院两所公式计算频率为 1% 的设计洪峰流量。

6.8　按暴雨资料推求洪峰流量时，在哪些参数中体现出设计频率?

6.9　某地川原沟壑区有一流域面积 $F=32.5\mathrm{km^2}$ 的河流，试按式（6.68）与表 6.16 推求设计频率为 2% 的洪水流量。

6.10　某丘陵区有一小河，流域面积 $F=18.4\mathrm{km^2}$，该地区多年平均最大 24h 暴雨量 $\bar{P}_{24}=110\mathrm{mm}$，$C_{v,24}=0.55$，$C_{s,24}=3.5C_{v,24}$，$n=0.70$，试用公式（6.69）与表 6.17 求该地设计频率为 5% 的洪水流量。

第7章　城市降雨径流

在前 6 章中，已系统介绍了给水排水工程设计、施工及管理中应掌握的水文学基础知识、基本分析和应用方法。本章将在此基础上，针对城市水文过程的特点，着重介绍城市降雨径流的一些基本特征及城市水文学研究的基本内容，以便在给水排水工程设计中得以应用或参考。

7.1　城市化与城市水文过程

城市化改变了地貌情况和流域排水系统性能两个方面，并且提出了两类不同性质的工程问题，即新排水系统的设计和由于城市发展引起的水流状态改变所造成的下游地区防护问题。城市化对水文过程产生最显著影响的方面就是人口密度和建筑密度的增大。城市化的发展对水环境所产生的直接或间接影响，主要表现为三个城市水文问题，即城市水源紧缺、水质污染控制和洪水控制问题（图 7.1）。

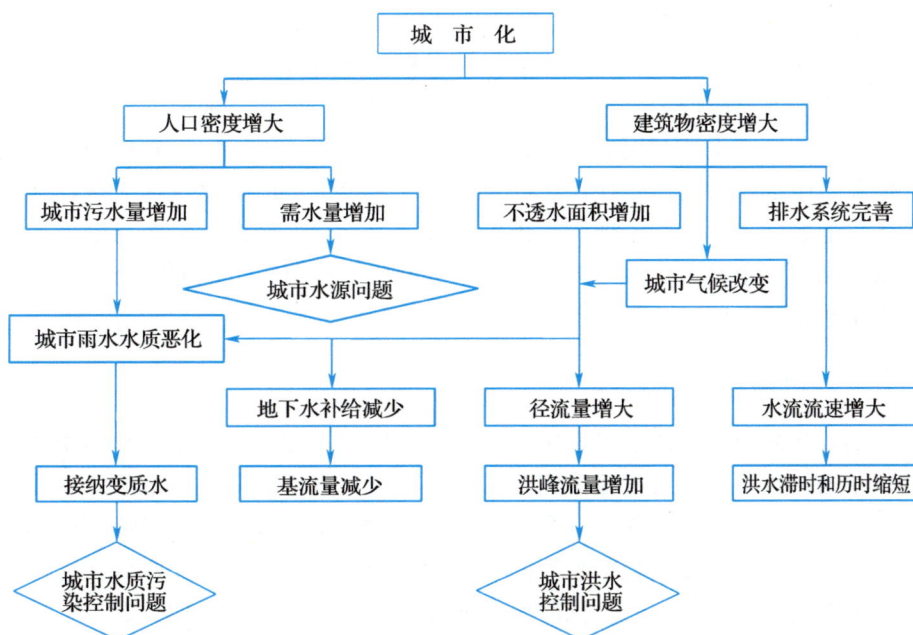

图 7.1　城市化对城市水文过程的影响

随着人口增加，对水的需求量也就随之增大，这种需求量的增加又随着城市生活水平的提高而加速，同时，也产生了寻求充足水源这一水文第一重要的问题。城市化的发展所引起的第二个重要的水文问题就是洪水控制问题。城市化的初期阶段结束后，生活污水、工业废水及地表雨雪水的排除系统就已建成，而含有大量污染物和病原菌的城市污水也随人口的增加而增多。水质总的变化趋势是与建筑物密度紧密相关的。建筑物密度增加，不透水地面亦随之增加，相应降雨的径流量较乡村为大，而且在城市化过程中雨水排水系统的不断完善及天然河道的改变使雨水向排水管渠的集中更为迅速，流速的增大直接影响径流过程线的时间尺度。由于短时间内的大流量径流，不可避免地要使洪峰流量增大，从而引起了洪水控制问题。

水文循环的水质既受人口增加又受不透水面积增大的影响。因为在城市建设初期，径流量的增大使土壤水分减少，从而导致城市地区渗透至含水层的水量减少。在各场暴雨之间，天然排水系统内的基流都来自储蓄的地下水，因而当城市化扩大时，枯水流量可能减小。在此同时，含有大量病原菌和污染物的城市污水的增加及雨水径流水质因冲洗街道、屋顶及铺砌地面上的污物而恶化，引起水源水质恶化。另外，固态及液态致病污染物的处置对地下水水质也可能产生不利影响。服务于城市的排水管网及地下含水层中水流水质的恶化产生了第三个重要的城市水文问题——水质污染控制问题。

由此可见，城市化的发展过程和程度直接或间接地影响了城市地区的水文过程。因此，研究城市化对城市环境内外水文过程的影响就成为城市水文学研究的核心内容。

7.2 城市化与城市暴雨径流

7.2.1 城市化过程

根据土地利用的变化情况，城市化的发展过程可分为农村、早期城市、中期城市、后期城市四个阶段。农村阶段，土地处在耕作或放牧状况。显然，地球上的大部分土地是处于这种阶段。早期城市土地利用的特点是大量修建城市型房屋，但仍有相当部分土地被原有植物所覆盖。中期城市阶段是住房、商贸中心、学校、工厂等建筑物大规模地发展和建设阶段，还伴随着越来越多的土地用于街道和人行道，在大城市郊区多属中期城市发展阶段。后期城市则是整个城市更大发展的结果，可能使已残留很少的原有植物缩减为零，地面完全由人工建筑和一些其他设施所覆盖。

7.2.2 城市暴雨径流特点

城市化的程度的提高，改变了城区的土地利用情况，如清除树木、平整土地，建造房屋、街道，整治排水河道以及兴建或完善排水管网等，直接改变了城市的暴雨径流形成条件，使其水文情势发生变化。例如，暴雨径流总量增大，洪峰流量增高，出现时间提前；河道中水流流速加大，径流过程中悬浮固体及污染物浓度提高等。这些变化往往加剧了城市本身及其下游地区的洪水威胁，同时使得河道中污染负荷大大增加。发生这些现象的原因可从两个方面来分析。

（1）不透水面积增加

城市化的进程，增加了城市的不透水表面，使相当部分的流域为不透水表面所覆盖，如屋顶、街道、人行道、车站、停车场等。不透水区域的下渗几乎为零，洼地蓄水大量减少，造成从降雨到产流的时间大大缩短，产流速度和径流量都大大增加，没有被不透水表面所覆盖的城市地区，一般都经过修饰装点，如覆盖以草地、花木等。这些风景修饰往往也会增加坡面汇流，使径流量增大。

（2）汇流时间缩短

排水管渠系统的完善，如设置道路边沟、密布雨水管网和排洪沟等，增加了汇流的水力效率。城市中的天然河道往往也被裁弯取直、疏浚和整治，从而使河槽流速增大，导致径流量和洪峰流量加大，出现洪峰流量的时间提前（图7.2）。

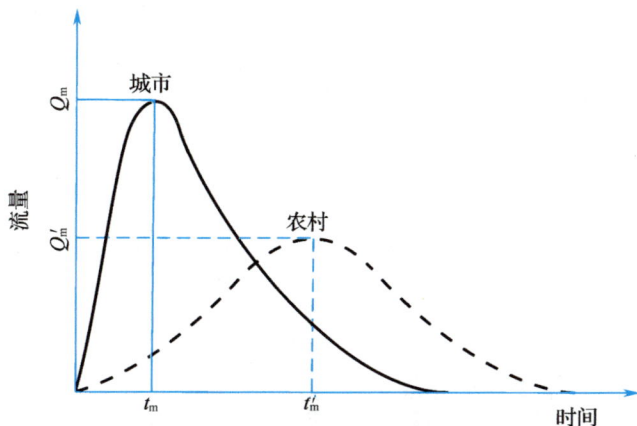

图7.2 相同暴雨及滞洪条件下城市化对径流量的影响

此外，河道中流速的增大，增加了悬浮固体和污染物的输送量，亦加剧了河床冲刷。对合流制排水系统，在暴雨期间由于水量大大超出了城市污水处理能力，造成未经处理的污水溢出而进入受纳水体。城市暴雨径流增加后，可能会使已有排水明沟、阴沟及桥涵过水能力感到不足，以致引起城市下游洪水泛滥，造成交通中断、地下通道淹没、房屋和财产受破坏和损失等。下渗量的减小，致使城市河道中枯水季基流流量有下降的趋势。

（3）城市化对城市暴雨的影响

城市化对降水的影响主要是由城市气候变化造成的。然而，由于决定城市气候的物理过程的复杂性，城市化对其影响的程度就很难做出准确计算。在此仅就一些一般情况和研究结果作一简要介绍。

在大都市中，所有的气候要素都有一定程度的改变，在城市建设过程中，地表的改变，使地表上的辐射平衡发生变化，空气动力糙率的改变影响了空气的运动。工业和民用供热以及机动车辆增加了大气中的热量，而且燃烧把水汽连同各种各样的化学物质送入大气层中。建筑物能够引起机械湍流，同时城市作为热源可导致热湍流。因此，城市建筑对空气运动能产生相当大的影响。一般来说，强风在市区减弱而微风可得到加强。因而城市与其郊区相比很少有无风的时候。而城市上空形成的凝结核、热湍流以及机械湍流可以影响当地的云量和降雨量。

城市化的发展和人工排水系统的完善，地表植被覆盖率降低，滞水迅速排泄，局部蒸散发量大为减少，因而市区内的绝对湿度要比其郊区低。

总之，城市规模的不断扩大，在一定程度上改变了城市地区的局部气候条件，由于这些气候要素的变化，又进一步影响到城市，特别是大都市的降水条件。例如，美国所进行的一项关于城市化对城市降水影响的综合性都市气象试验（METROMEX）的研究结果表明，在圣路易下风地区，明显的夏季降水异常现象一直持续了5年（1971年～1975年）。这种异常在6月份最明显，在降雨少于正常年的月份较明显。另外发现，持续5min到2h的暴雨频率分布在市区、郊区和农村间有很大的差异。要使这种结果具有更广泛的适应性，现有排水系统设计所依据的标准及全国范围降水统计确定的数值，可能需要根据实际情况修改。

对美国城市暴雨的研究发现，城市化对城市暴雨的直接影响是夏季暴雨增多，特别是大暴雨次数及在大暴雨中降水总量和平均雨强增大；从风暴活动的方面看，雷电增多，出现更多的冰雹。在给定历时内，特定的平均降水强度较常出现，这将使城市发生洪灾的机会增加、排水系统负荷加重。产生的间接影响是社会需要增加额外的开支以便改进工程，提高设计标准，进行工程建设和排除泥沙以及进行水质处理，如图 7.3 所示。

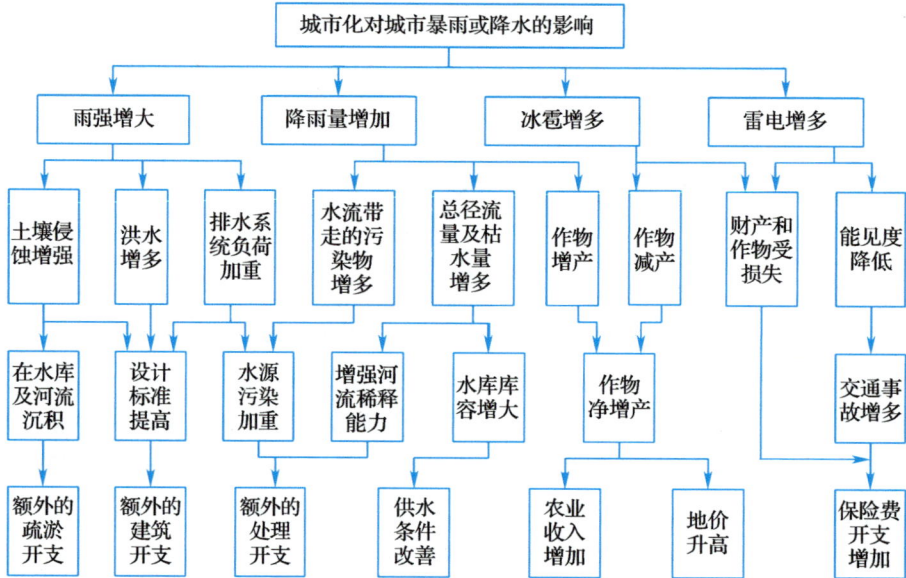

图 7.3　城市化对城市暴雨或降水的影响及后果（Changnon 等，1977）

7.3　城市水文资料的收集

在第 5 章我们已介绍和讨论了降水资料收集与整理的基本知识和方法，本节将针对城市水文过程中的特点，简单介绍一下城市水文资料收集时应注意的事项以及内容上的差别。

7.3.1　降水和其他气象资料

城市水文研究中降水资料可分成两类：第一类是用于建立、率定和检验城市水文模型的降雨资料，一般是集中在研究地区，要求与其他水量水质资料配套进行。观测记录年限并不要求很长，但观测要求比较精细；第二类是用于进行长期模拟所需的长期降雨资料，这部分资料主要是依靠国家基本站网提供的。这一类已在第 5 章作了介绍，下面仅就前一类作一说明。

由于雨量的变化特性，在城市地区，集水面积只要超过 1km² ，至少设两个或更多的雨量站。目前大部分雨洪模型有能力接收多个雨量站的输入，或是以各自的过程线作为输入，或以加权平均后的单一值作为输入。一般而言，雨量站应分布在指定流域中，控制的面积和代表的地形应相近。如果需要新设站，必须注意雨量计附近的地面要开阔。但在城市地区，这个要求有一定困难。雨量计应位于：接近地面而不是安置在建筑物顶部；建筑物和树木与雨量计的距离不应小于其高度的两倍，并尽可能离远些；应避免在坡地上或在陡坡附近设雨量站。若风影响测验精度时，应加防风罩。

在一些城市水文模型中要使用蒸散发资料，它可以从基本站网获得逐日的成果。通过土壤湿度计算程序，计算在降雨间歇的下渗过程，一般是没有必要为此研究而专门设立蒸散发站进行观测。

最高最低温度以及其他气象因素（如降雪量、风速等），可由基本站网中的某些站点来提供资料。

7.3.2 河道及管渠流量资料

河道流量是城市水文研究中另一个关键的变量。例如，在雨洪排水设计或绘制洪水可能淹没的地区图中，由实测流量可得出设计流量。在与水质参数有关的研究中，如果要计算水的排放量和污染物浓度，管渠流量资料也是必不可少的。关于流量测验前已述及，此处不再赘述。

设置城市水文站，选定站址时必然慎重考虑以下几个方面：适于明渠或管流测验方法的良好水力条件；测点以上要包含要求的土地利用条件；站址处土地要有使用权；以河道水质特性为研究对象时，站点以上应包括有代表性的水质条件。为了区分各种土地利用情况的影响，有时在一个流域内，多收集几个站的流量资料是有好处的。

7.3.3 水质监测资料

由于城市化程度的提高所产生的环境问题已变得愈来愈重要，对水质的监测就成为城市水文研究的主要项目之一。因为水质监测所需分析设备往往非常昂贵，分析费用亦很高，这类资料的获取和收集大大增加了研究费用。此外应当特别注意的是，样品的采集要与流量测验基本保持同步。总之，水样在流量过程线上的分布要合理，水样应尽可能在涨水段和峰顶采集，落水段水样样本可以少些。

监测的降雨径流水质指标大致分为四大类，即悬浮沉积物指标，无机物指标，细菌指标和有机物指标。

除对暴雨径流取样外，也要对从街道表面收集的垃圾中取样进行水质分析，并从大气中湿的或干的沉积物中取样分析。

7.3.4 土地利用情况资料

土地利用情况是一个非常重要的因素，在城市水文研究中往往忽视了这类资料。土地利用特征与流域水污染物质的含量有一定关系。土地利用特征包括流域物理性质方面的资料，气候因素以及环境状况等。在研究城市水文过程中，土地利用特征应该及时更新，以便说明流域正在发生的变化。流域的自然地理资料可以从土地利用、土壤、地貌、雨洪排水等内容的地图及航空摄影的地图中得到。

美国地质调查局—国家环保局城市研究大纲中经常使用的自然地理特征包括 22 项内容：（1）总排水面积（不包括不产流面积）；（2）不透水面积，按排水面积的百分比计；（3）有效不透水面积，按排水面积的百分比计，仅包括直接与下水道或主要输水设备相连的不透水面积；（4）平均流域坡度；（5）主要输水设备的坡度，沿主输水渠，以控制断面到分水线全长的 10%～85% 的两点进行测算；（6）土壤的渗透率；（7）有效含水量；（8）土壤水分的 pH；（9）土壤透水性能；（10）人口密度，以单位面积人数计；（11）街道密度，以单位面积的街道长度计；（12）流域内土地利用情况，以排水面积的百分比计；（13）滞洪库容；（14）滞洪水库以上控制集水面积所占的百分数；（15）合流式下水道（雨水和污水合流）；（16）路边有明沟排水的街道的百分数；（17）具有沟槽和洼地排水的街道所占百分数；（18）年平均雨量，以水深计；（19）10 年一遇 1h 雨强；（20）在径流中各种水质成分的平均年负荷，以单位面积质量计；（21）在降雨中各种水质成分的平均年负荷，以单位面积质量计；（22）在干沉积物中各种水质成分的平均年负荷，以单位面积质量计。

7.3.5　城市水文测验系统

城市水文测验系统通常可分为常规测验系统和特别研制的城市水文监测系统两大类。常规测验的基础是水位观测和不定期用流速仪观测流量，水位读数可以依据水位—流量关系曲线转换成流量值，这在第 2 章已做了较为详细的论述。在此着重介绍一下第二类中较典型的美国城市水文监测系统。

由于对城市水质的关注程度日益增长，各类新型的精密仪器已用于城市水文监测方面，这些设备一般都包括先进的电子装置。在城市地区，采用常规站网控制满足监测要求是很难的，因此，就有必要在埋置的排水管道上设站。美国的城市水文监测系统（UHMS）就是这一类测站系统。UHMS 是由 5 个子系统组成（如图 7.4 所示），即：系统控制装置，雨量取样子系统，大气取样子系统，水位（或流量）传感器子系统及水质取样子系统。该系统是专为埋置的排水管的流量测验而设计的，以量水建筑物收缩水流作为流量控制，并可同时获得雨量、径流和水质方面的资料。

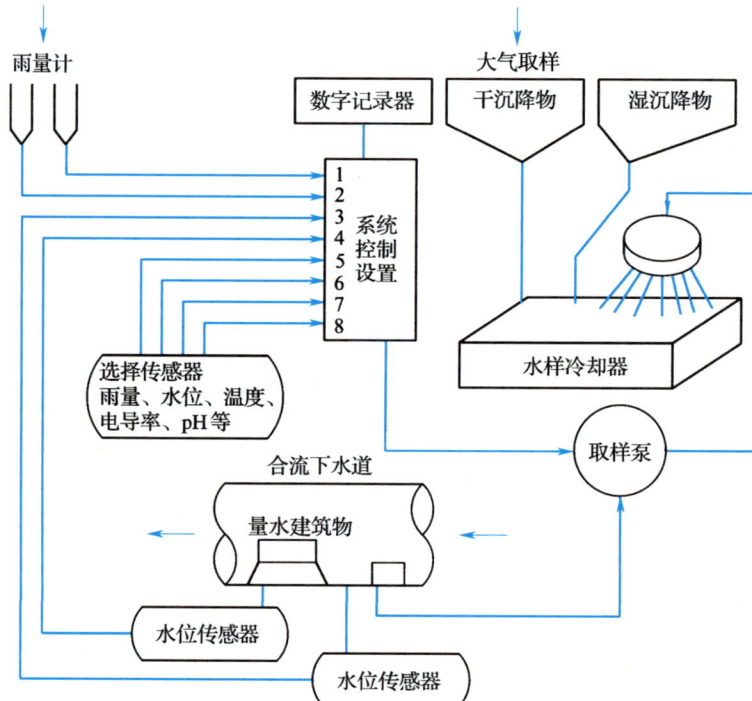

图 7.4　美国城市水文监测系统示意图

7.4 城市设计暴雨

给水排水工程设计中，设计暴雨是重要的设计依据之一，选择设计暴雨的一般假定是：若所设计的给水排水系统的承受能力能抵御该次降雨事件，则系统的运行就能满足设计要求。

通常，设计暴雨有两种基本类型，一类就是最常用的虚拟事件，就是常说的设计暴雨。它是依据历史资料分析雨深—历时—频率关系得到的。这类设计暴雨适用于排水工程设计及给水中的取水工程设计。另一类则是直接应用某次实测历史降雨资料。这类设计暴雨可用于滞蓄水库的设计，或用于着重考虑水质的工程设计中。当然，工程对雨洪的承载力，并不仅决定于一次暴雨或雨强，而是决定于众多因素的组合，如降雨过程、前期蓄水、流域污染物沉积情况等。

本书所讨论的设计暴雨，基本上指的都是第一种类型。一般该类型包括的要素有频率（重现期）、雨量与历时的对应关系以及设计暴雨在时空上的分配过程。

对于城市雨水排除系统的设计暴雨，其设计频率或重现期的选定，在原则上可以根据工程的造价和运行的费用，以及由于雨洪超标准而造成工程破坏所引起的洪水泛滥、交通中断等损失金额，权衡两者得失来优选得出经济上最合理的设计频率。不过目前国内外多数城建部门是综合考虑当地经济能力和公众对洪灾的承受能力后选定的，一般并不进行详尽的经济比较。

城市雨洪排水系统主要由一系列口径不同的管路构成，各条管路的设计洪峰流量是控制工程设计的重要参变量，设计暴雨必须能适用于推求排水管网各个节点处设计洪峰流量的要求。由流域汇流面积的曲线概念，可以知道参与形成洪峰的暴雨核心部分，即"造峰暴雨"，其历时为汇流时间，即自管路负担排水面积最远点，流达管路入口处的时间。各节点处负担的排水面积不同，其造峰暴雨历时也长短不同，为适应设计计算的需要，就必须设计相应各种历时的设计暴雨量。

城市设计暴雨一般不考虑雨量在空间分布的不均匀性。主要原因是城市排水管网所负担的地面排水区面积不大，可以忽略点雨量与排水区面平均雨量的差别，虽然一场实际暴雨的空间分布是不均匀的，雨量在空间分布的梯度可能相当大，但由于暴雨中心的位置是不确定的，使点面雨量之间的差别不那么明显。

考虑到上述暴雨空间分布特性，就可以点代面，即用排水区中心点的设计雨量代替排水区面平均设计雨量。

关于城市暴雨的计算分析方法详见本书第 5 章。

7.5 城市降雨径流污染

雨水径流水质受地域、降雨特征、土地使用类型、已采用的水质控制措施等多方面因素影响，呈现出很大的差异性。以平均浓度法表示雨水径流污染物浓度，研究区域的雨水径流污染物浓度见表 7.1。

由表 7.1 可以看出，雨水径流中含有大量的常规污染物和持久性污染物，污染物浓度大大超过《地表水环境质量标准》GB 3838—2002 中Ⅲ类水体标准。雨水径流污染物浓度显示了地区的差异性。我国雨水径流污染物浓度明显高于国外，富营养化物质浓度甚至达到了国外相同研究区域的 10 倍以上，如果不能对雨水径流污染物进行合理有效的控制，将导致我国城市水环境的持续恶化。

城市范围（含高速公路）内的雨水径流污染物平均浓度　　　　表 7.1

污染物	平均浓度	研究区域	地区
pH（非 EMC）	7.63～8.80	混住区	希腊 Kefalonia
	6.47～6.98	分流制区域	澳大利亚悉尼
	4.4～8.4	建筑屋顶	美国伯明翰
	5.6～8.7	停车场	美国伯明翰
	6.99～8.48	城市道路	中国西安
	5.82～6.72	沥青屋面	中国武汉
	6.77～8.35	水泥屋面	中国武汉
	6.13～7.21	瓦屋面	中国武汉
TSS(mg/L)	269	分流制区域	澳大利亚悉尼
	14(0.5～92)	建筑屋顶	美国伯明翰
	110(9～750)	停车场	美国伯明翰
	347(126～813)	高速公路	中国西安
	1119.7(125.4～4554)	城市道路	中国重庆
	1028.3(177～5306)	居民区	中国重庆
	2285(421～7830)	城市道路	中国西安
	32.8(15～134)	沥青屋面	中国武汉
	64.5(22～237.2)	水泥屋面	中国武汉
	35.8(18～476.5)	瓦屋面	中国武汉
	370.4	城市道路	中国深圳
	131.2(25.4～366.7)	沥青屋面	中国宁波
	37.6(6.3～94.0)	商业广场	中国宁波
	233.0(55.1～765.8)	绿地	中国宁波
	226.7(44.6～475.3)	居民区道路	中国宁波
	323.4(33.4～622.0)	城市道路	中国宁波
	180.6(37.2～362.0)	商业街道路	中国宁波
	239	屋面	中国兰州
	1072	城市道路	中国兰州
	475	小区道路	中国兰州
	186.0±131.2	沥青屋面	中国北京
	98.4±65.1	金属屋面	中国北京
COD(mg/L)	130	高速公路	美国奥斯汀
	70	城市道路	美国卡罗莱纳州
	167(58～412)	高速公路	中国西安
	561	硬质屋顶	中国北京
	331.1(55.7～1057.3)	城市道路	中国重庆
	359.3(92～957.1)	居民区	中国重庆
	96.6±34.2	居民区	中国宜兴

续表

污染物	平均浓度	研究区域	地区
COD(mg/L)	192.2±39.8	商业区	中国宜兴
	81.6±20.9	工业区	中国宜兴
	418.8±129.4	垃圾转运站	中国宜兴
	713.4(240~1902)	城市道路	中国西安
	233.2(21.6~807.2)	沥青屋面	中国武汉
	287.0(35.5~1134.4)	水泥屋面	中国武汉
	86.4(12.2~722.1)	瓦屋面	中国武汉
	245.2	城市道路	中国深圳
	51.6(13.9~97.9)	沥青屋面	中国宁波
	23.9(3.4~42.5)	商业广场	中国宁波
	73.1(28.2~124.6)	绿地	中国宁波
	102.3(51.7~146.1)	居民区道路	中国宁波
	74.4(12.3~162.4)	城市道路	中国宁波
	99.6(14.7~165.4)	商业街道路	中国宁波
	23.9	屋面	中国兰州
	721.6	城市道路	中国兰州
	118.0	小区道路	中国兰州
	415.6±425.9	沥青屋面	中国北京
	123.8±98.5	金属屋面	中国北京
BOD(mg/L)	30	分流制区域	澳大利亚悉尼
	12	高速公路	美国奥斯汀
TOC(mg/L)	14	停车场	美国明尼苏达州
TKN(mg/L)	0.88	混住区	美国夏洛特
	1.42	城市道路	美国卡罗莱纳州
	1.84	城市道路	中国深圳
	6.08(1.32~10.61)	沥青屋面	中国宁波
	3.41(1.56~9.81)	商业广场	中国宁波
	4.83(0.54~10.47)	绿地	中国宁波
	4.67(1.49~14.24)	居民区道路	中国宁波
	8.04(1.90~15.30)	城市道路	中国宁波
	8.71(2.12~21.05)	商业街道路	中国宁波
	4.16	屋面	中国兰州
	8.31	城市道路	中国兰州
	3.88	小区道路	中国兰州
$NO_3^- -N$(mg/L)	1.07	高速公路	美国奥斯汀
	30.6	沥青路面	中国北京
	16.9	硬质屋顶	中国北京
	0.76±0.14	居民区	中国宜兴
	0.80±0.12	商业区	中国宜兴
	0.97±0.58	工业区	中国宜兴
	2.27±0.94	垃圾转运站	中国宜兴

污染物	平均浓度	研究区域	地区
NH₃-N(mg/L)	2.39	分流制区域	澳大利亚悉尼
	0.83	高速公路	美国奥斯汀
	13.1	硬质屋顶	中国北京
	1.49(0.23～2.93)	城市道路	中国重庆
	1.58(0.33～4.95)	居民区	中国重庆
	1.16±0.52	居民区	中国宜兴
	1.13±0.28	商业区	中国宜兴
	0.89±0.49	工业区	中国宜兴
	2.27±1.03	垃圾转运站	中国宜兴
	2.78(0.37～9.8)	城市道路	中国西安
	1.69(0.35～2.95)	沥青屋面	中国宁波
	0.40(0.09～0.81)	商业广场	中国宁波
	0.49(0.01～1.08)	绿地	中国宁波
	1.50(0.76～2.55)	居民区道路	中国宁波
	0.88(0.53～1.45)	城市道路	中国宁波
	1.54(0.60～3.51)	商业街道路	中国宁波
	15.4±16.0	沥青屋面	中国北京
	5.76±4.27	金属屋面	中国北京
TP(mg/L)	0.33	高速公路	美国奥斯汀
	2.43	分流制区域	澳大利亚悉尼
	6.5	沥青路面	中国北京
	1.0	硬质屋顶	中国北京
	0.085(0.005～0.44)	城市道路	中国重庆
	0.125(0.014～0.27)	居民区	中国重庆
	0.71±0.31	居民区	中国宜兴
	0.33±0.10	商业区	中国宜兴
	0.24±0.10	工业区	中国宜兴
	1.07±0.21	垃圾转运站	中国宜兴
	0.30(0.04～1.25)	沥青屋面	中国武汉
	0.33(0.01～1.91)	水泥屋面	中国武汉
	0.22(0.01～2.96)	瓦屋面	中国武汉
	0.84	城市道路	中国深圳
	0.09(0.04～0.14)	沥青屋面	中国宁波
	0.14(0.04～0.36)	商业广场	中国宁波
	0.43(0.18～1.21)	绿地	中国宁波
	0.30(0.08～0.71)	居民区道路	中国宁波
	0.50(0.03～1.02)	城市道路	中国宁波
	0.48(0.15～1.23)	商业街道路	中国宁波
	0.21	屋面	中国兰州
	1.60	城市道路	中国兰州
	1.13	小区道路	中国兰州

续表

污染物	平均浓度	研究区域	地区
TP(mg/L)	0.79±0.83	沥青屋面	中国北京
	1.51±2.13	金属屋面	中国北京
总 Al(μg/L)	6850(25~71 300)	建筑屋顶	美国伯明翰
	3210(130~6 480)	停车场	美国伯明翰
总 Zn(μg/L)	733	分流制区域	法国巴黎
	3880±5620	城市道路	美国辛辛那提
	1 540	沥青路面	中国北京
	930	硬质屋顶	中国北京
	450(150~1340)	高速公路	中国西安
	279(146~696)	城市道路	中国西安
总 Cu(μg/L)	37	高速公路	美国奥斯汀
	24	城市道路	美国卡罗莱纳州
	90	沥青路面	中国北京
	30	硬质屋顶	中国北京
总 Pb(μg/L)	142	分流制区域	法国巴黎
	41(1.3~170)	建筑屋顶	美国伯明翰
	30	沥青路面	中国北京
	230(50~770)	高速公路	中国西安
	58(15~151)	城市道路	中国西安
总 Cd(μg/L)	3.4(0.2~30)	建筑屋顶	美国伯明翰
	6.3(0.1~70)	停车场	美国伯明翰
总 Cr(μg/L)	15	分流制区域	法国巴黎
	85(5.0~810)	建筑屋顶	美国伯明翰
	56(2.4~310)	停车场	美国伯明翰
苯 （μg/L)	0.022	停车场	美国明尼苏达州
聚氯联苯 （ng/L)	130~633	分流制区域	法国巴黎
氯丹 （ng/L)	1.6 (0.9~2.2)	建筑屋顶	美国伯明翰
	1.0 (0.8~1.2)	停车场	美国伯明翰
总大肠杆菌 （CFU/100ml)	11(0~570)	混住区	希腊 Kefalonia

过去几十年的大量研究结果表明，城市暴雨中包含了众多污染物，其中仅有小部分是从运输、商业和工业活动中带来的人工物质。这些污染物或者是从大气中进入排水系统，或者由于冲刷和侵蚀城市地表而产生。在某些方面，雨水与废水的污染程度相近，许多城市的初期雨水的污染程度甚至高于城市污水。

城市雨水径流污染的主要特征有：

（1）污染物的种类多

至今在城市雨水中已经确定出超过 600 种化学成分，而且污染物的种类还在增加。美国早在 1980 年就发现，在 129 种重点污染物中约有 50 种在城市径流中被检出。

（2）污染物浓度高，变化范围大

城市雨水中 TSS、COD 的浓度一般均高于城市生活污水的浓度，这是由于径流对地表污染物、管道冲积物的冲刷造成的。因此，城市雨水的直接排放会对其周边水体环境造成明显的冲击污染。就一场降雨事件来说，径流过程中污染物浓度随着时间是不断变化的，总体趋势逐渐减小。而不同场次降雨事件之间，由于降雨特性的不同，雨水中污染物浓度差别很大。

（3）影响城市降雨径流中污染物的因素多，排放具有不确定性

城市雨水排水系统的出流随降雨事件的发生而形成，由于降雨、地表污染状况的不确定性，出流中污染物浓度、污染负荷具有明显的时空差异性。

7.5.1 污染源

城市径流中污染物组分及浓度随城市化程度、土地利用类型、交通量、人口密度和空气污染程度而变化。主要汇水区域污染源包括交通扩散物、腐蚀和磨损，建筑物和路面侵蚀和腐蚀，鸟类和畜类排泄物，街道废弃物的沉积、落叶和玻璃碎片等（见图7.5和表7.2）。

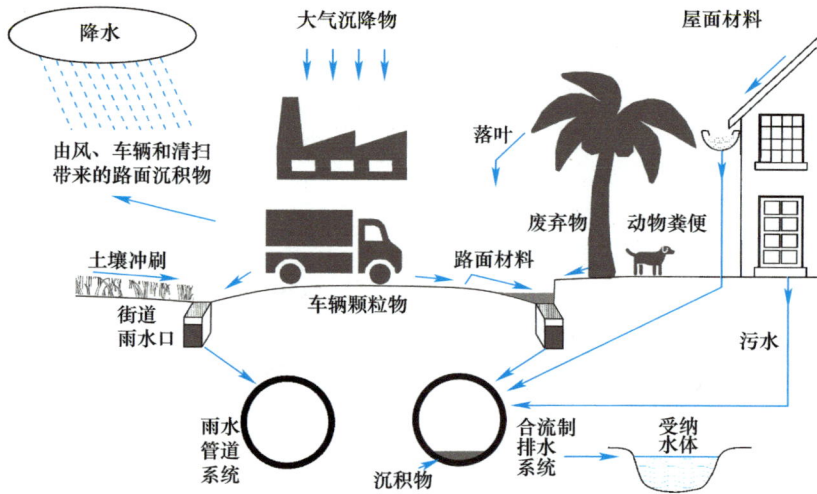

图 7.5 城市降雨径流污染源

城市径流污染物源头和成分 表 7.2

污染源	固体	营养物质	致病菌	需氧量	金属	油类	有机质
地表冲刷	●	●		●	●		
肥料		●					
人类废弃物	●	●	●	●			
动物废弃物	●	●	●	●			
内燃机						●	
交通磨损	●			●	●		
家用化学品	●	●		●	●	●	
工业过程	●			●	●	●	●
涂料和防腐剂					●	●	
杀虫剂			●		●	●	

（1）大气污染

城市大气污染物主要来源于人类的活动，例如供热、车辆交通、工业或废物燃烧等。它们可能被降水所吸收、溶解（称作湿沉降物），直接被雨水转输到排水系统；或者沉积

于地面（称作干沉降物），随后被冲刷。

大气被认为是主要的雨水污染源，干或湿沉降物的影响程度取决于场地和污染物种类。大气污染源分为当地污染源和远程污染源。当地污染源如汽车尾气或供热系统排放气体，远程污染源如煤炭或石油发电厂等工业企业排放的气体。研究表明：在屋顶产生的径流中，有 10%～25% 的氮、25% 的硫和小于 5% 的磷来自降雨，而在街道与商场的停车场、商业区以及交通繁忙街道产生的径流中，几乎所有的氮、16%～40% 的硫和 13% 的磷来自降雨。

在某些大气污染严重的地区和城市，会有酸雨出现，因而初期雨水呈现酸性。酸雨主要是工业和交通工具产生的硫氧化物（SO_x）和氮氧化物（NO_x）释放到大气中，溶于云雾而形成硫酸（H_2SO_4）和硝酸（HNO_3），随降水降落至地面。

（2）交通

交通扩散物包括燃料未完全燃烧带来的挥发性固体和多环芳烃（PAH）、过量的废气和蒸汽、铅化物（来自汽油副产物），以及燃料、润滑油和动力系统中碳氢化合物的损失。

污染物由日常机动车的交通产生，主要包括轮胎磨损释放出的锌和碳氢化合物。车辆腐蚀释放出的污染物有铁、铬、铅和锌等。其他污染物包括金属颗粒，尤其由离合器和制动衬里释放出的铜和镍。许多金属以颗粒相存在。

道路和人行道也会随着时间被侵蚀，释放出各种尺寸的固体颗粒，例如泥砂、碎垃圾和有机物等。地面铺垫的磨损释放出各种各样的物质：沥青、芳香烃、焦油、乳化剂、碳化物、金属和细小沉积物，这些污染物主要取决于路面结构和路面材料。

（3）城市垃圾

城市地面上包含有大量的街道垃圾和有机物质。垃圾会提高固体水平和需氧量。通常在城市地表，尤其在道路边沟的落叶、死亡或腐烂的植物、碎草等降解后被冲入雨水管渠。新西兰奥克兰市的一项研究表明，来自商业、工业和居民区的年垃圾负荷分别为 1.35kg/(hm² · a)、0.88kg/(hm² · a) 和 0.53kg/(hm² · a) 的干重（或者 0.014m³/(hm² · a)、0.009m³/(hm² · a) 和 0.006m³/(hm² · a)）。垃圾的密度随土地的利用情况而变化（商业区 96.4kg/m³，工业区 97.8kg/m³，居民区 88.3kg/m³）。尽管商业区和工业区的垃圾具有较高的面积负荷，但与城市居民区的总面积相比，居民区的垃圾贡献量更大。

（4）建筑物

城市建筑物的砖块、混凝土、沥青和玻璃等材料的侵蚀是雨水中颗粒物的重要来源。污染程度与建筑物的现状有关。屋顶、檐沟和外部喷漆产生各种颗粒，金属结构（例如街道设施篱笆、长椅的腐蚀）产生镉等有毒物质。

（5）动物

动物排泄物是主要的细菌污染源，它们也是高的需氧源。

（6）除冰

最常用的除冰剂是食盐（氯化钠）。在道路上盐的使用带来雨水中年氯负荷（平均）为自然状态的 50～500 倍。食盐的存在加速了车辆和金属结构的腐蚀。

（7）溢流/渗漏

家庭清洁剂和车辆用液体/润滑油有时非法排入或溢入雨水管渠。这些污染物的范围和数量的变化相当大，它与土地使用和公众行为有关。然而，家庭化学剂的来源与工业溢出或违法有毒废物的排入相比是很小的。

7.5.2　地表污染物累积模型

一次降雨产生的地表径流污染取决于两个过程，即污染物在地表的累积过程和被雨水冲刷的迁移过程。实际上，在这两个过程之间没有明显的分界线。对不透水表面，影响污染物累积的因素主要包括：土地使用情况、人口、交通流量、街道清洁情况、季节、气象条件、先前的干旱持续时间、街道表面类型和条件等。

（1）幂函数模型

用等效的晴天累积天数计算汇水面积内污染物累积量的幂函数模型为：

$$M_t = Y(s)_u t_e^N \tag{7.1}$$

式中　M_t——一次降雨前汇水面积内污染物累积量，kg。多数情况下以悬浮固体作为径流污染的主要指标；

t_e——等效的晴天累积天数，d；

$Y(s)_u$——街道表面固体日负荷量，kg/d；

N——累积时间指数。

为反映累积量随时间保持稳定增长或增长减缓的趋势，累积时间指数 $N \leqslant 1$。当 $N=1$ 时，为线性累积函数。

其中 t_e 按下式估算：

$$t_e = (t - t_s)(1 - \varepsilon_s) + t_s \tag{7.2}$$

式中　t——最近一次降雨事件后经过的天数，d；

t_s——最近一次清扫街道后经过的天数，d；

ε_s——街道清扫频率。

（2）饱和累积模型

一般认为发生在两次降雨之间污染物的累积过程，其速率在降雨之后的最初几天最快，然后逐渐变慢。于是提出以下饱和累积模型（米-门公式）：

$$M_t = \frac{M_m}{k_s + t} \tag{7.3}$$

式中　M_m——汇水面积内最大可累积污染物质量，kg；

k_s——半饱和常数，M_t 等于 $1/2 M_m$ 时经过的时间，d；

t——上一次降雨后经过的时间，d。

参数 M_m、k_s 的值取决于用地性质、气象条件、交通状况等因素，一般可看作固定参数。如果存在初期污染负荷，即地面初期残留量不为零，则一次降雨之前累积的污染物总量可估算为：

$$M_t = M_s + \frac{M_m}{k_s + t} \tag{7.4}$$

式中　M_s——前一场降雨结束时地表残留污染物负荷，即晴天时初期负荷，kg。

（3）指数模型

指数模型的形式如下：

$$M_t = M_m(1 - e^{-k_1 t}) \tag{7.5}$$

式中　M_t——晴天时汇水面积内经过 t 天后污染物累积量，kg；

　　　M_m——汇水面积内最大可累积污染物量，kg；

　　　k_1——累积系数，d^{-1}；

　　　t——上一次降雨后经过的时间，d。

式（7.5）适用于初始地表残留量为零的条件。如果存在初期污染负荷，则污染物的累积速率随初期残留负荷的存在而成比例减小，可表示如下：

$$M_t = M_s + (M_m - M_s)(1 - e^{-k_1 t}) \tag{7.6}$$

式中　M_s——前一场降雨结束时地表残留污染物负荷，即晴天时初期负荷，kg。

以假设的某污染物成分为例，该污染物的地表负荷在大约 14 天后达到最大累积量 $2kg/hm^2$，四种函数的形状如图 7.6 所示。从图可以看出，到 14 天时，饱和函数模型和指数函数模型给出的地表污染物累积负荷已经明显趋近于上限（图中的 $2kg/hm^2$）；但线性函数模型和幂函数模型给出的地表污染物累积负荷仍呈明显的上升趋势，因此，需对线性和幂函数模型的上限加以限定，否则污染物负荷会持续上升。

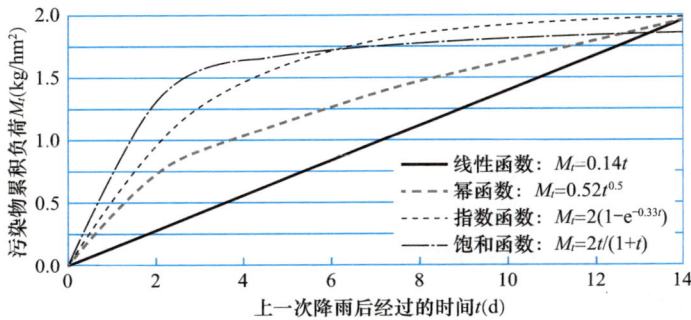

图 7.6　不同地表污染物累积模型的计算结果

7.5.3　降雨冲刷模型

降雨径流过程中，对不透水表面污染物产生侵蚀和冲刷主要取决于降雨特征、表面类型、地表糙率、固态污染物特性和累积负荷等因素。

污染物降雨冲刷有多种模拟模型，其中最简单的方法是假设污染物在冲刷过程中保持不变，此时冲刷可表示为暴雨强度的函数：

$$W = z_1 i^{z_2} \tag{7.7}$$

式中　W——污染物冲刷速率，kg/h；

　　　i——暴雨强度，mm/h；

　　z_1，z_2——污染物特定常量。

对于颗粒污染物，指数 z_2 的值通常在 1.5 到 3.0 之间，对于溶解性污染物，通常 $z_2 < 1.0$。

假定污染物冲刷速率与地面剩余污染物量成正比，则冲刷速率可表示为以下一阶动力学方程：

$$W = -\frac{dM_s}{dt} = k_4 i M_s(t) \tag{7.8}$$

式中　k_4——冲刷常数（mm^{-1}），是颗粒尺寸的函数，通常随颗粒尺寸的增大而减小；

　　　$M_s(t)$——t 时刻地面污染物质的量（kg）。

式（7.8）经积分后得到：

$$M_s(t) = M_s(0) e^{-k_4 it} \tag{7.9}$$

式中　$M_s(0)$——地面初始污染物质的量（kg）。

如果 $M_w(t)$ 表示 t 时刻之前冲刷的污染物质的量（kg），则有

$$M_w(t) = M_s(0) - M_s(t) = M_s(0)(1 - e^{-k_4 it}) \tag{7.10}$$

一般 k_4 值取 $0.1 \sim 0.2 mm^{-1}$。由此可得到冲刷浓度 C 为

$$C = \frac{M_w}{V} = \frac{M_w}{Qt} = \frac{W}{Q} = \frac{k_4 M_s}{A_i} \tag{7.11}$$

式中　A_i——流域不渗透面积，hm^2；

　　　V——某场降雨的总地表径流体积，m^3；

　　　Q——地表径流量，m^3/h 或 m^3/s。

【例 7.1】　一场暴雨历时 30min，强度 10mm/h，城市汇水区域面积为 $1.5hm^2$。如果地表初始污染物质为 $12kg/hm^2$，计算：

（1）在降雨过程中冲刷的污染物质量（$k_4 = 0.19mm^{-1}$）；

（2）平均污染物浓度。

【解】

（1）$M_s(0) = 12 \times 1.5 = 18kg$

由式（7.10）

$$M_w(t) = M_s(0)(1 - e^{-k_4 it}) = 18 \times (1 - e^{-0.19 \times 10 \times 0.5}) = 11.0kg$$

（2）由式（7.11），求得

$$C = \frac{M_w(t)}{Qt} = \frac{11.0}{0.01 \times 0.5 \times 15000} = 0.147kg/m^3 = 147mg/L$$

7.5.4　降雨径流的场次平均浓度

在确定降雨径流水质污染程度的方法中，场次平均浓度是最常用的方法之一。

场次平均浓度（Event Mean Concentration，简写为 EMC）定义为：任意一场降雨引起的地表径流中排放的某污染物的质量除以总的径流体积。可表示为

$$EMC = \frac{M}{V} = \frac{\int_0^T C_t Q_t \, dt}{\int_0^T Q_t \, dt} \tag{7.12}$$

式中　M——某场降雨径流排放的某污染物总量，kg；

　　　V——某场降雨所引起的总地表径流体积，m^3；

　　　C_t——某污染物在 t 时刻的瞬时浓度，mg/L；

　　　Q_t——地表径流在 t 时刻的径流排水量，m^3/s 或 m^3/h；

　　　T——某场降雨的总历时，s 或 h。

显然，根据流量加权平均求得的 EMC 不是简单的时间平均浓度，将 EMC 乘以径流体积可得出某种污染物的总量。一次暴雨期间，瞬时浓度可能比 EMC 高，也可能比 EMC

低，但 EMC 作为一个暴雨水质特征值，能简单明了地表达一场降雨径流中污染物的负荷。

场次平均浓度适合于降雨径流总污染物负荷的计算，但不能表示降雨过程中水质的变化情况。该方法可与径流模拟模型相集成，测算出某场降雨径流的污染物平均浓度。

7.5.5 初期冲刷效应

初期冲刷效应，是指一场降雨中初期雨水携带了降雨径流中大部分污染负荷的现象。污染物的初期冲刷可以用径流量（水位）和污染负荷加以识别，其明显的特征是在暴雨径流的初期污染物浓度的急剧增大。事实上，即使在流量增加时浓度保持不变，也表明污染物冲刷负荷是增长的。目前，初期冲刷效应的分析方法主要有 M-V 曲线法、b 参数法和初期冲刷比值法。

（1）M-V 曲线法

为比较不同的降雨事件，对径流污染物的质量和流量进行无量纲化处理，用某一时刻累积污染物质量除以径流全过程污染物总质量的比值作为纵坐标，对应时刻累积径流体积除以降雨径流总体积的比值作为横坐标，得到无因次累积负荷体积分数曲线，即 M-V 曲线。累积质量分数和累积体积分数分别按式（7.13）和式（7.14）计算。

$$M_M = \frac{m_t}{M} = \frac{\sum_{i=1}^{j} C_i Q_i \Delta t_i}{\sum_{i=1}^{N} C_i Q_i \Delta t_i} \tag{7.13}$$

式中　M_M——径流累积污染物质量分数；

　　　m_t——径流开始至 t 时刻某污染物的累积量；

　　　M——径流全过程某污染物总量；

　　　C_i——随径流时间而变化的某污染物浓度；

　　　Q_i——随径流时间而变化的径流流量；

　　　N——样本总数；

　　　j——为 1 到 N 的整数。

$$V_V = \frac{V_t}{V} = \frac{\sum_{i=1}^{j} Q_i \Delta t_i}{\sum_{i=1}^{N} Q_i \Delta t_i} \tag{7.14}$$

式中　V_V——累积径流体积分数；

　　　V_t——径流开始至 t 时刻的累积径流体积；

　　　V——全过程的径流总体积。

根据得到的 M-V 曲线图，可以方便、直观地判断初期效应存在与否。一般认为，只要曲线在对角线上方，便判定存在初期效应，反之则认为不存在。曲线在 45°对角线上方且离对角线越远，初期效应越强（图 7.7）。

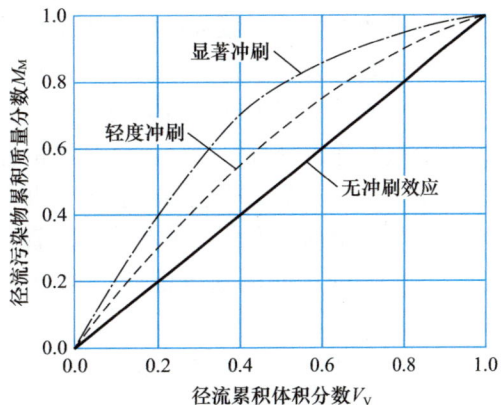

图 7.7　降雨径流污染物初期冲刷效应

（2）b 参数法

为了定量分析初期冲刷强度，在 $M\text{-}V$ 曲线法的基础上，有研究者发现，径流中污染物累积质量分数 M_M 与径流累积体积分数 V_V 之间存在幂函数关系，即每一条 $M\text{-}V$ 曲线都可以近似用式（7.15）表示：

$$M_M = V_V^b \tag{7.15}$$

式中　b——初期冲刷系数，b 的大小反映初期冲刷强度的大小。

M_M 和 V_V 的取值范围均为 0 到 1，且 $V_V=0$ 时 $M_M=0$，$V_V=1$ 时 $M_M=1$。由图 7.7 可知，当曲线在 45°对角线的上方时，即认为发生了初期冲刷效应，即 $M_V>V_V$，对应 b 值应小于 1，且 b 值越小，初期冲刷强度越大，反之越弱。

通过对数据进行幂函数拟合，就可以定量表示 $M\text{-}V$ 曲线。b 参数法能够从总体上对整个冲刷过程的趋势进行判别，但不能准确表达初期冲刷效应发生在降雨过程中的具体位置。

（3）初期冲刷比值法

该方法将初期冲刷比值 FF_n 定义为径流中污染物累积质量分数与相应径流累积体积分数之比，可以用式（7.16）表示：

$$FF_n = \frac{M_M}{V_V} \tag{7.16}$$

式中　M_M——径流中某污染物的累积质量分数；

　　　V_V——径流累积体积分数。

当 $FF_n>1$ 时，存在初期冲刷效应，反之则不存在。FF_n 越大，初期冲刷效应越明显。

7.6　城市降雨径流的水质控制

7.6.1　城市径流水质控制的基本原则

（1）避免污染物的沉积

通过加强家庭、社区及服务业的管理，防止或减少污染物进入城市雨洪排泄系统，是避免污染物在城市区域沉积的一个最好管理方法。这种做法需要公众予以配合。

有必要对公众进行宣传教育，并建设必要的公用设施，以便对家庭生活废弃物进行处理。公众的警觉意识和及时向公共卫生管理部门报告都有助于快速地确定非法污染事故的事发地点并作出处理。最经济和最好的控制方法是污染源控制，从而防止污染物进入雨洪径流系统中。主要措施包括：在覆盖化学物品储存区构筑隔墙，减少使用除冰化学物品，谨慎使用除草剂和农药，不允许污水管与城市雨洪排水系统非法连接，如居民楼的排污管道、汽车清洗场的废水排泄管、来自化学物储存区的排水等，都应该连接到污水排放系统。

调查发现，城市暴雨洪水中，污染物主要来自于多年沉积在下水道中的淤泥。而污水管道与雨洪排水系统相连接则是构成受纳水体被有毒物质污染的主要原因。只要注意对污染源进行控制，以及城市居民形成良好的生活垃圾处理习惯，就会明显减少通过分流制雨洪排水管道进入受纳水体的污染物量。

（2）减少与导水系统直接相连的不透水面积

除了对污染源控制之外，另一条控制城市径流水质的有效措施就是尽量减少直接相连的不透水面积（指直接将径流排入雨洪排水系统的那部分面积）。减少直接相连的不透水面积是控制径流水质行之有效的方法，因为这能使流入雨洪排水系统的暴雨径流的流速减缓、降雨就地入渗的可能性增大。如果是与草地相连，则草地能滤掉径流中的某些污染物质。

减少直接相连的不透水面积的作用一般仅对较小的降雨才有效，而水质控制最关注的正是这些较小的暴雨事件。在某些情况下，有可能将小暴雨径流及大暴雨的初期径流导入某个处理设施，经处理后再由排水系统排走。在其他情况下，可能需要使用双重控制设施，将城市雨洪管理中的水量和水质控制问题结合在一起进行处理，即用一套控制设施来调节较小暴雨径流，而用另一套设施来控制较大的、能产生大洪水的暴雨事件。

（3）链式处理

径流水质管理的链式处理是将径流水质管理看成一系列的连续处理过程，如图 7.8 所示。链中的第一个处理过程是污染的控制以及紧接着的单一地段或地块的控制，如减少直接相连的不透水面积不仅能减少径流量，而且还能对水起到过滤作用。链式处理系统中的下一步是较大范围的控制，建设的处理设施一般可处理 2～20hm² 面积上的暴雨洪水；链中的最后一步是区域控制，建设的处理设施一般可处理 40～240hm² 面积上的暴雨洪水。

链式处理系统中采用处理过程的多少取决于可使用土地的大小、经济条件、要求处理系统对污染物的处理程度以及规划系统的类型。

除了下渗处理外，每一个单独的处理过程最好能除去径流中的 80％ 的悬浮固体和比例很小的营养物质。另外，对不同的暴雨，系统的处理效果会千差万别。系统的处理效果与暴雨量的大小、前后两次暴雨的时间间隔、处理过程的工作条件以及其他还没有完全被认识的因素都有关。通过对雨洪管理方面文献资料进行综合分析表明，不同的处理措施其处理效果有实质性的差别，在很大程度上取决于各设施所在特定地点的具体情况（表 7.3）。

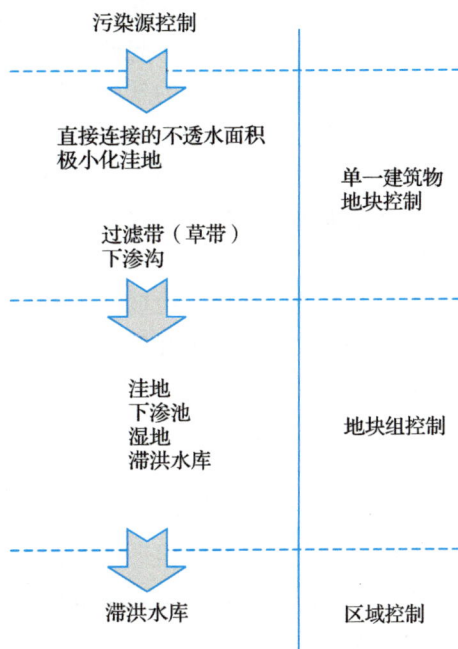

图 7.8 城市雨洪径流水质的链式控制

各种处理措施对潜在污染物的去除率（％） 表 7.3

处理措施类型	悬浮固体总量	磷总量	氮总量	锌	铅	生物需氧量 BOD
多孔路面	85～95	65	75～85	98	80	80
下渗	0～99	0～75	0～70	0～99	0～99	0～90
渗水沟	99	65～75	60～70	95～99	N/A	90
滞水池	91	0～79	0～80	0～71	9～95	0～69
扩充滞洪设施	50～70	10～20	10～20	30～60	75～90	18
湿地	41	9～58	21	56	73	
沙土滤层*	60～80	60～80	−110～0	10～80	60～80	60～80

*沙土滤层使总氮增加而非去除，故氮总量增加。

表 7.3 中的处理措施可分为两类：渗滤措施和滞水措施。湿地也可被用来作为另一种形式的雨洪滞水设施，但目前还缺乏相应的设计准则。

7.6.2　渗滤

雨水的渗滤措施通常包括：洼地和渗滤带、多孔路面和预制块铺砌路面、渗滤沟和渗滤池。由于渗滤径流最终要汇入地下水中，所以，在地下水源附近采用该措施时，或者在加油站、化学物品储存区或其他工业区附近的雨水径流采用该措施时，应慎重考虑。

（1）洼地和渗滤带

洼地和渗滤带是最古老的雨洪控制方法，多年来一直用于街道和公路以及农场上。洼地是指长有植被的浅沟，其纵向坡度较小，而边坡适中。渗滤带是指来自街道、停车场、屋顶等的雨洪径流在进入邻近的排水系统之前流过的地带。洼地和渗滤带在使"直接连接不透水面积"最小方面所起的作用是相近的。它们使径流流速减小，并使径流的下渗机会增大。它们也能将较小的暴雨径流中的某些悬浮的固体物质及吸附的固体物质上的污染物去除。若洼地和渗滤带下面土质的下渗率很大，则这类处理设施去除污染物的效率会很高，往往超过 80%。然而，在大多数情况下，洼地的去除效率很低。

可以采用标准的明渠水流方程来确定种草的排水洼地和渠道的尺寸。设计洼地和渗滤带还应满足：纵坡应小于 2%，以使冲刷最小（可采用坡度控制建筑物来达到这一要求）；为了刈草方便，洼地的边坡（水平与垂向比）不能陡于 4:1，而为了使土壤和植被接触的水量达到最大，边坡最好为 8:1 或 10:1；渗滤洼地的底部至少设在地下水季节性高水位或基岩的高程以上 1.2m。渗滤带的长度至少在 6m 以上。

（2）多孔路面

多孔路面，特别是多孔混凝土路面，以及预制块铺砌路面，广泛应用于停车场或过水停车区。多孔路面可以减少径流水质控制设施的用地面积，而且可以保持所在地的自然水量平衡。多孔混凝土路面还能保证汽车在雨天安全行驶。要保证路面下的土壤具有良好的透水性，地面要非常平坦，季节性的地下水高水位应低于路面高程以下 0.9m，基岩应在路面高程 1.2m 以下。

多孔混凝土路面应用于寒冷地区时应慎重。受到冬季冰冻融化条件影响时，路面的完整性仍然是有待解决的问题。另一方面，多孔预制块可用于各种气候区。

（3）渗滤沟

这类设施可建于地面，也可埋于地下。通常是将它用在面积小于 4hm² 的集水区域。这类设施必须建在具有良好不渗透性土壤的地带，而且该地带的地下水位应较低。渗滤沟一般很长，深度在 0.9~3.7m 之间，用砾石回填，允许雨洪径流临时储蓄在填料的孔隙中。储存的径流将渗入周围的土壤中。由于沟底会首先被雨洪挟带的细小颗粒填塞，所以设计时最好是假设只在沟的侧墙有水渗出。

渗滤沟适用于公路的中间、停车场的边缘以及狭窄的风景区。渗滤沟有两个基本类型：表面开敞型和地下埋藏型。

堵塞是渗滤沟面临的一个主要问题。一旦被堵塞，该设施就无法处置积蓄的雨洪径流。某些对径流进行预处理的措施，如洼地排水、利用渗滤带和（或）采用滤水设备等必须设置在渗滤沟的前面。同时也建议在新的建筑物完成以前，不要立即建设渗滤沟，而应通过铺盖草皮或种草、采用地面覆盖等防止冲刷的手段，使集水区土壤变得稳固之后，再考虑建设。在施工建设期间引起的堵塞是导致渗滤设施失效的一个常见原因。修复堵塞了的渗滤沟是件很费力耗资的工作。

从渗滤沟中将水排干的最长时间在48～72h之间，另外，沟底必须高出季节性的地下高水位及基岩高程1.2m以上。在沟的边墙、顶部和底部必须铺设滤布或颗粒状的反滤层以防止周围土壤进入渗滤砾石堆体。填充渗滤沟用的砾石粒径2～7cm，粗细应该搭配均匀。应该使用轻型的挖掘设备，以避免将渗滤沟周围的土壤压实。另外还应该设立观测井以便对静水位进行定期观测，判别渗滤设施是否失效。

（4）渗水池

渗水池是一种滞水设施，将拦蓄的径流渗入地下。渗水池可以用圩堤挡水，也可以挖掘一块低地，拦蓄雨洪径流。经过适当设计，渗水池可形成一片低洼开阔地，与景观相融。若渗水池平时蓄水的时间不超过24～36h，则可以在池中植树、种草或其他植物。渗水池可大可小，小到宅前庭院、大到20hm²的集水区。不过，随着集水区面积的增大，其可靠性也相应地降低。

在较大的暴雨期间，渗水池拦蓄的是开始部分的雨洪径流，以后的径流则被分流到集水区的其他地方，这样建造渗水池效率是最高的。

渗水池必须建在土壤孔隙度很大的地带，而且其底高必须高于季节性的地下水高水位或岩床高程1.2m以上。除风景区的下渗池外，渗流排空的时间应不超过72h，一般不超过24～36h。为了美观，下渗池应种植植物。另外，草和其他植物的根系会使表层土壤变得松散，这样不至于使下渗表层堵塞。

7.6.3 滞洪措施

以上所介绍的各种雨洪与水质处理措施在减少雨洪流污染方面是有效和可行的。但如果设施建设规模很大，就会占用大片土地，且容易形成地下水位隆起，而壅高的地下水并不能很快从侧面排除，从而使地下水位上升到地表。在多数雨洪管理系统中需要采用其他形式的滞水设施。

在城市雨洪的管理中，与其他形式的雨洪控制措施相比，滞洪区得到了更广泛的应用。然而，直到20世纪80年代后期，滞洪区主要都是作为防洪设施，用来削减重现期为2a、10a、25a或100a的暴雨洪水的洪峰流量，而并不是将其作为控制径流水质的措施。因为水质控制的设计参数与滞洪水池去除污染物性能之间可行的关系尚未建立起来，所以目前在说明去除径流中污染物的措施时还处在定性阶段。如果在实践中积累了足够多的经验，则可据以制定径流水质控制设施设计导则。

水质控制的滞洪设施有两种基本类型：一种是扩展功能的滞洪区，有时也称之为干滞洪区；另一种是滞洪池，有时也称之为滞水塘或湿滞洪地。扩展功能的滞洪区在前后两场暴雨之间要完全排空。即使对很小的暴雨洪水事件，将其排空的时间也需要24～60h。另一方面，滞洪塘却始终蓄有一定的水量，并在此经常性水位之上拦蓄雨洪径流。已有研究表明，在去除雨洪中污染物方面，滞洪塘比滞洪区更为有效。特别对去除水中营养性物质方面效率更高，设计得当的滞洪塘与扩展功能的滞洪区相比，去除磷类物质的效率比是（2～3）∶1［去除率比（50%～60%）∶（20%～30%）］；去除氮类物质的效率比是

(1.3～2)∶1［去除率比（30%～40%）∶（20%～30%）］。

滞洪塘所需的经常性蓄水容积是扩展功能滞洪洼地所需临时性蓄水容积的2～7倍。湿滞洪池的经常性蓄水容积可以控制出口高程以下，而扩展功能滞洪区的底部高程则需高出排水口高程。可以采用去除溶解性磷及其他营养性物质的富营养化模型对滞洪塘容积大小进行设计。如果设计的目标是去除悬浮固体、总铅或其他颗粒状物质，则可以用以泥沙淤积理论为基础的方法进行设计。

7.6.4　扩展功能的（干）滞洪区与水质控制

干滞洪区是美国、加拿大和澳大利亚最常采用的一种滞洪设施，在其他国家可能也是如此。滞洪区、地主要是用来削减洪峰。滞洪区的排空时间一般小于6h，实质上并不具备去除污染物的功能。实验室的试验表明，与悬浮固体有关的污染物中的80%是吸附于粒径小于60μm的颗粒上的，即粉沙和淤泥。所以，在滞洪区中需要有历时为24～60h的滞水时间，通过沉积来去除污染物质，但即使是这种扩展功能的滞水区也无法去除水中溶解性污染物。

图7.9是一个扩展功能的滞洪区的示意图，如图所示，进入洼地中的水被拦蓄在堤坝的后面，并经过多孔竖管式的出流口缓慢排泄。环绕多孔竖管的粗砾石堆可减少树叶、废纸、塑料袋和其他碎物对出流口的堵塞。大部分入流泥沙都沉淀在库底。水池蓄满后，后面的入流要么在入流口上游地带被分流，要么通过主溢洪道溢出。

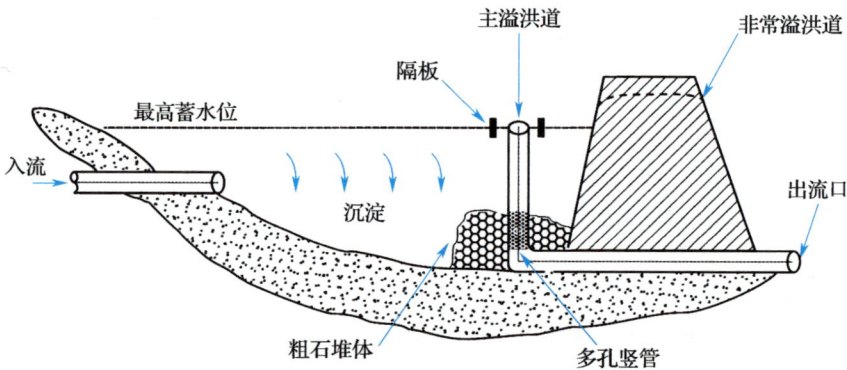

图 7.9　扩展功能的滞洪区的示意图

滞洪区所需的拦蓄库容与子集水面积土地利用状况和当地气候因素有关。出流口的设计应该使水池的排空时间在20～60h（对水质控制来说，时间越长，效果越好，但时间越长，对池中的植物生长越不利），而且要保证在设计的消退历时前1/4时段内所排泄的水量不能超过蓄满总量的50%。滞洪区底的设计要保证使洼地中的水能完全排掉。在土壤有透水性的地区，部分径流将渗入地下水中。在这种情况下，要保证库底至少高于年地下水高水位以上0.9m，以便使蓄水在前后两次暴雨之间排空。为了控制冲刷，应在滞洪区底和边坡种植可抵抗长历时淹没的草类。滞洪区边坡水平和垂直距离比应不小于4∶1，以保证刈草机械能安全地工作。

扩展功能滞洪区的滞洪时间在12h以下时，效果不佳，但超过24h时效果很好，可使颗粒态的污染物沉淀，溶解性污染物排出。若设计适当，其维护难度并不大，反之，则会对所在地区的城市景观造成负面影响,成为蚊蝇的滋生地。该设施应在出流口附近与浅沼泽地结合起来,使清污效率更高,且无蚊蝇之忧。对集水区控制面积在 $100\sim200hm^2$ 的区域性滞洪设施可着重从景观角度进行设计,可降低维护费用。

7.6.5 滞洪塘与水质控制

滞洪塘可视为一个小湖泊,用以去除城市雨洪中的污染物质。滞洪塘的基本处理流程如图 7.10 所示。污染物质在湖中从雨洪径流中分离出来,沉淀于湖底,而径流中的营养类物质被湖中生长的浮游植物所去除。滞洪塘四周种植的浅水沼泽植物也能去除营养类物质。有时为了维护方便,有助于挖掘清除其中的粗粒泥沙,需要在滞洪塘的入流与水塘之间设置缓冲地。

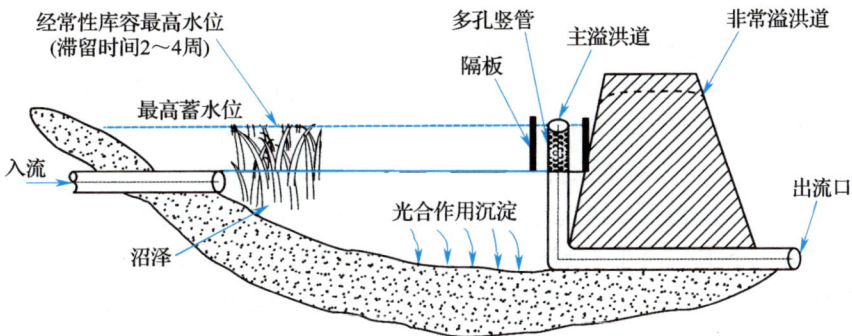

图 7.10 滞洪塘示意图

出流口的设计效果应该是使其缓慢地排泄小暴雨的雨洪径流,这往往会在经常性的库容之上形成临时性的水位超高,这部分壅高蓄量用来拦蓄较小暴雨的雨洪径流以及较大暴雨初始阶段的径流。在某些实例中,滞洪塘的设计是直接通过雨水主干管和防洪溢洪道排泄雨洪径流,在这种情况下,雨水主干管和防洪溢洪道的设计并不需要考虑设置特定的水质拦蓄库容。有些滞洪塘的设计是当其蓄满后就进入离线状态,后续的径流通过雨水管渠直接排走。

经常性库容的大小,从控制溶解性磷酸盐角度,可以采用雨季中最大 14 天的平均径流量来计算。若去除磷酸盐不成问题,则经常性库容要小得多。经常性水位以下的土壤应具有较强的不透水性能,否则应将滞洪塘进行衬砌,避免对地下水污染的可能性。

塘中经常性的蓄水要有足够的水深,使之尽量减少日光穿透到塘底,以抑制杂草生长。同时塘水也不应太深,否则不利于风力扰动和水体自然充氧。当塘底变成无氧状态时,底泥中的营养类物质和微量金属会释放回水体中。这无疑与修建滞洪水塘控制水质的目的相违背。一般认为 $1\sim4m$ 的滞洪塘水深是最为适宜的。

滞洪塘的长宽比应不小于2:1,入流口和出流口应分设在长轴的两端。这有助于水在塘中的整体流动,而且有助于在塘中形成风浪区。岸边边坡应大于4:1(水平距离:垂直距离),而且应在上面植草。沿岸挖筑一个宽 10m 左右、最大挖深 2m 的沿岸阶地将有助于营养物质的吸收以及对直接径流的渗滤,同时也增加了公众的安全性。为了保护滞洪塘的生态平衡,沿岸区的面积应占整个滞洪塘面积的 $25\%\sim50\%$,剩余的 $75\%\sim50\%$ 为开敞水面。可以通过使用拦洪栅、水面清污器或其他设备,以防止出流口被堵塞。

　　滞洪塘主要是通过沉淀作用去除悬浮性污染物,通过生化作用去除溶解性污染物。滞洪塘特别适合作为区域性的滞洪设施,其维护管理也相对方便。如果设计合理,滞洪塘将会产生很好的水质控制效果,但若底部出现缺氧,则水质将会变差。

　　在干旱和半干旱地区,滞洪塘在某些情况下可能就不一定适用,因为这时难以保持经常性蓄水。在这类地区进行滞洪塘设计时,需要进行水量平衡计算,以保证干旱季节滞洪塘中的水量不会因为蒸散发和渗流损失过多。

7.6.6　水量水质控制的多用途滞洪区

　　径流中水质控制的设计是拦蓄和处理重现期为 1~6 个月的小暴雨雨洪。另一方面,河岸冲刷的控制,也仅限于控制最大重现期为 2 年的小暴雨;而排水及防洪设施则一般要求调节重现期为 5 年以上的较大暴雨。为了节省土地,可以修建一个多用途的滞洪设施,使其具有能处理上述多种暴雨洪水的功能。

　　多用途滞洪设施首先必须分级设计出流口,使得控制水质的设计水量能很缓慢的从出流口排出。然后是提供所需的蓄水容量和最大出流,以达到防冲刷和防洪的目的。

　　图 7.11 是一个多用途滞洪水库的纵剖面示意图。第 1 级出流口是拦蓄控制水质的设计水量并将其缓慢排出。第 2 级出流口是控制重现期为 5 年的暴雨洪水,当 5 年一遇暴雨发生时,经出流口下泄的流量不超过滞洪区建设前的流量。第 3 级出流口是当发生 10~100 年重现期的暴雨洪水时,控制溢洪道的泄流量与第 2 级出流口出流的总和不超过滞洪区建设前的流量。溢洪道的作用是使滞洪区建设后的 100 年或更大重现期的暴雨洪水能够安全排泄,不至于漫坝。

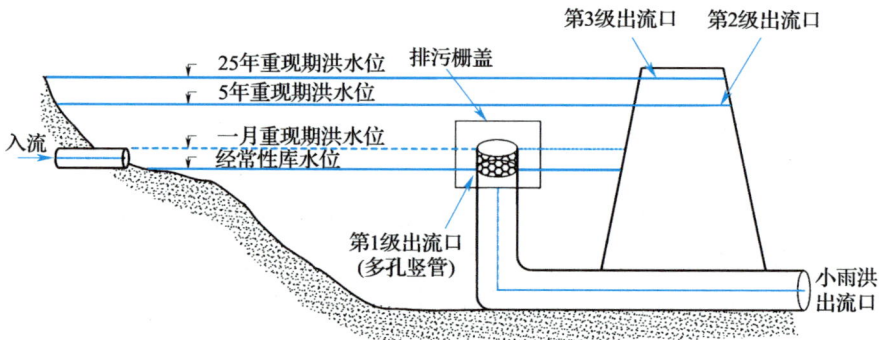

图 7.11　多用途滞洪水库的纵剖面示意图

7.6.7　区域性和就地滞洪设施的比较

　　滞洪设施的维护由谁来负责,这常常是个悬而未决的问题,但这一点对水质控制设施来说又极其重要。例如,若开发区的平均大小为 16hm²,每一个开发区上修建一个滞洪设施或其他形式的水质控制设施,则每平方公里将有 7 个滞洪设施。通常,就地滞洪水池所控制的集水面积不超过 4hm²,一方面如此小的水质控制设施的出流管管径很小,容易被堵塞;另一方面,用于建设如此小的滞水设施的土地面积往往也很小,很难再修建其他公共设施。

　　一个更合理的办法是采用区域性的滞洪设施，其控制的集水区面积一般为 40～240hm²。这样就会最大限度地减少由于建设大量就地滞洪设施累积产生的水文不确定性的影响。研究表明，建设区域性的滞洪设施与建设大量的就地滞洪设施相比，更经济也更容易维护，避免了就地滞洪设施存在的问题，其维护通常是由相关的政府机构来负责，在设计、建造、运行和维护上都更方便。

　　在集水流域上建设区域性的滞洪设施，若选点恰当，则它不仅能处理已开发区域上的雨洪径流，而且也能处理以后新建开发区上的雨洪径流，并能拦蓄所有街区的径流，而这些是就地滞洪设施所无法实现的。用于建设区域性滞洪设施的土地面积往往都很大，可以同时建设其他公用项目，如娱乐场所、野生动物园区、观光广场以及其他公共设施。区域性滞洪设施的主要缺点是它需要由当地管理部门事先做出规划，而且需要财政预先拨款。

7.6.8　人工湿地

　　近年来，人工湿地技术被广泛用于雨水径流污染的控制。在城市地表径流处理中，人工湿地技术可以和其他技术灵活地组合使用，在径流进入湿地前可以修建过滤带对水中颗粒物初步截留，进入湿地后可以增加渗透措施对出水进行强化处理。

　　人工湿地中的植物功能在污染物的去除中发挥了重要的作用，它的主要功能包括过滤颗粒物、减少紊流、稳定沉积物和增加生物膜表面积。植物对湿地的水力状况也会产生影响，长宽比是湿地水力状况的决定因素，但不合理的湿地植物设计也会降低水力效率。当水生植物生长茂密时，水流发生短路，此时湿地的水力状况不再受长宽比的影响。

　　由于降雨径流具有突发性，其水质和水量的变化比较剧烈，因此必须针对降雨径流的水质、水量特点进行合理设计。降雨径流颗粒物浓度较高，在进入湿地前应进行预处理，去除大粒径的颗粒物，以避免堵塞湿地基质。

复 习 思 考 题

　　7.1　城市化程度的提高对城市水文过程有什么影响？

　　7.2　城市暴雨径流有何特点？城市化对城市降雨径流有什么影响？

　　7.3　城市水文资料的收集应注意哪些方面？为什么城市水文测验中还包括径流水质监测方面的内容？

　　7.4　城市暴雨径流的水质有何特点？城市暴雨径流中污染物来自何处？

　　7.5　某城市汇水区的面积为 25hm²，一次 45min 的强降雨，其平均强度达到 20mm/h，降雨前地表累积的 COD 为 24kg/hm²，已知该城区的冲刷系数 k_4 为 0.15mm⁻¹，试计算该城区在该场降雨过程中冲刷的 COD 总量和平均浓度。

　　7.6　城市径流水质控制应遵循的基本原则有哪些？

　　7.7　用于城市径流水质控制的滞洪设施主要有哪几种？分别说明这些滞洪设施是如何控制径流水质和调节径流的。

附　　录

附录1　经验频率　$P=\dfrac{m}{n+1}\times100\%$ 表

m\n	15	16	17	18	19	20	21	22	23	24	25	26	27	28	29	30	31	32
1	6.2	5.9	5.6	5.3	5.0	4.8	4.5	4.3	4.2	4.0	3.8	3.7	3.6	3.4	3.3	3.2	3.1	3.0
2	12.5	11.8	11.1	10.5	10.0	9.5	9.1	8.7	8.3	8.0	7.7	7.4	7.1	6.9	6.7	6.5	6.2	6.1
3	18.8	17.6	16.7	15.8	15.0	14.3	13.6	13.0	12.5	12.0	11.5	11.1	10.7	10.3	10.0	9.7	9.4	9.1
4	25.0	23.5	22.2	21.1	20.0	19.0	18.2	17.4	16.7	16.0	15.4	14.8	14.3	13.8	13.3	12.9	12.5	12.1
5	31.2	29.4	27.8	26.3	25.0	23.8	22.7	21.7	20.8	20.0	19.2	18.5	17.9	17.2	16.7	16.1	15.6	15.2
6	37.5	35.5	33.3	31.6	30.0	28.6	27.3	26.1	25.0	24.0	23.1	22.2	21.4	20.7	20.0	19.4	18.8	18.2
7	43.8	41.2	38.9	36.8	35.0	33.3	31.8	30.4	29.2	28.0	26.9	25.9	25.0	24.1	23.3	22.6	21.9	21.2
8	50.0	47.1	44.4	42.1	40.0	38.1	36.4	34.8	33.3	32.0	30.8	29.6	28.6	27.6	25.8	25.8	25.0	24.2
9	56.2	52.9	50.0	47.4	45.0	42.9	40.9	39.1	37.5	36.0	34.6	33.3	32.1	31.0	30.0	29.0	28.1	27.3
10	62.5	58.8	55.6	52.6	50.0	47.6	45.5	43.5	41.7	40.0	38.5	37.0	35.7	34.5	33.3	32.3	31.2	30.3
11	68.8	64.7	61.1	57.9	55.0	52.4	50.0	47.8	45.8	44.0	42.3	40.7	39.3	37.9	36.7	35.5	34.4	33.3
12	75.0	70.6	66.7	63.2	60.0	57.1	54.5	52.2	50.0	48.0	46.2	44.4	42.9	41.4	40.0	38.7	37.5	36.4
13	81.2	76.5	72.2	68.4	65.0	61.9	59.1	56.5	54.2	52.0	50.0	48.1	46.4	44.8	43.3	41.9	40.6	39.4
14	87.5	82.4	77.8	73.7	70.0	66.7	63.6	60.9	58.3	56.0	53.8	51.9	50.0	48.3	46.7	45.2	43.8	42.4
15	93.8	88.2	83.3	78.9	75.0	71.4	68.2	65.2	62.5	60.0	57.7	55.6	53.6	51.7	50.0	48.4	46.9	45.4
16		94.1	88.9	84.2	80.0	76.2	72.7	69.6	66.7	64.0	61.5	59.3	57.1	55.2	53.3	51.6	50.0	48.5
17			94.4	89.5	85.0	81.0	77.3	73.9	70.8	68.0	65.4	63.0	60.7	58.6	56.7	54.8	53.1	51.5
18				94.7	90.0	85.7	81.8	78.3	75.0	72.0	69.2	66.7	64.3	62.1	60.0	58.1	56.2	54.5
19					95.0	90.5	86.4	82.6	79.2	76.0	73.1	70.4	67.9	65.5	63.3	61.3	59.4	57.6
20						95.2	90.9	87.0	83.3	80.0	76.9	74.1	71.4	69.0	66.7	64.5	62.5	60.6
21							95.5	91.3	87.5	84.0	80.8	77.8	75.0	72.4	70.0	67.7	65.6	63.6
22								95.7	91.7	88.0	84.6	81.5	78.6	75.9	73.3	71.0	68.8	66.7
23									95.8	92.0	88.5	85.2	82.1	79.3	76.7	74.2	71.9	69.7
24										96.0	92.3	88.9	85.7	82.8	80.0	77.4	75.0	72.7
25											96.2	92.6	89.3	86.2	83.3	80.6	78.1	75.8
26												96.3	92.9	89.7	86.7	83.9	81.2	78.8
27													96.4	93.1	90.0	87.1	84.4	81.8
28														96.6	93.3	90.3	87.5	84.8
29															96.7	93.5	90.6	87.9
30																96.8	93.8	90.9
31																	96.9	93.9
32																		97.0

续表

m\n	33	34	35	36	37	38	39	40	41	42	43	44	45	46	47	48	49	50
1	2.9	2.9	2.8	2.7	2.6	2.6	2.5	2.4	2.4	2.3	2.3	2.2	2.2	2.1	2.1	2.0	2.0	2.0
2	5.9	5.7	5.6	5.4	5.3	5.1	5.0	4.9	4.8	4.7	4.5	4.4	4.3	4.3	4.2	4.1	4.0	3.9
3	8.8	8.6	8.3	8.1	7.9	7.7	7.5	7.3	7.1	7.0	6.8	6.7	6.5	6.4	6.2	6.1	6.0	5.9
4	11.8	11.4	11.1	10.8	10.5	10.3	10.0	9.8	9.5	9.3	9.1	8.9	8.7	8.5	8.3	8.2	8.0	7.8
5	14.7	14.3	13.9	13.5	13.2	12.8	12.5	12.2	11.9	11.6	11.4	11.1	10.9	10.6	10.4	10.2	10.0	9.8
6	17.6	17.1	16.7	16.2	15.8	15.4	15.0	14.6	14.3	14.0	13.6	13.3	13.0	12.8	12.5	12.2	12.0	11.8
7	20.6	20.0	19.4	18.9	18.4	17.9	17.5	17.1	16.7	16.3	15.9	15.6	15.2	14.9	14.5	14.3	14.0	13.7
8	23.5	22.9	22.2	21.6	21.1	20.5	20.0	19.5	19.0	18.6	18.2	17.8	17.4	17.0	16.7	16.3	16.0	15.7
9	26.5	25.7	25.0	24.3	23.7	23.1	22.5	22.0	21.4	20.9	20.5	20.0	19.6	19.1	18.8	18.4	18.0	17.6
10	29.4	28.6	27.8	27.0	26.3	25.6	25.0	24.4	23.8	23.3	22.7	22.2	21.7	21.3	20.8	20.4	20.0	19.6
11	32.4	31.4	30.6	29.7	28.9	28.2	27.5	26.8	26.2	25.6	25.0	24.4	23.9	23.4	22.9	22.4	22.0	21.6
12	35.3	34.3	33.3	32.4	31.6	30.8	30.0	29.3	28.6	27.9	27.3	26.7	26.1	25.5	25.0	24.5	24.0	23.5
13	38.2	37.1	36.0	35.1	34.2	33.3	32.5	31.7	31.0	30.2	29.5	28.9	28.3	27.7	27.1	26.5	26.0	25.5
14	41.2	40.0	38.9	37.8	36.8	35.9	35.0	34.1	33.3	32.6	31.8	31.1	30.4	29.8	29.2	28.6	28.0	27.5
15	44.1	42.9	41.7	40.5	39.5	38.5	37.5	36.6	35.7	34.9	34.1	33.3	32.6	31.9	31.2	30.6	30.0	29.4
16	47.1	45.7	44.4	43.2	42.1	41.0	40.0	39.0	38.1	37.2	36.4	35.6	34.8	34.0	33.3	32.7	32.0	31.4
17	50.0	48.6	47.2	45.9	44.7	43.6	42.5	41.5	40.5	39.5	38.6	37.8	37.0	36.2	35.4	34.7	34.0	33.3
18	52.9	51.4	50.0	48.6	47.4	46.2	45.0	43.9	42.9	41.9	40.9	40.0	39.1	38.3	37.5	36.7	36.0	35.3
19	55.9	54.3	52.8	51.4	50.0	48.7	47.5	46.3	45.2	44.2	43.2	42.2	41.3	40.4	39.6	38.8	38.0	37.3
20	58.8	57.1	55.6	54.1	52.6	51.3	50.0	48.8	47.6	46.5	45.5	44.4	43.5	42.6	41.7	40.8	40.0	39.2
21	61.8	60.0	58.3	56.8	55.3	53.8	52.5	51.2	50.0	48.8	47.7	46.7	45.7	44.7	43.8	42.9	42.0	41.2
22	64.7	62.9	61.1	59.5	57.9	56.4	55.0	53.7	52.4	51.2	50.0	48.9	47.8	46.8	45.8	44.9	44.0	43.14
23	67.6	65.7	63.9	62.2	60.5	59.0	57.5	56.1	54.8	53.5	52.3	51.1	50.0	48.9	47.9	46.9	46.0	45.1
24	70.6	68.6	66.7	64.9	63.2	61.5	60.0	58.5	57.1	55.8	54.5	53.3	52.2	51.1	50.0	49.0	48.0	47.1
25	73.5	71.4	69.4	67.6	65.8	64.1	62.5	61.0	59.5	58.1	56.8	55.6	54.3	53.2	52.1	51.0	50.0	49.0
26	76.5	74.3	72.2	70.3	68.4	66.7	65.0	63.4	61.9	60.5	59.1	57.8	56.5	55.3	54.2	53.1	52.0	51.0
27	79.4	77.1	75.0	73.0	71.1	69.2	67.5	65.9	64.3	62.8	61.4	60.0	58.7	57.4	56.2	55.1	54.0	52.9
28	82.4	80.0	77.8	75.7	73.7	71.8	70.0	68.3	66.7	65.1	63.6	62.2	60.9	59.6	58.3	57.1	56.0	54.9
29	85.3	82.9	80.6	78.4	76.3	74.4	72.5	70.7	69.0	67.4	65.9	64.4	63.0	61.7	60.4	59.2	58.0	56.9
30	88.2	85.7	83.3	81.1	78.9	76.9	75.0	73.2	71.4	69.8	68.2	66.7	65.2	63.8	62.5	61.2	60.0	58.8
31	91.2	88.6	86.1	83.8	81.6	79.5	77.5	75.6	73.8	72.1	70.5	68.9	67.4	66.0	64.6	63.3	62.0	60.8
32	94.1	91.4	88.9	86.5	84.2	82.1	80.0	78.0	76.2	74.4	72.7	71.1	69.6	68.1	66.7	65.3	64.0	62.7
33	97.1	94.3	91.7	89.2	86.8	84.6	82.5	80.5	78.6	76.7	75.0	73.3	71.7	70.2	68.8	67.3	66.0	64.7
34		97.1	94.4	91.9	89.5	87.2	85.0	82.9	81.0	79.1	77.3	75.6	73.9	72.3	70.8	69.4	68.0	66.7
35			97.2	94.6	92.1	89.7	87.5	85.4	83.3	81.4	79.5	77.8	76.1	74.5	72.9	71.4	70.0	68.6
36				97.3	94.7	92.3	90.0	87.8	85.7	83.7	81.8	80.0	78.3	76.6	75.0	73.5	72.0	70.6
37					97.4	94.9	92.5	90.2	88.1	86.0	84.1	82.2	80.4	78.7	77.1	75.5	74.0	72.5
38						97.4	95.0	92.7	90.5	88.4	86.4	84.4	82.6	80.9	79.2	77.6	76.0	74.5
39							97.5	95.1	92.9	90.7	88.6	86.7	84.8	83.0	81.2	79.6	78.0	76.5
40								97.6	95.2	93.0	90.9	88.9	87.0	85.1	83.3	81.6	80.0	78.4
41									97.6	95.3	93.2	91.1	89.1	87.2	85.4	83.7	82.0	80.4
42										97.7	95.5	93.3	91.3	89.4	87.5	85.7	84.0	82.4
43											97.7	95.6	93.5	91.5	89.6	87.8	86.0	84.3
44												97.8	95.7	93.6	91.7	89.8	88.0	86.3
45													97.8	95.7	93.8	91.8	90.0	88.2

$\frac{n}{m}$	33	34	35	36	37	38	39	40	41	42	43	44	45	46	47	48	49	50
46														97.9	95.8	93.9	92.0	90.2
47															97.9	95.9	94.0	92.2
48																98.0	96.0	94.1
49																	98.0	96.1
50																		98.0
51																		
52																		
53																		
54																		
55																		
56																		
57																		
58																		
59																		
60																		

附录 2　海森概率格纸的横坐标分格表

P（%）	由中值（50%）起的水平距离	P（%）	由中值（50%）起的水平距离
0.01	3.720	7	1.476
0.02	3.540	8	1.405
0.03	3.432	9	1.341
0.04	3.353	10	1.282
0.05	3.290	11	1.227
0.06	3.239	12	1.175
0.07	3.195	13	1.126
0.08	3.156	14	1.080
0.09	3.122	15	1.036
0.10	3.090	16	0.994
0.15	2.967	17	0.954
0.2	2.878	18	0.915
0.3	2.748	19	0.878
0.4	2.652	20	0.842
0.5	2.576	22	0.774
0.6	2.512	24	0.706
0.7	2.457	26	0.643
0.8	2.409	28	0.583
0.9	2.366	30	0.524
1.0	2.326	32	0.468
1.2	2.257	34	0.412
1.4	2.197	36	0.358
1.6	2.144	38	0.305
1.8	2.097	40	0.253
2	2.053	42	0.202
3	1.881	44	0.151
4	1.751	46	0.100
5	1.645	48	0.050
6	1.555	50	0.000

附录 3　皮尔逊Ⅲ型曲线的离均系数 Φ_P 值表
$(0 < C_s < 6.4)$

C_s	P(%)													
	0.01	0.1	1	3	5	10	25	50	75	90	95	97	99	99.9
0.00	3.72	3.09	2.33	1.88	1.64	1.28	0.67	−0.00	−0.67	−1.28	−1.64	−1.88	−2.33	−3.09
0.05	3.73	3.16	2.36	1.90	1.65	1.28	0.66	−0.01	−0.68	−1.28	−1.63	−1.86	−2.29	−3.02
0.10	3.94	3.23	2.40	1.92	1.67	1.29	0.66	−0.02	−0.68	−1.27	−1.61	−1.84	−2.25	−2.95
0.15	4.05	3.31	2.44	1.94	1.68	1.30	0.66	−0.02	−0.68	−1.26	−1.60	−1.82	−2.22	−2.88
0.20	4.16	3.38	2.47	1.96	1.70	1.30	0.65	−0.03	−0.69	−1.26	−1.58	−1.79	−2.18	−2.81
0.25	4.27	3.45	2.50	1.98	1.71	1.30	0.64	−0.04	−0.70	−1.25	−1.56	−1.77	−2.14	−2.74
0.30	4.38	3.52	2.54	2.00	1.72	1.31	0.64	−0.05	−0.70	−1.24	−1.55	−1.75	−2.10	−2.67
0.35	4.50	3.59	2.58	2.02	1.73	1.32	0.64	−0.06	−0.70	−1.24	−1.53	−1.72	−2.06	−2.60
0.40	4.61	3.66	2.61	2.04	1.75	1.32	0.63	−0.07	−0.71	−1.23	−1.52	−1.70	−2.03	−2.54
0.45	4.72	3.74	2.64	2.06	1.76	1.32	0.62	−0.08	−0.71	−1.22	−1.51	−1.68	−2.00	−2.47
0.50	4.83	3.81	2.68	2.08	1.77	1.32	0.62	−0.08	−0.71	−1.22	−1.49	−1.66	−1.96	−2.40
0.55	4.94	3.88	2.72	2.10	1.78	1.32	0.62	−0.09	−0.72	−1.21	−1.47	−1.64	−1.92	−2.32
0.60	5.05	3.96	2.75	2.12	1.80	1.33	0.61	−0.10	−0.72	−1.20	−1.45	−1.61	−1.88	−2.27
0.65	5.16	4.03	2.78	2.14	1.81	1.33	0.60	−0.11	−0.72	−1.19	−1.44	−1.59	−1.84	−2.20
0.70	5.28	4.10	2.82	2.15	1.82	1.33	0.59	−0.12	−0.72	−1.18	−1.42	−1.57	−1.81	−2.14
0.75	5.39	4.17	2.86	2.16	1.82	1.34	0.58	−0.12	−0.72	−1.18	−1.40	−1.54	−1.78	−2.08
0.80	5.50	4.24	2.89	2.18	1.84	1.34	0.58	−0.13	−0.73	−1.17	−1.38	−1.52	−1.74	−2.02
0.85	5.62	4.31	2.92	2.20	1.85	1.34	0.58	−0.14	−0.73	−1.16	−1.36	−1.49	−1.70	−1.96
0.90	5.73	4.38	2.96	2.22	1.86	1.34	0.57	−0.15	−0.73	−1.15	−1.35	−1.47	−1.66	−1.90
0.95	5.84	4.46	2.99	2.24	1.87	1.34	0.56	−0.16	−0.73	−1.14	−1.34	−1.44	−1.62	−1.84
1.00	5.96	4.53	3.02	2.25	1.88	1.34	0.55	−0.16	−0.73	−1.13	−1.32	−1.42	−1.59	−1.79
1.05	6.07	4.60	3.06	2.26	1.88	1.34	0.54	−0.17	−0.74	−1.12	−1.30	−1.40	−1.56	−1.74
1.10	6.18	4.67	3.09	2.28	1.89	1.34	0.54	−0.18	−0.74	−1.10	−1.28	−1.38	−1.52	−1.68
1.15	6.30	4.74	3.12	2.30	1.90	1.34	0.53	−0.18	−0.74	−1.09	−1.26	−1.36	−1.48	−1.63
1.20	6.41	4.81	3.15	2.31	1.91	1.34	0.52	−0.19	−0.74	−1.08	−1.24	−1.33	−1.45	−1.58
1.25	6.52	4.88	3.18	2.32	1.92	1.34	0.52	−0.20	−0.74	−1.07	−1.22	−1.30	−1.42	−1.53
1.30	6.64	4.95	3.21	2.34	1.92	1.34	0.51	−0.21	−0.74	−1.06	−1.20	−1.28	−1.38	−1.48
1.35	6.76	5.02	3.24	2.36	1.93	1.34	0.50	−0.22	−0.74	−1.05	−1.18	−1.26	−1.35	−1.44
1.40	6.87	5.09	3.27	2.37	1.94	1.34	0.49	−0.22	−0.73	−1.04	−1.17	−1.23	−1.32	−1.39
1.45	6.98	5.16	3.30	2.38	1.94	1.34	0.48	−0.23	−0.73	−1.03	−1.15	−1.21	−1.29	−1.35
1.50	7.09	5.23	3.33	2.39	1.95	1.33	0.47	−0.24	−0.73	−1.02	−1.13	−1.19	−1.26	−1.31
1.55	7.20	5.30	3.36	2.40	1.96	1.33	0.46	−0.24	−0.73	−1.00	−1.12	−1.16	−1.23	−1.28

续表

C_s	P(%)												
	0.01	0.1	1	3	5	10	25	50	75	90	95	97	99	99.9
1.60	7.31	5.37	3.39	2.42	1.96	1.33	0.46	−0.25	−0.73	−0.99	−1.10	−1.14	−1.20	−1.24
1.65	7.42	5.44	3.42	2.43	1.96	1.32	0.45	−0.26	−0.72	−0.98	−1.08	−1.12	−1.17	−1.20
1.70	7.54	5.50	3.44	2.44	1.97	1.32	0.44	−0.27	−0.72	−0.97	−1.06	−1.10	−1.14	−1.17
1.75	7.65	5.57	3.47	2.45	1.98	1.32	0.43	−0.28	−0.72	−0.96	−1.04	−1.08	−1.12	−1.14
1.80	7.76	5.64	3.50	2.46	1.98	1.32	0.42	−0.28	−0.72	−0.94	−1.02	−1.06	−1.09	−1.11
1.85	7.87	5.70	3.52	2.48	1.98	1.32	0.41	−0.28	−0.72	−0.93	−1.00	−1.04	−1.06	−1.08
1.90	7.98	5.77	3.55	2.49	1.99	1.31	0.40	−0.29	−0.72	−0.92	−0.98	−1.01	−1.04	−1.05
1.95	8.10	5.84	3.58	2.50	2.00	1.30	0.40	−0.30	−0.72	−0.91	−0.96	−0.99	−1.02	−1.02
2.00	8.21	5.91	3.60	2.51	2.00	1.30	0.39	−0.31	−0.71	−0.90	−0.95	−0.97	−0.99	−1.00
2.05	8.32	5.97	3.63	2.52	2.00	1.30	0.38	−0.32	−0.71	−0.89	−0.94	−0.95	−0.96	−0.97
2.10	8.43	6.03	3.65	2.53	2.01	1.29	0.37	−0.32	−0.70	−0.88	−0.93	−0.93	−0.94	−0.95
2.15	8.54	6.10	3.68	2.54	2.01	1.28	0.36	−0.32	−0.70	−0.86	−0.92	−0.92	−0.92	−0.93
2.20	8.64	6.16	3.70	2.55	2.01	1.28	0.35	−0.33	−0.69	−0.85	−0.90	−0.90	−0.90	−0.91
2.25	8.75	6.23	3.72	2.56	2.01	1.27	0.34	−0.34	−0.68	−0.83	−0.88	0.88	−0.89	−0.89
2.30	8.86	6.29	3.75	2.56	2.01	1.27	0.33	−0.34	−0.68	−0.82	−0.86	−0.86	−0.87	−0.87
2.35	8.97	6.36	3.78	2.56	2.01	1.26	0.32	−0.34	−0.67	−0.81	−0.84	−0.84	−0.85	−0.85
2.40	9.07	6.42	3.79	2.57	2.01	1.25	0.31	−0.35	−0.66	−0.79	−0.82	−0.82	−0.83	−0.83
2.45	9.18	6.48	3.81	2.58	2.01	1.25	0.30	−0.36	−0.66	−0.78	0.80	−0.80	−0.82	−0.82
2.50	9.28	6.54	3.83	2.58	2.01	1.24	0.29	−0.36	−0.65	−0.77	−0.79	−0.79	−0.80	−0.80
2.55	9.39	6.60	3.85	2.58	2.01	1.23	0.28	−0.36	−0.65	−0.75	−0.78	−0.78	−0.78	−0.78
2.60	9.50	6.66	3.87	2.59	2.01	1.23	0.27	−0.37	−0.64	−0.74	−0.76	−0.76	−0.77	−0.77
2.65	9.60	6.73	3.89	2.59	2.02	1.22	0.26	−0.37	−0.64	−0.73	−0.75	−0.75	−0.75	−0.75
2.70	9.70	6.79	3.91	2.60	2.02	1.21	0.25	−0.38	−0.63	−0.72	−0.73	−0.73	−0.74	−0.74
2.75	9.82	6.85	3.93	2.61	2.02	1.21	0.24	−0.38	−0.63	−0.71	−0.72	−0.72	−0.72	−0.73
2.80	9.93	6.91	3.95	2.61	2.02	1.20	0.23	−0.38	−0.62	−0.70	−0.71	−0.71	−0.71	−0.71
2.85	10.02	6.97	3.97	2.62	2.02	1.20	0.22	−0.39	−0.62	−0.69	−0.70	−0.70	−0.70	−0.70
2.90	10.11	7.08	3.99	2.62	2.02	1.19	0.21	−0.39	−0.61	−0.67	−0.68	−0.68	−0.69	−0.69
2.95	10.23	7.09	4.00	2.62	2.02	1.18	0.20	−0.40	−0.61	−0.66	−0.67	−0.67	−0.68	−0.68
3.00	10.34	7.15	4.02	2.63	2.02	1.18	0.19	−0.40	−0.60	−0.65	−0.66	−0.66	−0.67	−0.67
3.10	10.56	7.26	4.08	2.64	2.00	1.16	0.17	−0.40	−0.60	−0.64	−0.64	−0.65	−0.65	−0.65
3.20	10.77	7.38	4.12	2.65	1.99	1.14	0.15	−0.40	−0.58	−0.62	−0.61	−0.61	−0.61	−0.61
3.30	10.97	7.49	4.15	2.65	1.99	1.12	0.14	−0.40	−0.58	−0.60	−0.61	−0.61	−0.61	−0.61
3.40	11.17	7.60	4.18	2.65	1.98	1.11	0.12	−0.41	−0.57	−0.59	−0.59	−0.59	−0.59	−0.59
3.50	11.37	7.72	4.22	2.65	1.97	1.09	0.10	−0.41	−0.55	−0.57	−0.57	−0.57	−0.57	−0.57
3.60	11.57	7.83	4.25	2.66	1.96	1.08	0.09	−0.41	−0.54	−0.56	−0.57	−0.57	−0.57	−0.57

C_s	P(%)													
	0.01	0.1	1	3	5	10	25	50	75	90	95	97	99	99.9
3.70	11.77	7.94	4.28	2.66	1.95	1.06	0.07	−0.42	−0.53	−0.54	−0.54	−0.54	−0.54	−0.54
3.80	11.97	8.05	4.31	2.66	1.94	1.04	0.06	−0.42	−0.52	−0.53	−0.53	−0.53	−0.53	−0.53
3.90	12.16	8.15	4.24	2.66	1.93	1.02	0.04	−0.41	−0.51	−0.51	−0.51	−0.51	−0.51	−0.51
4.00	12.36	8.25	4.37	2.66	1.92	1.00	0.02	−0.41	−0.50	−0.50	−0.50	−0.50	−0.50	−0.50
4.10	12.55	8.35	4.39	2.66	1.91	0.98	0.00	−0.41	−0.48	−0.49	−0.49	−0.49	−0.49	−0.49
4.20	12.74	8.45	4.41	2.65	1.90	0.96	−0.02	−0.41	−0.47	−0.48	−0.48	−0.48	−0.48	−0.48
4.30	12.93	8.55	4.44	2.65	1.88	0.94	−0.03	−0.41	−0.46	−0.47	−0.47	−0.47	−0.47	−0.48
4.40	13.12	8.65	4.46	2.65	1.87	0.92	−0.04	−0.40	−0.45	−0.46	−0.46	−0.46	−0.46	−0.46
4.50	13.30	8.75	4.48	2.64	1.85	0.90	−0.05	−0.40	−0.44	−0.44	−0.44	−0.44	−0.44	−0.44
4.60	13.49	8.85	4.50	2.63	1.84	0.88	−0.06	−0.40	−0.44	−0.44	−0.44	−0.44	−0.44	−0.44
4.70	13.67	8.95	4.52	2.62	1.82	0.86	−0.07	−0.39	−0.43	−0.43	−0.43	−0.43	−0.43	−0.43
4.80	13.85	9.04	4.54	2.61	1.80	0.84	−0.08	−0.39	−0.42	−0.42	−0.42	−0.42	−0.42	−0.42
4.90	14.04	9.18	4.55	2.60	1.78	0.82	−0.10	−0.38	−0.41	−0.41	−0.41	−0.41	−0.41	−0.41
5.00	14.22	9.22	4.57	2.60	1.77	0.80	−0.11	−0.38	−0.40	−0.40	−0.40	−0.40	−0.40	−0.40
5.10	14.40	9.31	4.58	2.59	1.75	0.78	−0.12	−0.37	−0.39	−0.39	−0.39	−0.39	−0.39	−0.39
5.20	14.57	9.40	4.59	2.58	1.73	0.76	−0.13	−0.37	−0.39	−0.39	−0.39	−0.39	−0.39	−0.39
5.30	14.75	9.49	4.60	2.57	1.72	0.74	−0.14	−0.36	−0.38	−0.38	−0.38	−0.38	−0.38	−0.38
5.40	14.92	9.57	4.62	2.56	1.70	0.72	−0.14	−0.36	−0.37	−0.37	−0.37	−0.37	−0.37	−0.37
5.50	15.10	9.66	4.63	2.55	1.68	0.70	−0.15	−0.35	−0.36	−0.36	−0.36	−0.36	−0.36	−0.36
5.60	15.27	9.74	4.64	2.53	1.66	0.67	−0.16	−0.35	−0.36	−0.36	−0.36	−0.36	−0.36	−0.36
5.70	15.45	9.82	4.65	2.52	1.65	0.65	−0.17	−0.34	−0.35	−0.35	−0.35	−0.35	−0.35	−0.35
5.80	15.62	9.91	4.67	2.51	1.63	0.63	−0.18	−0.34	−0.35	−0.35	−0.35	−0.35	−0.35	−0.35
5.90	15.78	9.99	4.68	2.49	1.61	0.61	−0.18	−0.33	−0.34	−0.34	−0.34	−0.34	−0.34	−0.34
6.00	15.94	10.07	4.68	2.48	1.59	0.59	−0.19	−0.33	−0.33	−0.33	−0.33	−0.33	−0.33	−0.33
6.10	16.11	10.15	4.69	2.46	1.57	0.57	−0.19	−0.33	−0.33	−0.33	−0.33	−0.33	−0.33	−0.33
6.20	16.28	10.22	4.70	2.45	1.55	0.55	−0.20	−0.32	−0.32	−0.32	−0.32	−0.32	−0.32	−0.32
6.30	16.45	10.30	4.70	2.43	1.53	0.53	−0.20	−0.32	−0.32	−0.32	−0.32	−0.32	−0.32	−0.32
6.40	16.61	10.38	4.71	2.41	1.51	0.51	−0.21	−0.31	−0.31	−0.31	−0.31	−0.31	−0.31	−0.31

附录 4　皮尔逊Ⅲ型曲线的模比系数 K_P 值表

（一）$C_s = 2C_v$

C_v \ $P(\%)$	0.01	0.1	0.2	0.33	0.5	1	2	5	10	20	50	75	90	95	99	C_s
0.05	1.20	1.16	1.15	1.14	1.13	1.12	1.11	1.08	1.06	1.04	1.00	0.97	0.94	0.92	0.89	0.10
0.10	1.42	1.34	1.31	1.29	1.27	1.25	1.21	1.17	1.13	1.08	1.00	0.93	0.87	0.84	0.78	0.20
0.15	1.67	1.54	1.48	1.46	1.43	1.38	1.33	1.26	1.20	1.12	0.99	0.90	0.81	0.77	0.69	0.30
0.20	1.92	1.73	1.67	1.63	1.59	1.52	1.45	1.35	1.26	1.16	0.99	0.86	0.75	0.70	0.59	0.40
0.22	2.04	1.82	1.75	1.70	1.66	1.58	1.50	1.39	1.29	1.18	0.98	0.84	0.73	0.67	0.56	0.44
0.24	2.16	1.91	1.83	1.77	1.73	1.64	1.55	1.43	1.32	1.19	0.98	0.83	0.71	0.64	0.53	0.48
0.25	2.22	1.96	1.87	1.81	1.77	1.67	1.58	1.45	1.33	1.20	0.98	0.82	0.70	0.63	0.52	0.50
0.26	2.28	2.01	1.91	1.85	1.80	1.70	1.60	1.46	1.34	1.21	0.98	0.82	0.69	0.62	0.50	0.52
0.28	2.40	2.10	2.00	1.93	1.87	1.76	1.66	1.50	1.37	1.22	0.97	0.79	0.66	0.59	0.47	0.56
0.30	2.52	2.19	2.08	2.01	1.94	1.83	1.71	1.54	1.40	1.24	0.97	0.78	0.64	0.56	0.44	0.60
0.35	2.86	2.44	2.31	2.22	2.13	2.00	1.84	1.64	1.47	1.28	0.96	0.75	0.59	0.51	0.37	0.70
0.40	3.20	2.70	2.54	2.42	2.32	2.16	1.98	1.74	1.54	1.31	0.95	0.71	0.53	0.45	0.30	0.80
0.45	3.59	2.98	2.80	2.65	2.53	2.33	2.13	1.84	1.60	1.35	0.93	0.67	0.48	0.40	0.26	0.90
0.50	3.98	3.27	3.05	2.88	2.74	2.51	2.27	1.94	1.67	1.38	0.92	0.64	0.44	0.34	0.21	1.00
0.55	4.42	3.58	3.32	3.12	2.97	2.70	2.42	2.04	1.74	1.41	0.90	0.59	0.40	0.30	0.16	1.10
0.60	4.86	3.89	3.59	3.37	3.20	2.89	2.57	2.15	1.80	1.44	0.89	0.56	0.35	0.26	0.13	1.20
0.65	5.33	4.22	3.89	3.64	3.44	3.09	2.74	2.25	1.87	1.47	0.87	0.52	0.31	0.22	0.10	1.30
0.70	5.81	4.56	4.19	3.91	3.68	3.29	2.90	2.36	1.94	1.50	0.85	0.49	0.27	0.18	0.08	1.40
0.75	6.33	4.93	4.52	4.19	3.93	3.50	3.06	2.46	2.00	1.52	0.82	0.45	0.24	0.15	0.06	1.50
0.80	6.85	5.30	4.84	4.47	4.19	3.71	3.22	2.57	2.06	1.54	0.80	0.42	0.21	0.12	0.04	1.60
0.90	7.98	6.08	5.51	5.07	4.74	4.15	3.56	2.78	2.19	1.58	0.75	0.35	0.15	0.08	0.02	1.80

（二）$C_s = 3C_v$

C_v \ $P(\%)$	0.01	0.1	0.2	0.33	0.5	1	2	5	10	20	50	75	90	95	99	C_s
0.20	2.02	1.79	1.72	1.67	1.63	1.55	1.47	1.36	1.27	1.16	0.98	0.86	0.76	0.71	0.62	0.60
0.25	2.35	2.05	1.95	1.88	1.82	1.72	1.61	1.46	1.34	1.20	0.97	0.82	0.71	0.65	0.56	0.75
0.30	2.72	2.32	2.19	2.10	2.02	1.89	1.75	1.56	1.40	1.23	0.96	0.78	0.66	0.60	0.50	0.90
0.35	3.12	2.61	2.46	2.33	2.24	2.07	1.90	1.66	1.47	1.26	0.94	0.74	0.61	0.55	0.46	1.05
0.40	3.56	2.92	2.73	2.58	2.46	2.26	2.05	1.76	1.54	1.29	0.92	0.70	0.57	0.50	0.42	1.20
0.42	3.75	3.06	2.85	2.69	2.56	2.34	2.11	1.81	1.56	1.31	0.91	0.69	0.55	0.49	0.41	1.26
0.44	3.94	3.19	2.97	2.80	2.65	2.42	2.17	1.85	1.59	1.32	0.91	0.67	0.54	0.47	0.40	1.32
0.45	4.04	3.26	3.03	2.85	2.70	2.46	2.21	1.87	1.60	1.32	0.90	0.67	0.53	0.47	0.39	1.35
0.46	4.14	3.33	3.09	2.90	2.75	2.50	2.24	1.89	1.61	1.33	0.90	0.66	0.52	0.46	0.39	1.38
0.48	4.34	3.47	3.21	3.01	2.85	2.58	2.31	1.93	1.65	1.34	0.89	0.65	0.51	0.45	0.38	1.44
0.50	4.56	3.62	3.34	3.12	2.96	2.67	2.37	1.98	1.67	1.35	0.88	0.64	0.49	0.44	0.37	1.50
0.52	4.76	3.76	3.46	3.24	3.06	2.75	2.44	2.02	1.69	1.36	0.87	0.62	0.48	0.42	0.36	1.56
0.54	4.98	3.91	3.60	3.36	3.16	2.84	2.51	2.06	1.72	1.36	0.86	0.61	0.47	0.41	0.36	1.62
0.55	5.09	3.99	3.66	3.42	3.21	2.88	2.54	2.08	1.73	1.36	0.86	0.60	0.46	0.41	0.36	1.65
0.56	5.20	4.07	3.73	3.48	3.27	2.93	2.57	2.10	1.74	1.37	0.85	0.59	0.46	0.40	0.35	1.68
0.58	5.43	4.23	3.86	3.59	3.38	3.01	2.64	2.14	1.77	1.38	0.84	0.58	0.45	0.40	0.35	1.74
0.60	5.66	4.38	4.01	3.71	3.49	3.10	2.71	2.19	1.79	1.38	0.83	0.57	0.44	0.39	0.35	1.80
0.65	6.26	4.81	4.36	4.03	3.77	3.33	2.88	2.29	1.85	1.40	0.80	0.53	0.41	0.37	0.34	1.95
0.70	6.90	5.23	4.73	4.35	4.06	3.56	3.05	2.40	1.90	1.41	0.78	0.50	0.39	0.36	0.34	2.10
0.75	7.57	5.68	5.12	4.69	4.36	3.80	3.24	2.50	1.96	1.42	0.76	0.48	0.38	0.35	0.34	2.25
0.80	8.26	6.14	5.50	5.04	4.66	4.05	3.42	2.61	2.01	1.43	0.72	0.46	0.36	0.34	0.34	2.40

（三）$C_s = 3.5 C_v$

P(%) / C_v	0.01	0.1	0.2	0.33	0.5	1	2	5	10	20	50	75	90	95	99	P(%) / C_s
0.20	2.06	1.82	1.74	1.69	1.64	1.56	1.48	1.36	1.27	1.16	0.98	0.86	0.76	0.72	0.64	0.70
0.25	2.42	2.09	1.99	1.91	1.85	1.74	1.62	1.46	1.34	1.19	0.96	0.82	0.71	0.66	0.58	0.88
0.30	2.82	2.38	2.24	2.14	2.06	1.92	1.77	1.57	1.40	1.22	0.95	0.78	0.67	0.61	0.53	1.05
0.35	3.26	2.70	2.52	2.39	2.29	2.11	1.92	1.67	1.47	1.26	0.93	0.74	0.62	0.57	0.50	0.22
0.40	3.75	3.04	2.82	2.66	2.53	2.31	2.08	1.78	1.53	1.28	0.91	0.71	0.58	0.53	0.47	0.40
0.42	3.95	3.18	2.95	2.77	2.63	2.39	2.15	1.82	1.56	1.29	0.90	0.69	0.57	0.52	0.46	1.47
0.44	4.16	3.33	3.08	2.88	2.73	2.48	2.21	1.86	1.59	1.30	0.89	0.68	0.56	0.51	0.46	1.54
0.45	4.27	3.40	3.14	2.94	2.79	2.52	2.25	1.88	1.60	1.31	0.89	0.67	0.55	0.50	0.45	1.58
0.46	4.37	3.48	3.21	3.00	2.84	2.56	2.28	1.90	1.61	1.31	0.88	0.66	0.54	0.50	0.45	1.61
0.48	4.60	3.63	3.35	3.12	2.94	2.65	2.35	1.95	1.64	1.32	0.87	0.65	0.53	0.49	0.45	1.68
0.50	4.82	3.78	3.48	3.24	3.06	2.74	2.42	1.99	1.66	1.32	0.86	0.64	0.52	0.48	0.44	1.75
0.52	5.06	3.95	3.62	3.36	3.16	2.83	2.48	2.03	1.69	1.33	0.85	0.63	0.51	0.47	0.44	1.82
0.54	5.30	4.11	3.76	3.48	3.28	2.91	2.55	2.07	1.71	1.34	0.84	0.61	0.50	0.47	0.44	1.89
0.55	5.41	4.20	3.83	3.55	3.34	2.96	2.58	2.10	1.72	1.34	0.84	0.60	0.50	0.46	0.44	1.92
0.56	5.55	4.28	3.91	3.61	3.39	3.01	2.62	2.12	1.73	1.35	0.83	0.60	0.49	0.46	0.43	1.96
0.58	5.80	4.45	4.05	3.74	3.51	3.10	2.69	2.16	1.75	1.35	0.82	0.58	0.48	0.46	0.43	2.03
0.60	6.06	4.62	4.20	3.87	3.62	3.20	2.76	2.20	1.77	1.35	0.81	0.57	0.48	0.45	0.43	2.10
0.65	6.73	5.08	4.58	4.22	3.92	3.44	2.94	2.30	1.83	1.36	0.78	0.55	0.46	0.44	0.43	2.28
0.70	7.43	5.54	4.98	4.56	4.23	3.68	3.12	2.41	1.88	1.37	0.75	0.53	0.45	0.44	0.43	2.45
0.75	8.16	6.02	5.38	4.92	4.55	3.92	3.30	2.51	1.92	1.37	0.72	0.50	0.44	0.43	0.43	2.62
0.80	8.94	6.53	5.81	5.29	4.87	4.18	3.49	2.61	1.97	1.37	0.70	0.49	0.44	0.43	0.43	2.80

（四）$C_s = 4 C_v$

P(%) / C_v	0.01	0.1	0.2	0.33	0.5	1	2	5	10	20	50	75	90	95	99	P(%) / C_s
0.20	2.10	1.85	1.77	1.71	1.66	1.58	1.49	1.37	1.27	1.16	0.97	0.85	0.77	0.72	0.65	0.80
0.25	2.49	2.13	2.02	1.94	1.87	1.76	1.64	1.47	1.34	1.19	0.96	0.82	0.72	0.67	0.60	1.00
0.30	2.92	2.44	2.30	2.18	2.10	1.94	1.79	1.57	1.40	1.22	0.94	0.78	0.68	0.63	0.56	1.20
0.35	3.40	2.78	2.60	2.45	2.34	2.14	1.95	1.68	1.47	1.25	0.92	0.74	0.64	0.59	0.54	1.40
0.40	3.92	3.15	2.92	2.74	2.60	2.36	2.11	1.78	1.53	1.27	0.90	0.71	0.60	0.56	0.52	1.60
0.42	4.15	3.30	3.05	2.86	2.70	2.44	2.18	1.83	1.56	1.28	0.89	0.70	0.59	0.55	0.52	1.68
0.44	4.38	3.46	3.19	2.98	2.81	2.53	2.25	1.87	1.58	1.29	0.88	0.68	0.58	0.55	0.51	1.76
0.45	4.49	3.54	3.25	3.03	2.87	2.58	2.28	1.89	1.59	1.29	0.87	0.68	0.58	0.54	0.51	1.80
0.46	4.62	3.62	3.32	3.10	2.92	2.62	2.32	1.91	1.61	1.29	0.87	0.67	0.57	0.54	0.51	1.84
0.48	4.86	3.79	3.47	3.22	3.04	2.71	2.39	1.96	1.63	1.30	0.86	0.66	0.56	0.53	0.51	1.92
0.50	5.10	3.96	3.61	3.35	3.15	2.80	2.45	2.00	1.65	1.31	0.84	0.64	0.55	0.53	0.50	2.00
0.52	5.36	4.12	3.76	3.48	3.27	2.90	2.52	2.04	1.67	1.31	0.83	0.63	0.55	0.52	0.50	2.08
0.54	5.62	4.30	3.91	3.61	3.38	2.99	2.59	2.08	1.69	1.31	0.82	0.62	0.54	0.52	0.50	2.16
0.55	5.76	4.39	3.99	3.68	3.44	3.03	2.63	2.10	1.70	1.31	0.82	0.62	0.54	0.52	0.50	2.20
0.56	5.90	4.48	4.06	3.75	3.50	3.09	2.66	2.12	1.71	1.31	0.81	0.61	0.53	0.51	0.50	2.24
0.58	6.18	4.67	4.22	3.89	3.62	3.19	2.74	2.16	1.74	1.32	0.80	0.60	0.53	0.51	0.50	2.32
0.60	6.45	4.85	4.38	4.03	3.75	3.29	2.81	2.21	1.76	1.32	0.79	0.59	0.52	0.51	0.50	2.40
0.65	7.18	5.34	4.78	4.38	4.07	3.53	2.99	2.31	1.80	1.32	0.76	0.57	0.51	0.50	0.50	2.60
0.70	7.95	5.84	5.21	4.75	4.39	3.78	3.18	2.41	1.85	1.32	0.73	0.55	0.51	0.50	0.50	2.80
0.75	8.76	6.36	5.65	5.13	4.72	4.03	3.36	2.50	1.88	1.32	0.71	0.54	0.51	0.50	0.50	3.00
0.80	9.62	6.90	6.11	5.53	5.06	4.30	3.55	2.60	1.91	1.30	0.68	0.53	0.50	0.50	0.50	3.20

附录5 皮尔逊Ⅲ型分布频率权重矩估计参数的 $C_s \sim R \sim H$

C_s	R	H	C_s	R	H	C_s	R	H	C_s	R	H
0.00	1.00000	3.54491	0.72	1.03933	3.60277	1.44	1.07965	3.77967	2.40	1.13282	4.19806
0.02	1.00109	3.54501	0.74	1.04043	3.60603	1.46	1.08078	3.78633	2.45	1.13546	4.22501
0.04	1.00217	3.54509	0.76	1.04154	3.60943	1.48	1.08191	3.79305	2.50	1.13808	4.25240
0.06	1.00326	3.54531	0.78	1.04265	3.61291	1.50	1.08304	3.79988	2.55	1.14067	4.28022
0.08	1.00434	3.54561	0.80	1.04375	3.61644	1.52	1.08417	3.80648	2.60	1.14324	4.30847
0.10	1.00543	3.54601	0.82	1.04487	3.62007	1.54	1.08530	3.81383	2.65	1.14580	4.33714
0.12	1.00652	3.54651	0.84	1.04597	3.62386	1.56	1.08643	3.82092	2.70	1.14832	4.66250
0.14	1.00760	3.54708	0.86	1.04708	3.62768	1.58	1.08756	3.82811	2.75	1.15082	4.39579
0.16	1.00869	3.54773	0.88	1.04819	3.63158	1.60	1.08869	3.83546	2.80	1.15330	4.42517
0.18	1.00978	3.54849	0.90	1.04931	3.63564	1.62	1.08982	3.84276	2.85	1.15576	4.45603
0.20	1.01086	3.54934	0.92	1.05043	3.63976	1.64	1.09094	3.85029	2.90	1.15818	4.48672
0.22	1.01195	3.55028	0.94	1.05154	3.64396	1.66	1.09207	3.85793	2.95	1.16058	4.51779
0.24	1.01304	3.55126	0.96	1.05265	3.64824	1.68	1.09320	3.86550	3.00	1.16296	4.54922
0.26	1.01413	3.55238	0.98	1.05377	3.65266	1.70	1.09433	3.87326	3.05	1.16530	4.54922
0.28	1.01522	3.55359	1.00	1.05489	3.65714	1.72	1.09545	3.88106	3.10	1.16762	4.61318
0.30	1.01630	3.55481	1.02	1.05600	3.66172	1.74	1.09658	3.88897	3.15	1.16991	4.64569
0.32	1.01739	3.55622	1.04	1.05712	3.66643	1.76	1.09771	3.89701	3.20	1.17217	4.67851
0.34	1.01849	3.55776	1.06	1.05824	3.67116	1.78	1.09883	3.90511	3.25	1.17441	4.71171
0.36	1.01958	3.55932	1.08	1.05936	3.67705	1.80	1.09995	3.91332	3.30	1.17661	4.74520
0.38	1.02067	3.56102	1.10	1.06018	3.68100	1.82	1.10107	3.92160	3.35	1.17879	4.77902
0.40	1.02176	3.56265	1.12	1.06161	3.68606	1.84	1.10219	3.92997	3.40	1.18094	4.81314
0.42	1.02285	3.56447	1.14	1.06273	3.69119	1.86	1.10332	3.93841	3.45	1.18306	4.84754
0.44	1.02394	3.56637	1.16	1.06386	3.69643	1.88	1.10443	3.94695	3.50	1.18515	4.88226
0.46	1.02504	3.56841	1.18	1.06498	3.70179	1.90	1.10555	3.95557	3.55	1.18721	4.91727
0.48	1.02613	3.57051	1.20	1.06610	3.70720	1.92	1.10666	3.96429	3.60	1.18925	4.95252
0.50	1.02723	3.57270	1.22	1.06723	3.71275	1.94	1.10778	3.97309	3.65	1.19125	4.98808
0.52	1.02832	3.57497	1.24	1.06836	3.71833	1.96	1.10889	3.98199	3.70	1.19322	5.02392
0.54	1.02942	3.57734	1.26	1.06948	3.72409	1.98	1.11000	3.99094	3.75	1.19517	5.05999
0.56	1.03052	3.57979	1.28	1.07061	3.72983	2.00	1.11111	4.00000	3.80	1.19709	5.09633
0.58	1.03162	3.58235	1.30	1.07174	3.73576	2.05	1.11388	4.02304	3.85	1.19898	5.13291
0.60	1.03271	3.58500	1.32	1.07287	3.74173	2.10	1.11663	4.04650	3.90	1.20084	5.16975
0.62	1.03381	3.58772	1.34	1.07400	3.74784	2.15	1.11937	4.07653	3.95	1.20268	5.20682
0.64	1.03491	3.59055	1.36	1.07513	3.75403	2.20	1.12209	4.09506	4.00	1.20449	5.24412
0.66	1.03602	3.59346	1.38	1.07626	3.76028	2.25	1.12480	4.12012			
0.68	1.03712	3.59647	1.40	1.07739	3.76665	2.30	1.12749	4.14563			
0.70	1.03823	3.59957	1.42	1.07852	3.77311	2.35	1.13017	4.17165			

附录6　天然河道粗糙率

(1) 单式断面（或主槽）较高水部分

类型		河 段 特 性			n
		河床组成及床面特性	平面形态及水流形态	岸壁特性	
I		河床为沙质组成，床面较平整	河段顺直，断面规整，水流畅通	两侧岸壁为土质或土沙质，形状整齐	0.020~0.024
II		河床为岩板、沙砾石或卵石组成，床面较平整	河段顺直，断面规整，水流畅通	两侧岸壁为土沙或石质，形状整齐	0.022~0.026
III	1	沙质河床，河底不太平整	上游顺直，下游接缓湾，水流不够通畅，有局部回流	两侧岸壁为黄土，长有杂草	0.025~0.029
	2	和床为沙砾或卵石组成，底坡较均匀，床面尚平整	河段顺直段较长，断面较规整，水流较通畅，基本上无死水、斜流或回流	两侧岸壁为土沙、岩石，略有杂草、小树，形状较整齐	0.030~0.034
IV	1	细沙、河底中有稀疏水草或水生植物	河段不够顺直，上下游附近弯曲，有挑水坝，水流不顺畅	土质岸壁，一岸坍塌严重，为锯齿状，长有稀疏杂草及灌木；一岸坍塌，长有稠密杂草或芦苇	0.030~0.034
	2	河床为砾石或卵石组成，底坡尚均匀，床面不平整	顺直段距上弯道不远，断面尚规整，水流尚通畅，斜流或回流不甚明显	一侧岸壁为石质，陡坡，形状尚整齐；另一侧岸壁为沙土，略有杂草、小树，形状较整齐	0.035~0.040
V		河底为卵石、块石组成，间有大漂石，底坡尚均匀，床面不平整	顺直段夹于两弯道之间，距离不远，断面尚规整，水流显出斜流、回流或死水现象	两侧岸壁均为石质，陡坡，长有杂草、树木，形状尚整齐	0.025~0.029
VI		河床为卵石、块石、乱石，或大块石、大乱石及大孤石组成；床面不平整，底坡有凹凸状	河段不顺直，上下游有急弯，或下游有急滩、深坑等。河段处于S形顺直段，不整齐，有阻塞或岩溶情况较发育，水流不通畅，有斜流、回水、旋涡、死水现象。河段上游为弯道或为两河汇口，落差大，水流急，河中有严重阻塞，或两侧有深入河中的岩石，伴有深潭或有回流等。上游为弯道，河段不顺直，水行于深槽峡谷间，多阻塞，水流湍急，水声较大	两侧岸壁为岩石及沙土，长有杂草、树木，形状尚整齐。两侧岸壁为石质沙夹乱石、风化页岩，崎岖不平整，上面生长杂草、树木	0.04~0.10

（2）滩 地 部 分

类型	滩地特征描述			糙 率 n	
	平纵横形态	床 质	植 被	变化幅度	平均值
Ⅰ	平面顺直，纵断平顺，横断整齐	土、沙质、淤泥	基本上无植物或为已收割麦地	0.020～0.024	0.030
Ⅱ	平面、纵面、横面尚顺直整齐	土、沙质	稀疏杂草、杂树或矮小农作物	0.022～0.026	0.040
Ⅲ	平面、纵面、横面尚顺直整齐	沙砾、卵石滩，或为土沙质	稀疏杂草、小杂树，或种有高秆作物	0.025～0.029	0.050
Ⅳ	上下游有缓湾，纵面、横面尚平坦，但有束水作用，水流不通畅	土、沙质	种有农作物，或有稀疏树林	0.030～0.034	0.060
Ⅴ	平面不通畅，纵面、横面起伏不平	土、沙质	有杂草、杂树，或为水稻田	0.030～0.034	0.075
Ⅵ	平面尚顺直，纵面、横面起伏不平，有洼地、土埂等	土、沙质	长满中密的杂草及农作物	0.035～0.040	0.100
Ⅶ	平面不通畅、纵面、横面起伏不平，有洼地、土埂等	土、沙质	3/4 地带长满茂密的杂草、灌木	0.025～0.029	0.130
Ⅷ	平面不通畅、纵面、横面起伏不平，有洼地、土埂阻塞物	土、沙质	全断面有稠密的植被，芦柴或其他植物	0.04～0.10	0.180

附录 7　海森概率格纸

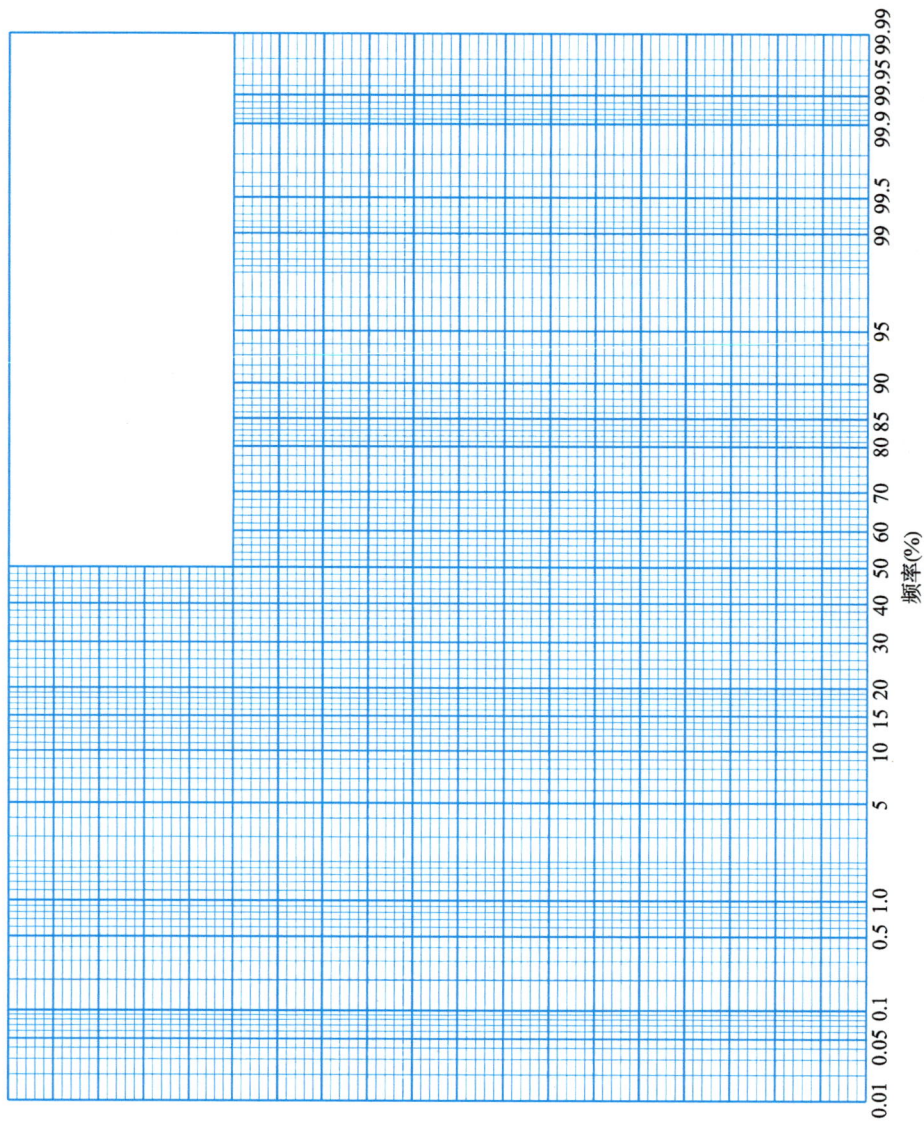

频率(%)

主要参考文献

[1] 邓绶林. 普通水文学. 第二版 [M]. 北京：高等教育出版社，1985.

[2] 沈冰，黄红虎. 水文学原理. 第二版 [M]. 北京：中国水利水电出版社，2015.

[3] 詹道江，叶守泽. 工程水文学. 第三版 [M]. 北京：中国水利水电出版社，2000.

[4] 雒文生. 水文学 [M]. 北京：中国建筑工业出版社，2001.

[5] 金光炎. 水文水资源分析研究 [M]. 南京：东南大学出版社，2003.

[6] D. K. Maidment. Handbook of Hydrology [J]. NewYork, McGraw-Hill, 1992.

[7] 周乃晟. 贺宝根. 城市水文学概论 [M]. 上海：华东师范大学出版社，1995.

[8] 武汉水利电力学院河流泥沙工程学教研室. 河流泥沙工程学（上册）[M]. 北京：水利电力出版社，1983.

[9] 中华人民共和国水利行业标准. 水文测量规范（SL 58—2014）[S]. 北京：中国水利水电出版社，2014.

[10] 世界气象组织（WMO）编，赵珂经等译. 水文实践指南（第二卷）——分析、预报和其他应用 [M]. 北京：水利电力出版社，1988.

[11] 朱晓原，张留柱，姚永熙编著. 水文测验实用手册 [M]. 北京：中国水利水电出版社，2013.

[12] 金光炎. 水文统计原理与方法 [M]. 北京：中国水利水电出版社，1995.

[13] 王俊德. 水文统计 [M]. 北京：中国水利水电出版社，1993.

[14] 华东水利学院主编. 水文学的概率统计基础 [M]. 北京：水利出版社，1981.

[15] V. T. Chow et al. Applied Hydrology [M]. NewYork, McGraw-Hill, 1988.

[16] 王家祁. 中国暴雨 [M]. 北京：中国水利水电出版社，2002.

[17] 陆桂华，蔡建元，胡风林. 水文站网规划与优化 [M]. 郑州：黄河水利出版社，2001.

[18] 叶守泽. 水文水利计算 [M]. 北京：水利电力出版社，1992.

[19] 王国安，李文家. 水文设计成果合理性评价 [M]. 郑州：黄河水利出版社，2002.

[20] 崔广柏. 湖泊水库水文学 [M]. 南京：河海大学出版社，1990.

[21] 水利电力部东北勘测设计院主编. 洪水调查 [M]. 北京：水利电力出版社，1978.

[22] 水利水电科学研究院水文研究所编. 水文频率计算常用图表 [M]. 北京：水利电力出版社，1973.

[23] 郭雪宝. 水文学 [M]. 上海：同济大学出版社，1990.

[24] 廖松，王燕生，王路. 工程水文学 [M]. 清华大学出版社，1991.

[25] 上海市政工程设计研究总院（集团）有限公司主编. 给水排水设计手册（第三版）第 3 册城镇给水 [M]. 北京：中国建筑工业出版社，2017.

[26] 北京市市政工程设计研究总院有限公司主编. 给水排水设计手册（第三版）第 5 册城镇排水 [M]. 北京：中国建筑工业出版社，2017.

[27] 中国市政工程设计东北设计研究总院主编. 给水排水设计手册（第三版）第 7 册城镇防洪 [M]. 北京：中国建筑工业出版社，2017.

[28] 中华人民共和国国家标准. 水文基本术语和符号标准（GB/T 50095—2014）[S]. 北京：中国计划出版社，2015.

[29] 中华人民共和国国家标准. 室外给水设计标准（GB 50013—2018）[S]. 北京：中国计划出版社，2019.

[30] 中华人民共和国国家标准. 室外排水设计规范（GB 50014—2006（2016 年版））[S]. 北京：中国计划出版社，2016.

[31] 黄廷林，丛海兵，柴蓓蓓. 饮用水水源水质污染控制 [M]. 北京：中国建筑工业出版社，2009.

[32] Huang Tinglin. Water pollution and water quality control of selected Chinese reservoir basins. Cham：Springer，2015.

[33] 陈家琦，张恭肃. 小流域暴雨洪水计算 [M]. 北京：水利电力出版社，1985.

[34] 胡方荣，候宇光. 水文学原理（一）[M]. 北京：水利电力出版社，1988.

[35] 朱元甡，金光炎. 城市水文学 [M]. 北京：中国科学技术出版社，1991.

[36] 霍尔·M·J 著，詹道江等译. 城市水文学 [M]. 南京：河海大学出版社，1989.

[37] 中华人民共和国国家标准. 量和单位（GB 3100～3102—93）[S]. 北京：中国标准出版社，1994.

[38] 庄一鸰，林三益. 水文预报 [M]. 北京：水利电力出版社，1986.

[39] 水利水电科研院水资源研究所. 水文计算经验汇编第四集 [M]. 北京：水利电力出版社，1984.

[40] 华东水利学院. 水工设计手册第二卷 [M]. 北京：水利电力出版社，1984.

[41] 水利部国际合作与科技司. 水文测验（上、下册）[M]. 北京：中国计划出版社，1999.

[42] 马秀峰. 计算机水文频率参数的权函数法 [J]. 水文. 1984（3）.

[43] 宋德敦，丁晶. 概率权重矩法及其在 P—Ⅲ 分布中的应用 [J]. 水利学报. 1998（3）

[44] 叶守泽，夏军. 水文科学研究的世纪回眸与展望 [J]. 水科学进展. 2002（1）.

[45] 熊明，郭海晋，孙双元. 我国工程水文分析计算的新进展 [J]. 水文. 1999（5）.

[46] 储开风，汪静萍. 我国水文循环与地表水研究进展 [J]. 水科学进展. 2004（3）.

[47] 王维第. 水文干旱研究的进展和展望 [J]. 水文，1993，77（5）.

[48] 樊荣熹. 安徽省淮河干支流设计枯水径流及其过程推求 [J]. 水文，1992，68（2）.

[49] 孙汉贤. 枯水流量计算与预报方法综述 [J]. 水文，1991，66（6）.

[50] 林益冬. 水文计算基本知识讲座：第七讲设计年径流计算 [J]. 水文，1987，38（2）.

[51] 宋德敦，王锐琛. 水文计算基本知识讲座：第五讲 设计洪水及其计算 [J]. 水文，1986，36（6）.

[52] 宋德敦. 水文计算基本知识讲座：第三讲洪峰流量及洪量频率计算 [J]. 水文，1986，34（4）.

[53] 朱元甡. 水文计算基本知识讲座：第一讲前言 [J]. 水文，1986，32（2）.

[54] 中国电力企业联合会标准化部. 电力工业标准汇编——规划、工程造价 [M]. 北京：水利电力出版社，1995.

[55] 中华人民共和国国家能源局. 水电水利工程水文计算规范 [S]. 中国电力出版社，2009.

[56] 芮孝芳. 水文学原理 [M]. 中国水利水电出版社，2004.

[57] 左其亭，王忠根. 现代水文学 [M]. 黄河水利出版社，2002.

[58] 赵剑强，邱艳华. 公路路面径流水污染与控制技术探讨 [J]. 长安大学学报（建筑与环境科学版），2004，21（3）：50～53.

[59] 欧阳威，王玮，郝芳华，宋凯宇. 北京城区不同下垫面降雨径流产污特征分析 [J]. 中国环境科学，2010，30（9）：1249～1256.

[60] 王宝山. 城市雨水径流污染物输移规律研究 [D]. 西安建筑科技大学博士论文，2011.

[61] Holman-Dodds J. K.. Evaluation of the hydrologic benefits of infiltration-based stormwater management [D]. College of the University of Iowa，2006. 5.

[62] U. S. Environmental Protection Agency. Proposed guidance specifying management measures for source of non-point pollution in coastal waters [M]. EPA 840-B-92-002，January 1993.

［63］ Athayde D. N. , Myers C. F. , Tobin P. . EPA's perspective of urban nonpoint sources. In: Urban runoff quality-impact and quality enhanced technology ［J］. Proceeding of an engineering foundation conference. ASCE，1986，217～225.

［64］ Charbeneau R. J. , BarrettiM. . Evaluation of methods for estimating stormwater pollutant loads ［J］. Water Environment Research，1998，70 (7)：1295～1302.

［65］ Sazakli E. , Alexopoulos A. , Leotsinidis M. . Rainwater harvesting, quality assessment and utilization in Kefalonia Island, Greece ［J］. Water research，2007，41 (9)：2039～2047.

［66］ CorderyI. . Quality characteristics of urban storm water in Sydney, Australia ［J］. Water resource research，1977，13 (1)：197～202.

［67］ Pitt R. , Field R. , Lalor M. , et al. . Urban stormwater toxic pollutants: assessment, sources, and treatability ［J］. Water Environment Research，1995，67 (3)：260～275.

［68］ Greenway M. . Constructed wetlands for water pollution control processes, parameters and performance ［J］. Developments in Chemical Engineering and Mineral Processing，2004，12 (5-6)：491～504.

［69］ Jenkins G. A. , Greenway M. . The hydraulic efficiency of fringing versus banded vegetation in constructed wet-lands ［J］. Ecological engineering，2005，25 (1)：61～72.

［70］ Jaromir Němec. Engineering Hydrology ［M］. New York McGraw Hill，1972.

［71］ Hall M J. Urban Hydrology ［M］. London：Elsevier Applied Science Publishers，1984.

［72］ Bedient，et al. Stormwater pollutant load runoff relationships ［J］. Journal of Water Pollution Control Federation，1980，52 (9)：2396～2404.

［73］ Novatry V，et al. Estimating nonpoint pollution from urban watersheds ［J］. Journal of Water Pollution Control Federation，1985，57 (4)：339～348.

［74］ 李树平，刘遂庆. 城市排水管渠系统第二版 ［M］. 北京：中国建筑工业出版社，2016.

［75］ 李树平. 排水管渠系统模拟与计算 ［M］. 北京：中国建筑工业出版社，2018.

［76］ 中华人民共和国水利行业标准. 水利水电工程水文计算规范 (SL 278—2002) ［S］. 北京：中国水利水电出版社，2002.

［77］ 孙昆鹏，许萍，张雅君，等. 深圳市道路径流雨水典型污染物特征及其相关性分析 ［J］. 市政技术，2014，32 (03)：125～128.

［78］ 张伟，罗乙兹，钟兴，等. 北京市中心城区某沥青屋面和金属屋面径流污染特征 ［J］. 科学技术与工程，2019，19 (23)：358～365.

高等学校给排水科学与工程学科专业指导委员会规划推荐教材

征订号	书名	作者	定价（元）	备注
40573	高等学校给排水科学与工程本科专业指南	教育部高等学校给排水科学与工程专业教学指导分委员会	25.00	
39521	有机化学（第五版）（送课件）	蔡素德等	59.00	住建部"十四五"规划教材
41921	物理化学（第四版）（送课件）	孙少瑞、何洪	39.00	住建部"十四五"规划教材
42213	供水水文地质（第六版）（送课件）	李广贺等	56.00	住建部"十四五"规划教材
42807	水资源利用与保护（第五版）（送课件）	李广贺等	63.00	住建部"十四五"规划教材
42947	水处理实验设计与技术（第六版）（送课件）	冯萃敏等	58.00	住建部"十四五"规划教材
43524	给水排水管网系统（第五版）（送课件）	刘遂庆等	58.00	住建部"十四五"规划教材
44425	水处理生物学（第七版）（送课件）	顾夏生、陆韻等	78.00	住建部"十四五"规划教材
44583	给排水工程仪表与控制（第四版）（送课件）	崔福义，彭永臻	70.00	住建部"十四五"规划教材
44594	水力学（第四版）（送课件）	吴玮、张维佳、黄天寅	45.00	住建部"十四五"规划教材
43803	水质工程学（第四版）（上册）（送课件）	马军、任南琪、彭永臻、梁恒	70.00	住建部"十四五"规划教材
43804	水质工程学（第四版）（下册）（送课件）	马军、任南琪、彭永臻、梁恒	56.00	住建部"十四五"规划教材
27559	城市垃圾处理（送课件）	何品晶等	42.00	土建学科"十三五"规划教材
31821	水工程法规（第二版）（送课件）	张智等	46.00	土建学科"十三五"规划教材
31223	给排水科学与工程概论（第三版）（送课件）	李圭白等	26.00	土建学科"十三五"规划教材
36037	水文学（第六版）（送课件）	黄廷林	40.00	土建学科"十三五"规划教材
37017	城镇防洪与雨水利用（第三版）（送课件）	张智等	60.00	土建学科"十三五"规划教材
37679	土建工程基础（第四版）（送课件）	唐兴荣等	69.00	土建学科"十三五"规划教材
37789	泵与泵站（第七版）（送课件）	许仕荣等	49.00	土建学科"十三五"规划教材
37766	建筑给水排水工程（第八版）（送课件）	王增长、岳秀萍	72.00	土建学科"十三五"规划教材
38567	水工艺设备基础（第四版）（送课件）	黄廷林等	58.00	土建学科"十三五"规划教材

续表

征订号	书名	作者	定价（元）	备注
32208	水工程施工(第二版)(送课件)	张勤等	59.00	土建学科"十二五"规划教材
39200	水分析化学(第四版)(送课件)	黄君礼	68.00	土建学科"十二五"规划教材
33014	水工程经济(第二版)(送课件)	张勤等	56.00	土建学科"十二五"规划教材
16933	水健康循环导论(送课件)	李冬、张杰	20.00	
37420	城市河湖水生态与水环境(送课件)	王超、陈卫	40.00	国家级"十一五"规划教材
37419	城市水系统运营与管理(第二版)(送课件)	陈卫、张金松	65.00	土建学科"十五"规划教材
33609	给水排水工程建设监理(第二版)(送课件)	王季震等	38.00	土建学科"十五"规划教材
20098	水工艺与工程的计算与模拟	李志华等	28.00	
32934	建筑概论(第四版)(送课件)	杨永祥等	20.00	
24964	给排水安装工程概预算(送课件)	张国珍等	37.00	
24128	给排水科学与工程专业本科生优秀毕业设计(论文)汇编(含光盘)	本书编委会	54.00	
31241	给排水科学与工程专业优秀教改论文汇编	本书编委会	18.00	

　　以上为已出版的指导委员会规划推荐教材。欲了解更多信息，请登录中国建筑工业出版社网站：www.cabp.com.cn 查询。在使用本套教材的过程中，若有任何意见或建议，可发 Email 至：wangmeilingbj@126.com。